資料科學・機器學習 最強套件

- NumPy
- Pandas
- Matplotlib
- OpenCV
- scikit-learn
- tf.Keras

感謝您購買旗標書，記得到旗標網站
www.flag.com.tw
更多的加值內容等著您…

- FB 官方粉絲專頁：旗標知識講堂
- 旗標「線上購買」專區：您不用出門就可選購旗標書！
- 如您對本書內容有不明瞭或建議改進之處，請連上旗標網站，點選首頁的 聯絡我們 專區。

若需線上即時詢問問題，可點選旗標官方粉絲專頁留言詢問，小編客服隨時待命，盡速回覆。

若是寄信聯絡旗標客服 email，我們收到您的訊息後，將由專業客服人員為您解答。

我們所提供的售後服務範圍僅限於書籍本身或內容表達不清楚的地方，至於軟硬體的問題，請直接連絡廠商。

學生團體　訂購專線：(02)2396-3257 轉 362
　　　　　傳真專線：(02)2321-2545

經銷商　服務專線：(02)2396-3257 轉 331
　　　　將派專人拜訪
　　　　傳真專線：(02)2321-2545

國家圖書館出版品預行編目資料

必學！Python 資料科學・機器學習 最強套件 - NumPy、Pandas、Matplotlib、OpenCV、scikit-learn、tf.Keras

/ 株式会社アイデミー 石川聡彦 著， 劉金讓 譯， 施威銘研究室 監修 --

臺北市：旗標, 2021.04 面； 公分

ISBN 978-986-312-615-7(平裝)

1.Python(電腦程式語言)

312.32P97　　108019372

作　　者／株式会社アイデミー 石川聡彦
翻譯著作人／旗標科技股份有限公司
發行所／旗標科技股份有限公司
　　　　台北市杭州南路一段15-1號19樓
電　　話／(02)2396-3257(代表號)
傳　　真／(02)2321-2545
劃撥帳號／1332727-9
帳　　戶／旗標科技股份有限公司
監　　督／陳彥發
執行編輯／張根誠・王寶翔
美術編輯／陳慧如
封面設計／陳慧如
校　　對／張根誠・陳彥發

新台幣售價：680 元
西元 2024 年 4 月 初版 4 刷
行政院新聞局核准登記-局版台業字第 4512 號
ISBN 978-986-312-615-7

作者序

Python 是近來最熱門的程式語言，也是資料科學、機器學習實作時的首選語言。Python 之所以在這些領域大放異彩，就是仰賴了各種功能強大的第三方套件，不過套件百百款，該從哪些下手呢？很簡單，**很少用到的先不用花太多時間，我們挑常用、關鍵的先學好！**本書為有志於學習資料科學、機器學習的初學者，嚴選出 NumPy、Pandas、Matplotlib、OpenCV、scikit-learn、tf.Keras 等最強套件，絕對是初學者必須好好掌握的！

NumPy 數值運算套件可以做資料高速運算，許多套件也都是以 NumPy 為基礎建構而成，經常得跟 NumPy 搭配使用，一定要紮穩這個重要基石；

在面對龐大的數據資料時，使用 Pandas、Matplotlib 可以輕鬆做資料整理，並藉由繪圖獲取重要資訊，是資料科學實作的強大利器；

OpenCV 是電腦視覺 (Computer Vision) 領域響叮噹的套件，裁切、縮放、輪廓偵測、過濾影像以強化資訊 ... 各種影像處理功能一應俱全，是影像辨識、機器學習做資料擴增的最強助手；

最後，我們將帶您一窺 scikit-learn、tf.Keras 這兩個重量級套件如何在機器學習、深度學習領域中發揮關鍵性的作用，我們會實際操演如何利用它們做資料預處理 (Preprocessing)、建構 KNN / SVM / 邏輯斯迴歸 (Logistic regression) / 決策樹 (Decision tree) / 隨機森林 (Random forest)…等監督式學習分類模型；以及建立 DNN、CNN 等影像辨識神經網路 (Neural network)。

本書是根據 AI 線上學習平台 Aidemy (https://aidemy.net/) 的教材編寫而成，希望能透過本書讓讀者輕鬆上手資料科學、機器學習！

株式会社アイデミー 石川聡彥

下載本書範例程式

讀者可以從底下的網址下載本書的範例程式，並參考書籍最後的**附錄 A** 了解如何開啟使用。

https://www.flag.com.tw/bk/st/F1378

目錄

第 1 章

Python 基礎：變數、資料型別與 if 判斷式

第 2 章

Python 基礎：list、dict 與迴圈

第 3 章

函式、類別與模組

第 4 章

進階函式及特殊容器

第 5 章

NumPy 高速運算套件

第 6 章

pandas 的基礎

第 7 章

DataFrame 的串接與合併

第 8 章

DataFrame 的進階應用

第 9 章

Matplotlib 資料視覺化套件的基礎

第 10 章

用 Matplotlib 繪製各類圖表

第 11 章

用 OpenCV 處理影像資料

第 12 章

用 scikit-learn 進行監督式機器學習

第 13 章

監督式學習模型的超參數調整

第 14 章

用 tf.Keras 套件實作深度學習

第 15 章

優化神經網路模型

第 16 章

利用卷積神經網路 (CNN) 做影像辨識

第 17 章

優化 CNN 模型

附錄 A

使用 Google 的 Colab 雲端開發環境

CHAPTER

1

Python 基礎：變數、資料型別與 if 判斷式

Python 語法簡潔，且是直譯型語言，一執行就能馬上看到執行結果，甚至支援物件導向、能開發複雜的程式。最重要的是，Python 擁有像是數值運算套件 NumPy、資料科學套件 Pandas, 以及強大的機器學習套件 scikit-learn、深度學習套件 Tensorflow/Keras 等，只要十來左右程式碼就能實現機器學習或人工智慧。基於以上原因，Python 是近來最火紅的程式語言，也是資料科學和 AI 領域的首選語言。

在本書的前 4 章中，我們將帶各位了解 Python 語言基礎，這些對於後面的資料科學套件操作將會有很大的助益。

1-1 最基本的 Python 程式

1-1-1 Hello World

本書使用 Google Colaboratory（簡稱 Colab）做為 Python 程式撰寫環境。假如你還不熟悉操作方式，請先參閱**本書附錄 A**。為了解 Python 程式是如何執行的，下面我們來試著在 Colab 中執行經典的『Hello World』程式：

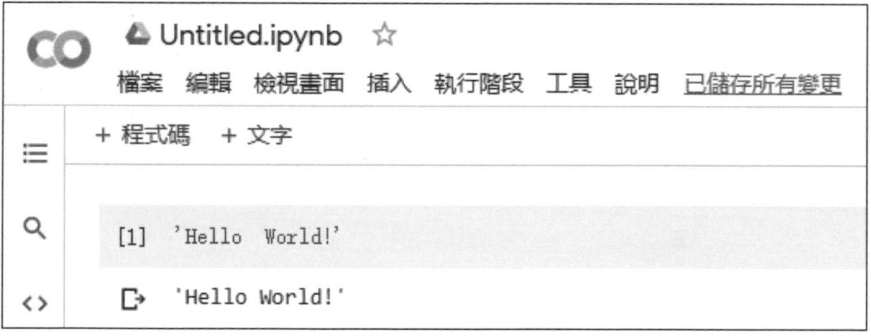

可以看到，[ ] 是你輸入的程式，⇨ 則是程式執行結果。在這本書中，我們會用以下方式呈現輸入和輸出：

In
```
'Hello World'
```
← 在一個格子 (cell) 輸入這行字並按鍵盤的 Shift + Enter

Out
```
'Hello World'
```
← 互動介面輸出的執行結果

再來試試以下程式：

In
```
1 + 1
```

Out
```
2
```

1-1-2 輸出數值與文字

雖然在 Colab 可以直接輸出結果，一般仍會使用 print() 函式來『印出』值：

```
print(值或運算式)
```

範例演練 (一)

下面來試試看在互動畫面中印出不同的值：

In
```
print(42)
```
← 印出 42 這個值

Out
```
42
```

範例演練 (二)

In
```
print(3 + 6)
```
← 數值相加

Out
```
9
```

1-1-3 算符與運算式

如前小節所見 , 3 + 6 會計算出 9；+ 號便是所謂的**算符** (operator), 而 3 + 6 這句則稱為是一個**運算式** (expression), 經運算式處理會得出一個值。

Python 可使用的算符如下表：

加	減	乘	除	求除法的商	求除法的餘數	次方	小括號
+	-	*	/	//	%	**	()

範例演練

下面就來看看各算符的計算效果：

In

```
print(3 + 5)
print(3 - 5)
print(3 * 5)
print(3 / 5)
print(3 // 5)
print(3 % 5)
print(3 ** 5)
print((3 + 5) * 3 + 5)
```

Out

```
8
-2
15
0.6
0
3
243
29
```

此外，字串對字串、以及字串對數字有些比較特別的算法（晚點我們會再介紹字串和數字有何不同）：

In
```
print('3' + '5')  ← 字串加字串
print('3' * 5)    ← 字串乘數字
```

Out
```
35
33333
```

小編補充： 在 Colab 中，如果不使用 print(), 它只會印出程式格子內的最後一個變數或運算式的值 (假如有的話)。

1-2 變數 (variable)

1-2-1 宣告變數

在寫程式時會重複使用到某些資料，如果得一再輸入會很麻煩。我們可以給這些資料取個名字，以後呼叫該名字時就能使用該資料了。這些名稱就稱為**變數**。

變數的宣告方式如下：

變數名稱 = 值

等號 (=) 不是數學上的相等，而是將等號右邊的值**指派** (assign) 給左邊的名稱。= 稱為**指派算符** (assignment operator)。

變數名稱由文字組成，可包括大小寫英文字母、數字和底線，使用時也不需要用單引號或雙引號括住它。但變數命名有些限制如下：

1. 不能用數字開頭。

2. 不能用 Python 保留的關鍵字 (比如 if、for 等) 。

3. 不要使用已經定義的函式名稱 (比如 print、list 等), 這麼做會使該名稱變成變數，使你無法再使用原函式 (直到重新啟動 Python 環境為止)。

> **小編補充：『指派值』其實是讓變數『指向某個值』而非『儲存值』)**
>
> Python 變數有點像個便利貼，當你用 = 指派值給一個變數名稱時，其實是讓該名稱指向那個值。在 Python 裡，所有東西都是物件，連數字 1, 2, 3... 或字串 'Hello World' 皆然。
>
> 因此，若你使用 = 指派值給名稱 print 時，print 就不再會指向原本的函式，導致 print() 原本的功能不見了！

範例演練

以下程式指派一個字串給名為 n 的變數，並把它印出來：

In
```
n = '柴犬'  ← 建立變數並指派值
print(n)    ← 印出變數值
```

Out
```
'柴犬'
```

1-2-2 更新變數的值

更新變數值的方式，同樣是使用 = 來賦予一個新值 (因此第一次使用 = 時會建立該名稱的變數，在這之後使用 = 則會改變變數的值)。

範例演練

以下來建立一個變數 x, 並不斷改變它的值，再用 print() 觀察結果：

In

```
x = 1        ←—建立變數名稱 x
print(x)

x = 5        ←—修改 x 的值
print(x)

x = x + 1    ←—修改 x 的值 (將 x 加 1)
print(x)

x += 1       ←—寫法等同於 x = x + 1
print(x)
```

Out

```
1
5
6
7
```

補充：運算式的簡寫法

原始寫法	相當於
x = x + 1	x += 1
x = x - 1	x -= 1
x = x * 1	x *= 1
x = x / 1	x /= 1

1-3 資料型別 (data type)

1-3-1 Python 資料型別

前面我們已經看到，Python 中的資料有數字和字串之分。事實上不同資料有自己的型別 (type), 而不同型別的資料能做的事會不同。

Python 的基本型別有以下幾種：

- int（**數值**）：例如 42。
- float（**浮點數**）：帶有小數點的數字，例如 3.14。
- str（**字串**）：用單引號或雙引號括起的文字，例如 'Hello World' 。
- bool（**布林值**）：True 和 False。

既然變數是個指向資料的名稱，變數值是什麼型別，變數就是什麼型別。

通常資料的型別一看就能辨識，但你會在後面章節中接觸到越來越多種型別。若想在程式中確定變數或值屬於何種型別，可使用 type() 函式：

```
type(變數名稱或值)
```

範例演練

下面來檢視不同變數會有什麼樣的型別：

In

```
a = 42
print(type(a)) ←— 用print()將type()傳回的結果印出

b = 3.14
print(type(b))
```

```
a = 'Hello World!'
print(type(a))
```

Out

```
<class 'int'>
<class 'float'>
<class 'str'>
```

變數指向不同型別資料，其型別就隨之改變

小編補充： 型別其實就是類別 (class), 第 3 章會再正式解釋類別的概念。

1-3-2 跨型別運算的問題

在 1-5 頁的範例中，我們有看到拿字串乘上整數，這會使該字串重複特定次數：

In

```
'3' * 5
```

Out

```
'33333'
```

但是若嘗試讓字串跟整數相加，就會產生錯誤：

In

```
'3' + 5
```

Out

```
---------------------------------------------------------------
TypeError                                 Traceback (most recent
call last)
<ipython-input-12-7d561dfb4908> in <module>
----> 1 '3' + 5

TypeError: can only concatenate str (not "int") to str
```

字串只能跟字串相連

用數字加字串也會出錯：

In
```
3 + '5'
```

Out
```
---------------------------------------------------------------------------
TypeError                                 Traceback (most recent
call last)
<ipython-input-13-9edc5a0d2d17> in <module>
----> 1 3 + '5'

TypeError: unsupported operand type(s) for +: 'int' and 'str'
```
不支援讓整數加字串

這是因為對不同型別的資料來說，算符可能會有不同意義。例如對字串而言，+ 是**串接**（concatenate）而不是相加。

1-3-3 型別轉換

若想解決前小節跨型別運算時的問題，可以用型別轉換函式將其中一個值轉換成另一個值的型別：

int(值)	轉換成整數
float(值)	轉換成浮點數
str(值)	轉換成字串

▲ 型別轉換函式

小編補充： 若要將字串轉為數值，字串內容必須是合法的數值，否則轉換時將產生錯誤。至於將浮點數轉為整數時，會令小數點被直接捨去。

範例演練

下面來重新檢視跨型別資料的處理，但這回使用了型別轉換函式，因此就不會產生問題：

In

```
print(int('3') + 5)
print('3' + str(5))
print(float(3) + 3)
print(int(3.14) + 3)
```

將字串 '3' 轉換為整數 3

Out

```
8
35
6.0
6
```

1-4 比較算符

多筆資料除了能拿來運算以外，也可以相互做比較，例如檢查值 1 是否等於值 2：

```
值 1 == 值 2
```

這樣的式子稱為**比較運算式**，會傳回**布林值** (bool) 型別的值 (True 或 False)。Python 提供的比較算符如下：

==	等於
!=	不等於
>	大於
>=	大於等於
<	小於
<=	小於等於

為何『等於』是雙等號 (==) 呢？因為單等號 (=) 已經當成指派算符了，也比較常會用到，只打一個等號比較方便，所以就用雙等號來判斷值是否相等囉。

範例演練

以下是一些值用比較算符運算的結果，不論是一般值或變數都適用：

In
```
print(1 + 1 != 3)
print(4 + 6 == 10)

x = 3
y = 5
print(x + y > 7)
print(x * y <= 7)
```

Out
```
True
True
True
False
```

1-5 if 判斷式

1-5-1 if 敘述

如果能夠用比較運算式判斷資料的狀況，你就能根據這些狀況來決定是否要執行特定的程式。在 Python 中，你能使用 **if 敘述**來搭配比較運算式 (後者在此也稱為**條件判斷式**)：

```
if 條件判斷式:
    程式區塊
```

當條件判斷式的值為 True 時，if 底下的程式區塊就會被執行。要注意的是，if... 這行結尾必須加上冒號 (:)，程式區塊也必須向右縮排——使用縮排來區別程式區塊是 Python 語言的特色。

小編補充： 在 Colab 中，若程式碼結尾是冒號，按 Enter 換行後編輯器會自動加上縮排。提醒一下！if 敘述必須全撰寫在同一個 Colab 儲存格中，因此會需要按下 Enter 在儲存格內換行，而按下 Shift + Enter 則可執行這個有多行敘述的儲存格。

範例演練

以下程式用來檢查變數 n 的值是否超過某個門檻：

In

```
n = 15
print('檢查數字...')
if n >= 10:  ←─ 如果 n 大於等於 10 就執行下面的程式區塊
    print('數字超過門檻')
```

Out

```
檢查數字...
數字超過門檻
```

1-5-2 if... else...

前面的 if 敘述，只有在條件判斷式成立時才會執行程式區塊，但我們有時也得顧慮到**條件不成立**時該做什麼。這時可在 if 後面加入 else，好處理條件未能成立時的狀況：

```
if 條件判斷式:
    程式區塊
else:
    程式區塊
```

範例演練

延續前一範例，我們給程式的條件判斷加入 else, 以便在數字未超過門檻時也會顯示訊息：

In

```
n = 9
print('檢查數字...')
if n >= 10:
    print('數字超過門檻')
else:
    print('數字未達門檻')
```

Out

```
檢查數字...
數字未達門檻
```

1-5-3 if... elif... else...

如果想要依順序判斷多重條件，可在 if 後面加入 **elif**, 這樣若 if 的條件判斷式不成立，Python 就會看後面第一個 elif 的條件判斷式是否成立，不成立再往下找下一個 elif... 如果以上所有條件皆不成立，且最後面有寫 else 的話，才會執行 else 的程式區塊。

```
if 條件判斷式 1:
    程式區塊
elif 條件判斷式 2:
    程式區塊
elif 條件判斷式 3:
    程式區塊
...
else:
    程式區塊
```

範例演練

有了 elif, 你就能對值或變數做出多重判斷：

In

```
n = 16

if n >= 20:
    print(n, '是很大的數字')
elif n >= 15:    ←—— n >= 15 但< 20時
    print(n, '是中等的數字')
elif n >= 10:    ←—— n >= 10 但< 15時
    print(n, '是普通的數字')
else:            ←—— n < 10 時
    print(n, '是較小的數字')
```

Out

```
16 是中等的數字
```

小編補充： 由於 if...elif... 是由上往下判斷，因此前面不成立的條件在後面就隱含成立，不須再判斷一次了。因此在撰寫 if...elif...else 時，要特別注意條件判斷式的順序跟內容。

1-5-4 and、or、not

你可以在 if 或 elif 後面使用多個條件判斷式，並用 **and** 以及 **or** 算符把它們串連起來：

```
條件判斷式 1 and 條件判斷式 2
條件判斷式 1 or 條件判斷式 2
```

用 and 串連的條件判斷式，兩者皆為 True 時才傳回 True, 否則傳回 False；至於用 or 串連的條件判斷式，只要有任一為 True 時就會傳回 True。

此外，not 算符可用來反轉條件判斷式的布林值，若條件判斷式為 True，加上 not 就會傳回 False：

```
not 條件判斷式
```

範例演練 (一)

現在來試著同時判斷兩個變數的值是否滿足各自的條件：

In

```
x = 14
y = 28

print(x > 8 and y < 14)
print(x > 8 or y < 14)
print(x > 8 and not y < 14)
```

print(x > 8 and y < 14) ← y < 14 不成立，故整個式子得到 False

print(x > 8 or y < 14) ← x > 8 成立，故就算 x < 14 不成立，整個式子仍為 True

print(x > 8 and not y < 14) ← not y < 14 使得 False 轉 True，故整個式子得到 True

Out

```
False
True
True
```

範例演練 (二)

下面的程式可用來判斷某年分是否為閏年 (判斷規則為『四年一閏，百年不閏，四百年再閏』)：

In

```
year = 2020

if (year % 4 == 0 and year % 100 != 0) or year % 400 == 0:
    print(year, '是閏年')
else:
    print(year, '是平年')
```

year % 4 == 0 ← 能整除 4 (餘數為 0) 就表示是 4 的倍數，以此類推

Out

```
2020 是閏年
```

CHAPTER

2

Python 基礎：list、dict 與迴圈

2-1 list (串列)

2-1-1 建立 list

前一章學到如何用一個變數記錄一個值，但若能在同一個變數中涵蓋多個值，處理起來想必會更為方便。而在 Python 中，最常用來收集多個值的變數就是 list (**串列**)。

```
變數名稱 = [值1, 值2, 值3...]  ← 外面用中括號包住,
                                  值則以逗號分隔
```

範例演練

下面來建立一個簡單的 list, 並檢視它的內容跟型別：

In

```
colors = ['red', 'blue', 'yellow']  ← 建立 list

print(colors)                        ← 印出 list
print(type(colors))                  ← 印出 list 的型別
```

Out

```
['red', 'blue', 'yellow']
<class 'list'>
```

2-1-2 在 list 放入不同型別的值或子 list

由於 list 可放入一群值，list 也被稱為是個**容器** (container), 而其內部收集的值稱為**元素** (elements)。元素不必是同一型別，甚至可以用另一個 list 當成元素。

範例演練

以下程式展示了你能在 list 內放入任意型別的資料：

In
```
data = ['apple', 3, [4.5, 'car', True]]
print(data)
```

Out
```
['apple', 3, [4.5, 'car', True]]
```

data 這個 list 中有 3 個元素：

- 'apple'
- 3
- [4.5, 'car', True]

其中 [4.5, 'car', True] 本身又是個 list, 當中也有 3 個元素。由此可見，你能在 list 內放入任何東西，包括另一個 list。

2-1-3 以索引從 list 取出元素

從上面可以看到，print() 可直接印出整個 list 的內容。但若想單獨取出 list 的特定元素呢？這時可使用元素對應的**索引** (index), 搭配 list 變數名稱和中括號的方式來取出該元素：

```
list[元素索引]
```

請特別注意，**Python 容器索引一定從 0 開始**——第 0 個元素的索引是 0, 第 1 個是 1... 以此類推，直到最後一個的索引會是『元素總數 - 1』。若填入的索引找不到對應的元素，就會產生錯誤。

✎ 範例演練 (一)

In

```
data = ['apple', 3, [4.5, 'car', True]]

print(data[0])
print(data[1])     ← 用索引取出 data 的特定元素
print(data[2])
print(data[2][0])
print(data[2][2])  ← 代表從 data[2] 子 list 中依索引取出元素，
                     有兩個中括號索引時依續接起來即可
```

Out

```
apple
3
[4.5, 'car', True]
4.5
True
```

✎ 範例演練 (二)

很特別的是，在 Python 中也可以用負數當索引，-1 代表倒數第一個元素，-2 是倒數第二個 ... 以此類推，我們接續上例來操作：

In

```
print(data[-1])
print(data[-2])
print(data[-3])
print(data[-1][-1])← 倒數第一個元素 (子 list) 內的倒數第一個元素
```

Out

```
[4.5, 'car', True]
3
Apple
True
```

2-1-4 用切片從 list 取出一群元素

除了用索引取出個別元素，也可以用**切片** (slicing) 從 list 中擷取出一部分元素，變成一個新的 list：

```
新 list = list[起點索引:終點索引(不含):間距]
```

這些參數如果省略，會直接套用預設值：起點索引預設為 0, 終點索引預設為最末索引 + 1, 間距則預設為 1。

範例演練

list 切片能讓我們從 list 容器擷取出特定範圍的元素。看看以下的範例：

In
```
c = ['a', 'b', 'c', 'd', 'e', 'f', 'g']

print(c[:])        ← 整個 list
print(c[:3])       ← 索引範圍 0~2
print(c[3:])       ← 索引 3~最後
print(c[2:5])      ← 索引 2~4
print(c[::2])      ← 整個 list, 但每 2 個元素取一次
print(c[1:6:2])    ← 索引範圍 1~5, 每 2 個元素取一次
```

Out
```
['a', 'b', 'c', 'd', 'e', 'f', 'g']
['a', 'b', 'c']
['d', 'e', 'f', 'g']
['c', 'd', 'e']
['a', 'c', 'e', 'g']
['b', 'd', 'f']
```

2-1-5 在 list 新增元素

有需要的話，你可以繼續在 list 內新增元素。這有兩種做法：

```
list.append(欲新增的值) ←— 新增到 list 最後，一次只能新增一個值
```

```
list += 新 list ←— 一次能新增多個值 (這些值得放在 list 內)
```

範例演練

以下就來展示，先建立 list 之後，再給它加入額外元素：

In

```
fruits = ['蘋果', '香蕉', '橘子']

fruits.append('葡萄') ←— 新增一個元素到最後頭
print(fruits)

fruits += ['鳳梨', '草莓'] ←— 繼續新增兩個元素到最後頭
print(fruits)
```

Out

```
['蘋果', '香蕉', '橘子', '葡萄']
['蘋果', '香蕉', '橘子', '葡萄', '鳳梨', '草莓']
```

2-1-6 從 list 刪除元素

list 既然可以新增元素，自然也能刪除元素：

```
list.remove(值) ←— 用 remove() 刪除指定的值
```

```
del list[索引] ←— 用 del 刪除指定的索引。也可以把當中的索引
                  換成切片語法，就能一次刪除多個值
```

範例演練

下面展示了刪除 list 元素的效果：

In

```
fruits = ['蘋果', '香蕉', '橘子', '葡萄', '鳳梨', '草莓']

del fruits[0] ←— 刪除索引 0 元素 (蘋果)
print(fruits)

fruits.remove('橘子')
print(fruits)
```

Out

```
['香蕉', '橘子', '葡萄', '鳳梨', '草莓']
['香蕉', '葡萄', '鳳梨', '草莓']
```

小編補充： 在使用 remove() 時，Python 會從頭尋找元素，並將最先找到符合的值刪除。若後面有其他符合的元素，也不會受影響。至於若你想清空整個 list 的元素，可以呼叫 list 變數的 clear() method。

2-2 dict (字典)

2-2-1 建立 dict

dict (dictionary, **字典**) 和 list 一樣，是能儲存多筆資料的容器，差異在於 dict 的每筆資料是以一組組**鍵** (key) 和**值** (value) 的形式構成：

```
dict 變數名稱 = {鍵1:值1, 鍵2:值2, 鍵3:值3...}
```

用大括號包住

各組資料以逗號分隔

鍵與值用冒號配對

✎ 範例演練 (一)

由於 dict 的元素是鍵與值的組合，因此可以拿來當成對照表。例如，下面建立了個能用國家查詢其首都名稱的 dict (查詢方式見下頁)：

In
```
capitals = {'瑞士': '伯恩', '日本': '東京', '美國': '華盛頓特區'}
print(capitals)
```

Out
```
{'瑞士': '伯恩', '日本': '東京', '美國': '華盛頓特區'}
```

✎ 範例演練 (二)

和 list 一樣，dict 的內容也可由不同型別的資料構成：

In
```
language = {'name': 'Python',
            'version': 3.9,
            'types': ['int', 'float', 'str', 'bool']}
print(language)
```

分行寫不影響內容，能讓鍵與值更容易閱讀

Out
```
{'name': 'Python', 'version': 3.9, 'types': ['int', 'float',
'str', 'bool']}
```

小編補充： 你當然也能用其他 dict 當成某 dict 的值。但要注意的是，dict 的鍵必須用內容固定的資料來建立，因此 list 和 dict 這類可隨意增減元素的容器就不能當成鍵。

2-2-2 以鍵從 dict 取出元素

從 dict 取「值」時，同樣要搭配中括號，但中括號內並不是填入索引，而是與該值配對的「鍵」：

```
值 = dict[鍵]
```

注意！若該鍵在 dict 中不存在，就會產生錯誤。

範例演練

知道了如何從 dict 取值後，就可以用這點來查詢上一頁建立的 capitals，取出特定國家的首都：

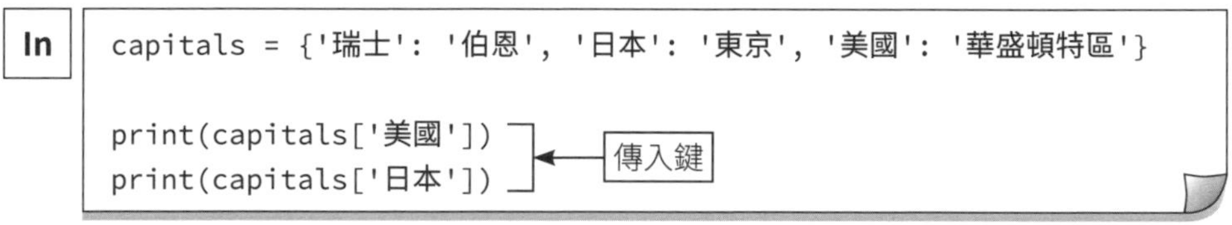

In
```
capitals = {'瑞士': '伯恩', '日本': '東京', '美國': '華盛頓特區'}

print(capitals['美國'])
print(capitals['日本'])
```

Out
```
華盛頓特區
東京
```


2-2-3 在 dict 加入新元素

想在建立 dict 之後再給它加入新的鍵與值，可用以下兩種方式：

```
dict[新鍵] = 新值
```
← 一次新增一組鍵與值

```
dict.update({新鍵1: 新值1, 新鍵2: 新值2...})
```
一次新增多個鍵與值（將新增之資料包成一個 dict）

範例演練

延續前例，現在我們來給 capitals 增加更多筆資料，好增加能查詢的首都數量：

In

```
capitals = {'瑞士': '伯恩', '日本': '東京', '美國': '華盛頓特區'}

capitals['越南'] = '河內'  ← 增加一組
print(capitals)

capitals.update({'英國': '倫敦', '法國': '巴黎'})  ← 繼續增加兩組
print(capitals)
```

Out

```
{'瑞士': '伯恩', '日本': '東京', '美國': '華盛頓特區', '越南': '河內'}

{'瑞士': '伯恩', '日本': '東京', '美國': '華盛頓特區', '越南': '河內',
'英國': '倫敦', '法國': '巴黎'}
```

2-2-4 從 dict 刪除元素

和 list 一樣，需要時也可刪除 dict 內的元素：

```
del dict[鍵]
```

```
dict.pop(鍵)
```

以上兩種方式，一次都只能移除一組鍵和值。

範例演練

In

```
capitals = {'瑞士': '伯恩', '日本': '東京', '美國': '華盛頓特區'}

del capitals['美國']  ← 等同於呼叫 capitals.pop('美國')
print(capitals)
```

Out

```
{'瑞士': '伯恩', '日本': '東京'}
```

2-3 while 迴圈

2-3-1 基本 while 迴圈

在前一章中，我們用了 if 來控制是否要在滿足條件時執行某些程式碼。但若你想重複執行某些程式碼，直到某個條件不再成立為止，可以使用 while 迴圈：

```
while 條件判斷式:
    程式區塊
```

while 會先對條件式做判斷，如果條件為 True，就執行接下來的程式區塊，然後再回到 while 做判斷，如此一直循環到條件式為 False 時，則結束迴圈，然後繼續往下執行。

因此，在撰寫 while 迴圈時務必當心，因為若條件判斷式無論如何都為 True 的話，該迴圈就會變成**無窮迴圈**。這時就只能自行中止程式 (按編輯器的停止鈕) 來打斷它了。

範例演練

In

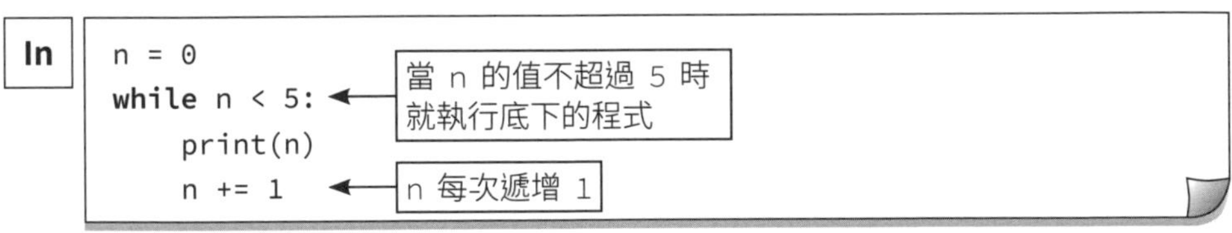
當 n 的值不超過 5 時
就執行底下的程式
n 每次遞增 1

```
n = 0
while n < 5:
    print(n)
    n += 1
```

Out

```
0
1
2
3
4
```

由於 while 的條件判斷式為 n < 5, 而 n 的初始值為 0, 迴圈每跑一次會遞增 1, 等它變成 5 時迴圈就會停止, 總共重複 5 次 (n 的值依序為 0, 1, 2, 3, 4)。

2-3-2 使用 break 來脫離 while 迴圈

除了用條件判斷式來控制迴圈重複執行與否, 另一個辦法是在迴圈內使用 **break** 敘述來『打斷』迴圈 (通常是搭配 if 來檢查某個條件是否成立):

```
while 條件判斷式:
    程式區塊
    if 條件判斷式:
        break
```

範例演練

下面來展示, 即使寫出一個無窮迴圈, 你還是能用 break 在特定的時機中斷它:

In

```
n = 0
while True:        ←while 迴圈本身為無窮迴圈
    print(n)
    n += 1
    if n >= 5:     ←在 n >= 5 時中止 while 迴圈
        break
```

Out

```
0
1
2
3
4
```

2-3-3 用 continue 跳過後面的程式碼

另一個情況是，你希望在這一輪迴圈跳過某個位置之後的程式碼時，可以使用 continue 敘述：

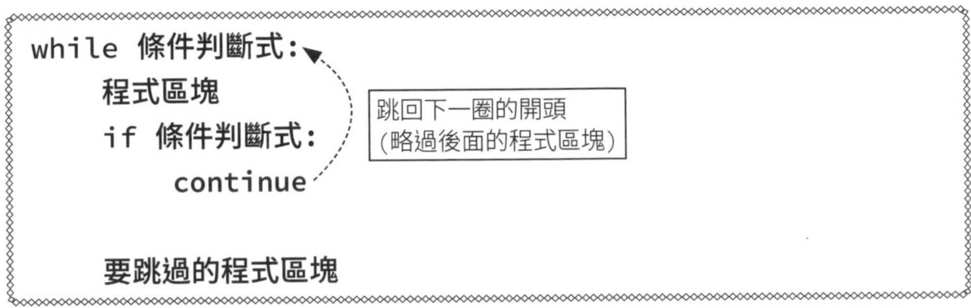

while 條件判斷式:
程式區塊
if 條件判斷式:
continue
要跳過的程式區塊
跳回下一圈的開頭
(略過後面的程式區塊)

範例演練

下面來簡單展示 continue 的執行效果：

In

```
n = 1
while n < 10:
    n += 1          ← 每次 n 遞增 1
    if n % 3 == 0:
        continue    ← 若 n 是 3 的倍數就跳過下面的程式碼(不印)
    print(n)        ← 印出 n 的值
```

Out

可見當 n 是 3 的倍數時，後面的 print(n) 就會被跳過、不會印出 n 的值，然後回到 while 的條件判斷式繼續執行迴圈。

2-4 for 迴圈

2-4-1 基本 for 迴圈

迴圈除了用來重複特定的程式碼，也有一個很常用的用途是拿來逐次處理容器內的元素。在這種場合下，改用 for 迴圈會更為合適：

```
for 變數 in 容器:
    程式區塊
```

for 迴圈每次重覆時，會從容器取出一個元素的值、指派給 for 後面的變數。等到容器已經無值可取時，迴圈就會停止。這個逐一拜訪所有元素的動作便稱為**走訪** (iterate) 或迭代。

範例演練

現在我們來建立一個 list, 並用 for 迴圈走訪它。你能發現，我們並不需要像 while 迴圈那樣指定停止條件，for 迴圈會在走訪完 list 的所有元素之後就結束：

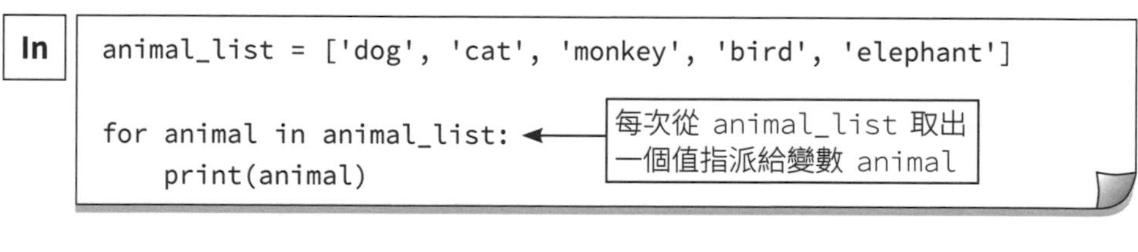

In

```
animal_list = ['dog', 'cat', 'monkey', 'bird', 'elephant']

for animal in animal_list:
    print(animal)
```

每次從 animal_list 取出
一個值指派給變數 animal

Out

```
dog
cat
monkey
bird
elephant
```

逐一印出來

2-4-2 走訪二維 list

若要用 for 迴圈走訪二維 list（一個 list 的每個元素都是子 list），你可以用內外兩層或稱**巢狀 (nested)** 的 for 迴圈來走訪它。

範例演練

在下面的 fruits 容器中，每個元素又各是有兩個元素的 list。當你用第一層 for 迴圈走訪 fruits 時，得到的就是一個個子 list；這時你就能用第二層 for 迴圈來走訪子元素，好逐次取出子元素 list 中的元素。

In

```
fruits = [
    ['apple', 'red'],
    ['banana', 'yellow'],
    ['guava', 'green'],
    ]

for fruit in fruits:      ←— 第一層 for 迴圈 (走訪 list)
    for item in fruit:    ←— 第二層 for 迴圈 (走訪子 list)
        print(item)
```

Out

```
apple
red
banana
yellow
guava
green
```

2-5 for 迴圈進階用法

2-5-1 在 for 迴圈搭配 range() 作為索引

前面用 for 走訪 list 的一個缺點是，儘管它會自動走訪完所有元素，卻無法得知該元素的索引。但在某些時候，索引也是很有用處的資訊，比如能代表元素的順序等等。

解決方式之一是用 range() 函式產生數列，長度跟我們想走訪的目標 list 一樣：

```
for 索引 in range(N):
    程式區塊
```

（N：要走訪的 list 長度）

N 為 list 的長度，有 5 個元素其長度就是 5。range(N) 會傳回 0 至 N − 1 的數列：

In

```
print(list(range(5)))
```

← 由於 range() 傳回的不是一般容器，要先轉換成 list 型別才看得到元素

Out

```
[0, 1, 2, 3, 4]
```

有了這個數列後，就能當成索引來逐一存取 list 容器的元素了。

小編補充： range() 是 python 的內建函式 (function)，下一章我們才會正式介紹函式，這一節先快速體驗幾個方便函式與 for 迴圈的搭配使用。

範例演練

下面改寫之前的範例，改成用索引走訪的版本：

In

```
animal_list = ['dog', 'cat', 'monkey', 'bird', 'elephant']

for index in range(5):
    print('item', index, '=', animal_list[index])
```

代入索引做切片

逐一走訪索引 0、1、2、3、4

Out

```
item 0 = dog
item 1 = cat
item 2 = monkey
item 3 = bird
item 4 = elephant
```

小編補充： 如果你希望 range() 能正確配合容器的長度，可以把 range(5) 中的 5 換成 len(animal_list)。下一章會再提到 len() 這個計算容器長度的函式用法。

2-5-2 在 for 迴圈搭配 enumerate() 來同時走訪索引及元素

前面為了取得容器索引，我們要使用 range() 來額外產生一個數列，而且還要確保數列和你的容器長度一致，其實這是其他程式語言的習慣，Python 有更好的做法。

你可改用 **enumerate()**, 它能將 list 容器的值包裝成 (索引，值) 的形式傳回，使得 for 迴圈走訪時不必設定要走訪的長度，也能取得每個元素的索引：

```
for index, item in enumerate(list 容器):
    程式區塊
```

下面來看使用 enumerate() 印出前一小節容器 animal_list 的結果：

In

```
print(list(enumerate(animal_list)))
```

← 同樣的，這裡得先將 enumerate() 的結果轉成 list 來觀看內容

Out

```
[(0, 'dog'), (1, 'cat'), (2, 'monkey'), (3, 'bird'), (4, 'elephant')]
```

每個元素現在變成有 2 個項目的子容器，包括索引和值，索引序號是 enumerate() 產生的

小編補充： 上面用小括號而不是中括號括起來的容器叫做 tuple, 等於是元素不可改變的 list。

範例演練

我們再次改寫走訪 animal_list 的程式，不必管 list 長度，照樣能取得每個元素的索引：

In

```
animal_list = ['dog', 'cat', 'monkey', 'bird', 'elephant']

for index, item in enumerate(animal_list):
    print('item', index, '=', item)
```

每次將 enumerate() 傳回的子容器的內容分別指派給 index 和 item

Out

```
item 0 = dog
item 1 = cat
item 2 = monkey
item 3 = bird
item 4 = elephant
```

2-5-3 用 zip() 同時走訪多個 list

如果你手上有多個長度相同的 list, 每次想各從一個 list 中取出一個元素來用, 可使用 **zip()** 函式搭配 for 迴圈：

```
for item1, item2 in zip(list 容器1, list容器2):
    程式區塊
```

zip() 會每次讀取這些容器中的 1 個元素, 並打包成 zip 容器傳回

下面示範一下將兩個 list 傳入 zip() 時會得到怎樣的結果：

In

```
index_list = ['a', 'b', 'c', 'd', 'e']
animal_list = ['dog', 'cat', 'monkey', 'bird', 'elephant']

print(list(zip(index_list, animal_list)))
```

zip() 處理完是個 zip 容器, 將其轉換為 list

Out

```
[('a', 'dog'), ('b', 'cat'), ('c', 'monkey'), ('d', 'bird'),
('e', 'elephant')]
```

可看到兩個 list 的元素被拆解, 變成兩兩成對放在一起了。

範例演練

下面便來示範用 for 搭配 zip() 同時走訪兩個 list 的效果：

In

```
fruits = ['apple', 'peach', 'banana', 'guava', 'papaya']
colors = ['red', 'pink', 'yellow', 'green', 'orange']

for name, color in zip(fruits, colors):
    print(name, 'is', color)
```

Out

```
apple is red
peach is pink
banana is yellow
guava is green
papaya is orange
```

2-5-4 用 for 走訪 dict

前面我們討論的走訪對象都是 list, 不過用 for 迴圈走訪 dict 容器時就比較特殊了, 你必須使用 dict 物件.items() 來取得每一組資料的鍵與值：

```
for key, value in dict物件.items():
    程式區塊
```

如果不使用 items() 而直接走訪 dict 的話, 你只會得到 dict 的所有鍵而已。下面來看看 dict 的 items() 會傳回怎樣的內容：

In

```
fruits = {
    'apple': 'red',
    'peach': 'pink',
    'banana': 'yellow',
    'guava': 'green',
    'papaya': 'orange'
    }

print(list(fruits.items()))
```

Out

```
[('apple', 'red'), ('peach', 'pink'), ('banana', 'yellow'),
 ('guava', 'green'), ('papaya', 'orange')]
```

範例演練

這裡就來用 for 迴圈走訪 dict 的所有鍵與值：

In

```
fruits = {
    'apple': 'red',
    'peach': 'pink',
    'banana': 'yellow',
    'guava': 'green',
    'papaya': 'orange'
    }

for name, color in fruits.items():
    print(name, 'is', color)
```

逐一走訪 dict 將鍵存入 name，將值存入 color

Out

```
apple is red
peach is pink
banana is yellow
guava is green
papaya is orange
```

MEMO

CHAPTER

3

函式、類別與模組

3-1 Python 內建函式

3-1-1 何謂函式

所謂**函式** (function) 就是將常用的程式碼包裝起來，好讓我們呼叫其名稱來重複利用：

```
函式名稱(參數1, 參數2, 參數3...)
```

Python 提供了許多已經事先定義好的函式，方便我們取用。例如，在前兩章出過的 print()、int()、list()、enumerate() 等其實都是。

另外，我們之前介紹 list、dict 等容器時，有使用過的 append()、update() 等，也是一種函式，只是它們是容器所擁有的函式，又稱為 **method** (**方法**)，因此使用時要透過**容器.函式**的形式來呼叫：

```
容器.函式(參數1, 參數2, 參數3...)
```

在這一節中，我們來介紹一些內建函式，特別是能用來方便處理 list 的功能 (部分較進階的函式會留到下一章)。下一節則會介紹如何撰寫你自己的函式。

3-1-2 用 len() 取得容器長度

len() 函式能傳回 list 或字串... 等容器的長度。

範例演練

In

```
characters = ['a', 'b', 'c', 'd', 'e', 'f', 'g']
text = 'Hello World!' ◄── 字串被視為是由一堆字元構成的容器

print(len(characters))
print(len(text))
```

Out

```
7  ◄── 7 個字串元素組成一個 list
12 ◄── 12 個字元組成一個字串
```

3-1-3 list 排序：sorted() 與 list.sort()

sorted() 是 Python 內建函式，而 list 本身也擁有一個 method 叫做 sort()，兩者都能用來排序 list。但它們有什麼不同呢？

答案是前者不會改變原本的 list，只會傳回由小到大排序後的結果 (另一個新 list)，後者則會將原 list 就地排序，永久改變原 list 的內容。

範例演練

下面就來用這兩種方式排序一個數字 list：

In

```
numbers = [5, 3, 2, 6, 7, 4, 1]

print(sorted(numbers)) ◄── 用 sorted() 不會改變原 list
print(numbers)

numbers.sort() ◄── 用 list.sort() 會改變原 list
print(numbers)
```

Out

```
[1, 2, 3, 4, 5, 6, 7] ◄── sorted() 排序結果
[5, 3, 2, 6, 7, 4, 1] ◄── 用 sorted() 後，原陣列不變
[1, 2, 3, 4, 5, 6, 7] ◄── 用 sort() 後，原陣列就地排序了
```

3-1-4 反轉容器：reversed() 和 list.reverse()

內建函式 **reversed()** 與 list 擁有的 **reverse()** 可以用來反轉 list 的元素順序。但是同樣的，reversed() 不會改變原 list 的內容，list.reverse() 則會。

範例演練

下面展示了這兩種反轉功能的效果：

In

```
numbers = [1, 2, 3, 4, 5, 6, 7]

print(list(reversed(numbers)))
print(numbers)

numbers.reverse()
print(numbers)
```

注意 reversed() 不會直接傳回 list，所以要先用 list() 轉換過

Out

```
[7, 6, 5, 4, 3, 2, 1]
[1, 2, 3, 4, 5, 6, 7]
[7, 6, 5, 4, 3, 2, 1]
```

同上一頁下方範例的解說

3-1-5 用 count() 統計值出現的數量

當你的 list 或字串中含有值重複的元素時，你可以用容器所擁有的 count() 來統計某個值出現的次數。

範例演練

In
```
numbers = [2, 3, 1, 5, 4, 5, 4, 1, 5, 1]
print(numbers.count(5)) ←── 印出傳回 numbers 中 5 出現的次數

text = 'banana'
print(text.count('a')) ←── 印出傳回 text 中字元 a 出現的次數
```

Out
```
3
3
```

3-1-6 用 index() 尋找值的索引

若想查詢 list 或字串中符合某個值之元素的索引位置，可以使用 index()。

如果容器中有不只一個元素有同樣的值，index() 只會傳回最先出現的索引位置。若該值在容器中不存在，index() 會傳回 -1。

範例演練

In
```
numbers = [2, 3, 1, 5, 4, 5, 4, 1, 5, 1]
print(numbers.index(5)) ←── 數字 5 在 numbers 最先出現的索引位置

text = 'banana'
print(text.index('n')) ←── 字元 n 在 text 最先出現的索引位置
```

Out
```
3 ┐
2 ┘ ←── 別忘了索引是從 0 開始
```

3-1-7 字串轉大小寫：upper() 與 lower()

字串物件可以用它們的 upper() 及 lower() 轉成全大寫或全小寫。這兩個函式不會改變字串本身，而是傳回轉換後的新字串。

範例演練

In

```
text = 'Hello World!'

print(text.upper())
print(text.lower())
```

Out

```
HELLO WORLD!
hello world!
```

3-1-8 字串格式化：format()

當你要輸出一段文字，文字中的某些地方想填入變數的值時，就可以使用字串格式化。第一種字串格式化的做法是使用字串的 format() 函式：

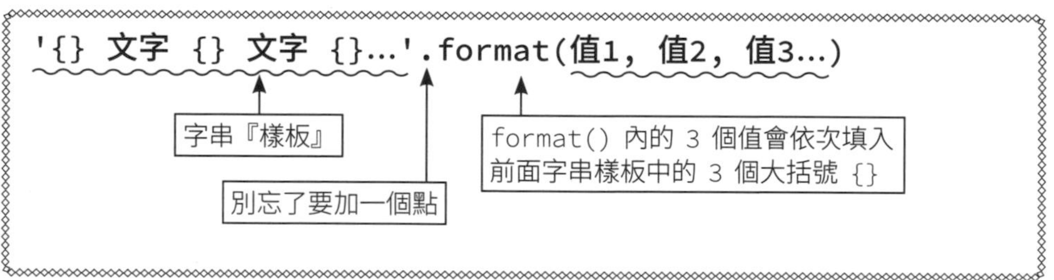
'{} 文字 {} 文字 {}...'.format(值1, 值2, 值3...)
字串『樣板』
別忘了要加一個點
format() 內的 3 個值會依次填入
前面字串樣板中的 3 個大括號 {}

這麼一來，傳回的字串就會變成 **'值 1 文字 值 2 文字 值 3...'**，而且填入 format() 中這些值，還可以是不同型別。字串格式化通常會搭配 for 迴圈走訪容器，將容器中的元素一一代入樣板字串中，就能得到不同的輸出結果。

範例演練

這裡我們走訪一個二維 list, 將每一筆資料的水果名稱與數量分別讀出來, 然後用 format() 格式化輸出結果：

In

```
fruits = [
    ['apple', 6],
    ['banana', 2],
    ['guava', 3],
    ]

for name, num in fruits:
    print('{} 有 {} 個'.format(name, num))
```

走訪的語法請見上一章

Out

```
apple 有 6 個
banana 有 2 個
guava 有 3 個
```

另一種字串格式化：f-string

除了 format() 以外, 還有另一種稱為 f-string 的字串格式化功能, 用起來很類似, 但寫起來比較簡潔：

字串前面加上 f

f'{值1} 文字 {值2} 文字...'

將要填入的值、變數名稱或運算式寫在大括號中

上面的範例用 f-string 來改寫的版本便如下：

In

```
for name, num in fruits:
    print(f'{name} 有 {num} 個')
```

Out

```
apple 有 6 個
banana 有 2 個
guava 有 3 個
```

3-2 自訂函式

3-2-1 定義函式

前面看到 Python 以及其物件都內建有許多函式，讓我們能很方便地直接呼叫。而若你自己寫的程式碼會重複用到，也可以把它們包裝成函式。

想撰寫自己的函式時，會使用 **def** (define) 關鍵字：

```
def 函式名稱():
    程式區塊
```

小編補充： 自訂的函式在使用之前必須先定義好，因此一般會將函式定義寫在程式最開頭的地方。

範例演練

下面來定義一個非常簡單的函式，只會印出一行文字：

In

```
def sing():  ←── 定義函式 sing()
    print('唱首歌吧!')←── 函式內的程式

sing()  ←── 呼叫函式
```

Out

```
唱首歌吧!
```

小編補充： 你必須先定義函式，才能在後面呼叫它。如果你重複定義名稱一樣的函式，後面的會覆蓋掉前面的。

3-2-2 給函式加入參數

很多時候，你的函式需要根據資料做出特定的反應，這時你可以給函式加入參數，好用來傳遞資料給函式：

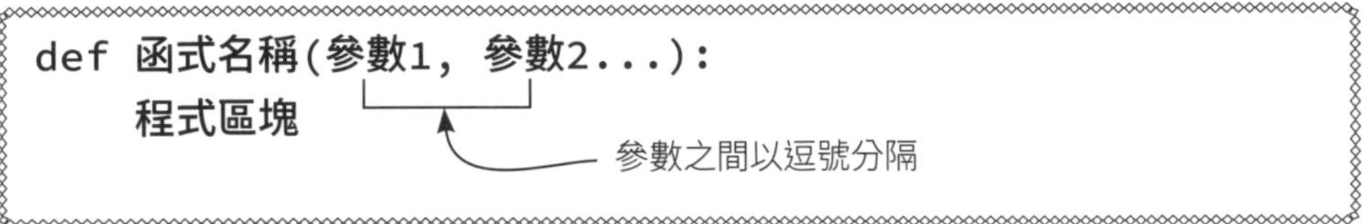

def 函式名稱(參數1, 參數2...):
程式區塊
參數之間以逗號分隔

範例演練 (一)

以下來改寫前面的函式，讓它能接收一個參數，使印出的字串會隨著傳入的名稱不同而有所變化：

In

```
def sing(name):
    print('{}, 唱首歌吧!'.format(name))  ← 上一節介紹的字串格式化

sing('Daisy')  ← 將字串傳給 sing() 作為參數 name 的值
```

Out

```
Daisy, 唱首歌吧!
```

範例演練 (二)

你當然也可以傳入不只一個參數：

In

```
def sing(name, verb):
    print('{}, 請{}!'.format(name, verb))

sing('Daisy', '唱首歌')
```

Out

```
Daisy, 請唱首歌!
```

3-2-3 讓函式傳回值

有許多時候，我們會希望函式能將處理後的資料回傳給呼叫者，讓呼叫者自行決定要如何處置。你可在函式結尾用 return **敘述**傳遞值：

```
def 函式名稱(參數1, 參數2...):
    程式區塊
    return 值  ←— 傳回值
```

範例演練 (一)

下面這個函式，會接收兩個數字參數，並傳回它們相除後的餘數給呼叫者：

In

```
def mod(a, b):
    return a % b ←— 傳回參數 a 除以 b 的餘數

print(mod(20, 7))
```

Out

```
6
```

範例演練 (二)

你也可用 return 同時傳回多個值，但是呼叫者必須用數量一樣的變數來接收：

In

```
def mod(a, b):
    q = a // b
    r = a % b
    return q, r    ←— 傳回兩個值，分別是商跟餘數

x, y = mod(20, 7) ←— 接收兩個傳回值，分別給 x, y
print('商數={}, 餘數={}'.format(x, y))
```

Out

```
商數=2, 餘數=6
```

3-2-4 給函式參數指定預設值

在前面的範例中，你在函式定義幾個參數，呼叫時就得傳入幾個參數，否則會產生錯誤。不過，參數也可以賦予預設值，這麼一來若呼叫時沒有傳值給它們，就會被指派預設值：

```
def 函式名稱(參數1=預設值, 參數2=預設值...):
    程式區塊
```

在 Python 函式中，沒有預設值的參數稱為**位置 (positional) 參數**，必須放在前面；而有預設值的參數則叫**關鍵字 (keyword) 參數**或**指名參數**，必須放在後面。

小編補充： 對於關鍵字參數，也可以在函式中用『參數名稱 = 值』的方式傳入值。用這種方式時，就不必按照原始參數順序傳值給關鍵字參數了。在本書後面將介紹的各種資料科學套件中，也很常會用到這種傳值方式哦！

範例演練

這裡我們進一步修改之前的範例，讓函式的兩個參數都有預設值。這樣就能用更自由的方式呼叫這個函式：

In

```
def sing(name='無名氏', verb='發呆'):  ← 參數與其預設值
    print('{}, 請{}!'.format(name, verb))

sing('Daisy', '唱首歌')
sing(verb='演說', name='Daisy')  ← 有指定參數名稱, 參數順序可自訂
sing('Daisy')
sing(verb='尖叫')                ← 省略的參數會套預設值
sing()
```

Out

```
Daisy, 請唱首歌!
Daisy, 請演說!
Daisy, 請發呆!
無名氏, 請尖叫!
無名氏, 請發呆!
```

3-3 類別與物件

3-3-1 類別與物件簡介

在 Python 中，所有東西都是**物件** (object)：之前介紹過的數值、字串、list、dict、函式等等，其實都是物件。

這樣講有點抽象，但物件可說是一種用來包裝資料與行為的結構，和描述真實世界的物體是一樣的。以程式語言的物件來說，其資料稱為 **attribute**（**屬性**）(物件的變數)，而行為就是之前提過的 **method**（**方法**）或函式。

而為了產生出物件，必須要先像定義函式一樣定義物件的格式才行。物件的定義、概念或藍圖就是所謂的**類別** (class)。例如，數字 1 就是從『int』類別（整數型別）建立出來的。這一節便要來介紹 Python 的類別與物件要怎麼使用，並了解它們是如何運作。

3-3-2 用 import 匯入 Python 類別 (套件)

在講解如何定義物件的類別之前，先來看看一些現成的 Python 類別。

很多 Python 套件 (package) 或模組 (module) 底下其實就包含類別，你可以用 **import** 關鍵字來匯入它們，然後使用該類別的功能來建立物件：

範例演練

In
```
import datetime ←── 匯入 datetime 套件

now = datetime.datetime.now() ←── 用 datetime 模組內的 datetime
                                   類別的 now() 函式來建立物件

print(now.ctime()) ←── 呼叫 now 物件的 ctime() method
```

Out
```
Thu Dec  3 10:51:30 2020
```

3-3-3 自行定義一個類別

現在要來講解如何定義你自己的類別，定義好後就可以用它來建立物件。

前面提過，類別是物件的概念或藍圖，物件則是這些藍圖的實體化結果或**實體** (instance)；同一份藍圖可以製造出多個實例，每個實例都會擁有自己的屬性與 method。

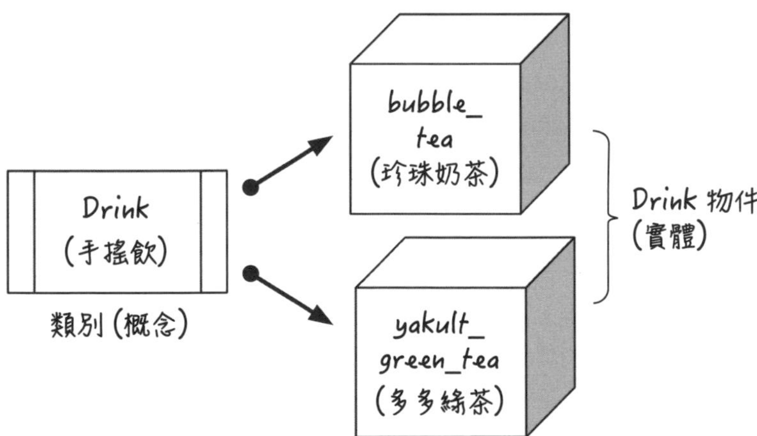

定義類別的基本語法如下：

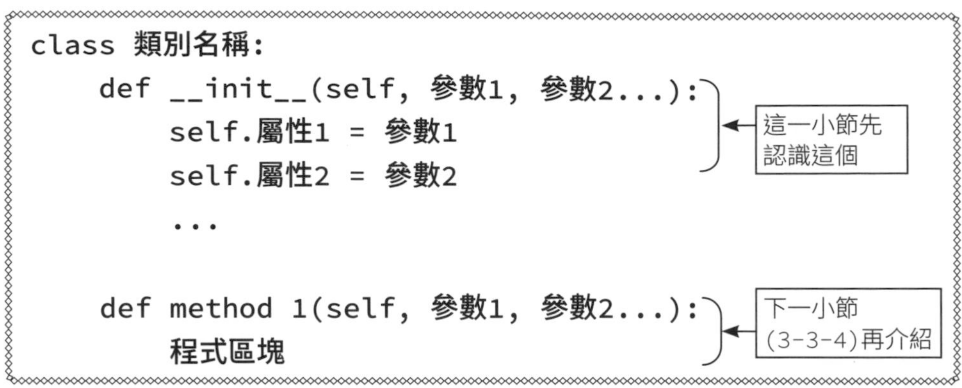
```
class 類別名稱:
    def __init__(self, 參數1, 參數2...):
        self.屬性1 = 參數1
        self.屬性2 = 參數2
        ...

    def method 1(self, 參數1, 參數2...):
        程式區塊
```
這一小節先
認識這個
下一小節
(3-3-4)再介紹

__init__ 稱為**建構式** (constructor), 是一種特殊函式。當你建立該類別的物件時, 類別會自動呼叫這個函式, 以便讓該物件建立屬性。

此外, 在類別下定義的所有函式, 第一個參數一定是 **self**, 它會傳入物件本身。這麼一來, 你只要在類別中定義一個函式, 就能處理不同的實例物件 (比如, 呼叫 A 物件的 method 只會影響 A, 呼叫 B 的 method 則只影響 B)。

範例演練

現在, 我們手上有一些商品, 每樣商品都有各自的名稱與價格。為此我們來定義一個類別 MyProduct：

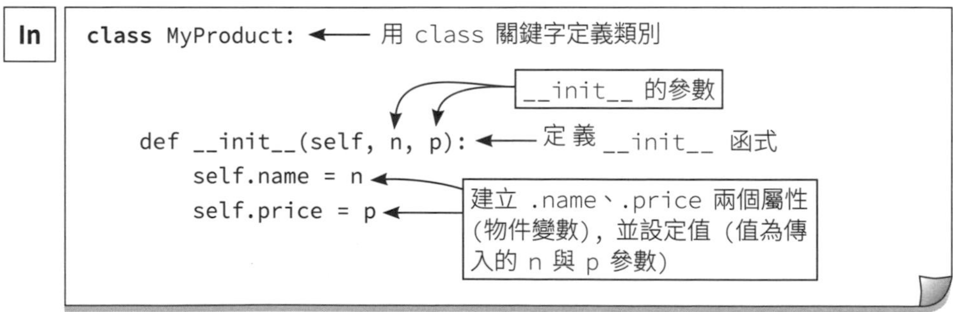
```
class MyProduct:

    def __init__(self, n, p):
        self.name = n
        self.price = p
```
In
用 class 關鍵字定義類別
__init__ 的參數
定義 __init__ 函式
建立 .name、.price 兩個屬性 (物件變數), 並設定值 (值為傳入的 n 與 p 參數)

定義好類別之後，就可以用來建立物件：

In
```
book = MyProduct('書', 700)  ← 用 MyProduct 類別建立 book 物件並傳入初始值

print(book)
print(book.name)  ┐ ← 印出 book 物件的兩個屬性
print(book.price) ┘
```

Out
```
<__main__.MyProduct object at 0x000001E8AE3E9A30>
書
700
```

3

函式、類別與模組

3-3-4 替物件加入 method

物件畢竟不只是能用來記錄資料，我們也可以替它們定義行為，也就是加入函式或 method。做法就是在 class 下用 def 定義函式。

範例演練

下面來替 MyProduct 類別定義兩個新 method, 使該類別建立的物件都能獲得這些行為：

- summery()：用格式化字串彙整商品本身的資訊
- discount()：對商品價格打折

In
```
class MyProduct:

    def __init__(self, n, p):
        self.name = n
        self.price = p

    def summary(self):◄── 自訂 method
        print('商品名稱: {}\n價格: {}'.format(self.name, self.price))
```

```
    def discount(self, rate): ◀── 自訂 method
        self.price *= rate

book = MyProduct('書', 700) ◀── 建立物件

book.discount(0.79) ┐◀── 呼叫物件 method (先用 discount()
book.summary()      ┘    打折, 再用 summary() 彙整資訊)
```

Out

```
商品名稱: 書
價格: 553.0
```

下面來建立第二個商品物件，以展示不同的物件也會獲得同樣的行為：

In

```
car = MyProduct('汽車', 700000)
car.discount(0.9)
car.summary()
```

Out

```
商品名稱: 汽車
價格: 630000.0 元
```

3-4 能處理時間資料的 datetime 模組

從前面的解說可以了解，函式、類別與物件能夠包裝特定的資料與行為，讓自己及其他使用者能更方便取用。而在 Python 中，也提供了為數眾多的模組來協助各位開發程式。

除了數值與字串資料以外，另一個你可能會碰到的就是日期與時間資料。下面就來看看 Python 的 datatime 模組提供了那些日期與時間的處理功能。

3-4-1 datetime 物件

如果想表示特定日期（和時間）的資料，可以透過 datetime 模組中的 datetime(), 這會建立 datetime 物件（請勿和 datetime 模組混淆）：

```
import datetime as dt  ←  匯入 datetime 模組, 取別名為 dt
datetime 物件 = dt.datetime(year, month, day, hour, 接下行
        minute, second)
```

其中參數 year（年）、month（月）和 day（日）是必填的，hour(時)、minute（分）與 second（秒）則不用。

範例演練

下面來示範幾種日期和時間資料的設定方式：

In

```
import datetime as dt

x = dt.datetime(2020, 10, 22)  ←  只設定日期
print(x)                          (直接傳入值)

x = dt.datetime(year=2020, month=10, day=22)  ←  只設定日期
print(x)                                        (傳入關鍵字參數
                                                並指定值)

y = dt.datetime(2020, 10, 22, 10, 30, 45)  ←  設定日期與時間
print(y)
```

Out

```
2020-10-22 00:00:00
2020-10-22 00:00:00
2020-10-22 10:30:45
```

3-4-2 timedelta 物件

若要表示**一段時間的長度** (用途見下一小節), 可用 datetime 模組的 timedelta() 來建立：

```
timedelta 物件 = dt.timedelta(days, seconds, 接下行
   microseconds, milliseconds, minutes, hours, weeks)
```

所有參數都是可省略的，而且同樣可以用關鍵字方式指定值。

範例演練

In

```
x = dt.timedelta(hours=1, minutes=30) ←— 1 小時又 30 分
print(x)

y = dt.timedelta(days=1, seconds=30)  ←— 1 天又 30 秒
print(y)
```

Out

```
1:30:00
1 day, 0:00:30
```

3-4-3 用 timedelta 來增減 datetime 或 timedelta 的時間

上一小節的 timedelta 有什麼用呢？如果想改變 datetime 的時間，可以給它加或減一個 timedelta 物件。timedelta 甚至自己能乘上某個倍數，來讓欲改變的時間長度跟著倍增。

範例演練

In

```
import datetime as dt

x = dt.datetime(2020, 10, 22, 10, 30, 45)     ←— 原始時間
y = dt.timedelta(days=1, hours=2, minutes=5)  ←— 要增減的時間長度
```

```
print(x)
print(x + y)   ←用 timedelta 來增減 datetime 的時間
print(x - y)
print(x + y * 2)
```

Out

```
2020-10-22 10:30:45
2020-10-23 12:35:45
2020-10-21 08:25:45
2020-10-24 14:40:45
```

在資料科學領域，若遇到時間序列資料，就會需要處理資料時間差的問題，這時 timedelta 就派上用場了。

3-4-4 將 datetime 時間以格式化方式輸出

雖然你能用 print() 來檢視 datetime 的日期和時間，若你希望以特定格式印出更易閱讀的時間，可使用 datetime 物件的 strftime() method：

```
字串 = datetime.strftime('%Y/%m/%d %H-%M-%S')
```

要輸出的格式，在此的格式是『年/月/日 時-分-秒』

參數是日期與時間的格式化字串，當中以 % 開頭的字代表對應的日期或時間值 (比如 %Y 是年，%H 是小時)。你可以在 % 以外再加上易識別的「年、月 、日」等文字，自行設計格式化字串的內容。

範例演練

In

```
import datetime as dt

x = dt.datetime(2020, 10, 22, 10, 30, 45)
s1 = x.strftime('%Y/%m/%d %H-%M-%S')   ←預設的格式
print(s1)

s2 = x.strftime('%Y 年 %m 月 %d 日 %H : %M : %S')   ←自訂的格式
print(s2)
```

```
2020/10/22 10-30-45
2020 年 10 月 22 日 10 : 30 : 45
```

3-4-5 用字串來建立 datetime 物件

日期和時間的格式化字串還有另一個用處，就是若你有一個字串符合特定的時間格式，可以用 datatime 模組的 striptime() 將之轉換成 datetime 物件：

```
import datetime as dt
datetime 物件 = dt.datetime.strptime(來源字串, 接下行
    '%Y/%m/%d %H-%M-%S')
```

striptime() 的第二個參數是來源字串的日期時間格式，同樣用 % 字母來代表年、月、日 ... 等欄位。當然，前頭的來源字串內容**必須跟此格式相符**（見以下範例），否則轉換時會產生錯誤。

範例演練

In

```
import datetime as dt

s = '2020/10/22 10-30-45'  ← 含有特定格式之日期時間字串
x = dt.datetime.strptime(s, '%Y/%m/%d %H-%M-%S')  ← 格式和字串 s 內容相符
print(x)
print(type(x))
```

Out

```
2020-10-22 10:30:45  ← 看起來很像單純的字串
<class 'datetime.datetime'>  ← 但已經轉成了 datetime 物件
```

小編補充： 通常時間資料匯入到 Python 都是字串型別，如果需要進一步處理時間資訊，透過 striptime() 轉換成 datetime 物件會方便得多。

CHAPTER

4

進階函式及特殊容器

在前 3 章中，我們已經講解了 list、字串等容器和函式的基礎，但實際上在 Python 中還有很多可快速處理容器資料的函式，本章就來介紹一些進階的技巧。

小編補充： 機器學習的領域中，在進行資料預處理常會使用到 lambda 或生成式的語法，特別遇到要分割資料集，或是處理訓練資料和標籤時，本章介紹的技巧或特殊的容器都會派上用場。

4-1 lambda 函式

4-1-1 lambda 函式簡介

上一章在 Python 中定義一個函式時，正常我們會使用 def 來定義：

```
def func(參數):
    return 傳回值
```

不過如果函式很簡單，只有一個傳回值的話，你也可以使用 lambda 關鍵字，使得定義只有一行程式：

```
func = lambda 參數: 傳回值
```

小編補充： lambda 函式也稱為『**匿名函式**』(anonymous function)，意思就是沒有名稱的函式。當然你還是可以像上一行一樣將它指派給一個 func 名稱，這麼一來就能重複利用它了。不過，通常 lambda 函式會直接使用在其他函式或物件中 (見本章後面說明)，就只使用這麼一次，所以當然不需要名稱了。

範例演練 (一)

下面先來用正規方式定義一個函式，能傳回參數 x 的平方：

In
```
def power(x):
    return x ** 2

print(power(10))
```

Out
```
100
```

接著來看用 lambda 寫成的版本：

In
```
power = lambda x: x ** 2
print(power(10))
```

Out
```
100
```

範例演練 (二)

你也能傳遞不只一個參數給 lambda 函式：

In
```
add = lambda a, b: a + b  ← 寫法等於 add(a, b):
print(add(5, 3))                     return a + b
```

Out
```
8
```

小編補充： lambda 函式的傳回值其實是個運算式，lambda 會自動將該運算式的結果變成傳回值，所以不需寫 return。此外，在 lambda 函式中只能寫一行運算式哦！

4-1-2 在 lambda 內使用一行 if 條件判斷式

若要讓函式視情況傳回不同結果，正常可能會撰寫如下：

```
def absolute(x): ←— 用來傳回一個數字之絕對值的函式
    if x >= 0:
        return x
    else:
        return -x
```

但 lambda 內只能寫一行運算式，要如何依據條件傳回不同值呢？這時你可寫成**條件運算式** (Conditional expression) 的樣子：

```
值a if 條件 else 值b ←— 若條件成立，將傳回值 a，
                        否則就傳回值 b
```

範例演練 (一)

只要運用條件運算式，就能把上面的 absolute() 函式改寫成 lambda 版，如下：

```
absolute = lambda x: x if x >= 0 else -x
```

範例演練 (二)

來看第二個例子，此函式是依傳入值的大小進行不同運算：

```
def func(x):
    if 10 <= x < 30:
        return x ** 2 - 40 * x + 350
    else:
        return 50
```

這個函式的 lambda 版會像這樣：

```
func = lambda x: (x ** 2 - 40 * x + 350) if 10 <= x < 30 else 50
```


4-2 用來處理 list 資料的便利函式

4-2-1 str.split()：分割字串為 list 元素

Python 字串物件的 **split()** method 能將字串以您指定的規則分割成 list 並傳回：

```
list = 字串.split(分割字元, 分割次數)
```

例如，字串 'a,b,cde' 若以字串中的逗點 (,) 為分割字元，split() 會傳回 ['a', 'b', 'cde'] 這樣的 list。

> **小編補充：** 分割字元若不指定，預設就是空格。分割次數代表從頭開始要分割的次數，沒分割的字串會儲存為 list 的最末元素，不指定時預設是處理整個字串。

範例演練

現在我們有一個字串，這個句子由多個單字組成，各單字之間以空格隔開。只要使用 split() 就能輕鬆將這些單字分割和轉成 list：

In

```
sentence = 'This is a test sentence'
print(sentence.split (' '))  ← 以空格分割字串（也可不寫，在此效果相同）
```

Out

```
['This', 'is', 'a', 'test', 'sentence'] ← 傳回結果是個 list
```

4-2-2 用字串正規化分割字串為 list

有些字串的內容結構比較複雜，分割符號有超過一種以上時，可用 re 正規化模組的 **re.split()** 來將字串分割為 list：

```
import re
list 變數 = re.split('[分割符號]', 字串)
```

在 re.split() 第一個參數的中括號內，可以放不只一種分割符號 (連在一起，不要用空白或逗號分開), re.split() 會根據這些符號來分割字串。

範例演練

In

```
import re

sentence = 'This,is a,test.sentence'
time_data = '2020/05/20_12:30:45'


print(re.split('[,. ]', sentence)) ← 用逗點、句點和空格來分割字串
print(re.split('[/_:]', time_data)) ← 用斜線、底線和冒號來分割字串
```

Out

```
['This', 'is', 'a', 'test', 'sentence']
['2020', '05', '20', '12', '30', '45']
```

4-2-3 能逐次處理元素的 map() 函式

假設你有個 list, 內含一系列正負不等的數字，而你想讓這些數字全部轉成絕對值放進一個新 list。這時你或許會像下面這樣做：

In

```
a = [1, -2, 3, -4, 5]
new = []

for x in a:
    new.append(abs(x))
print(new)
```

abs() 是可取絕對值的函式

走訪 a 的元素，取絕對值後放入 new

Out

```
[1, 2, 3, 4, 5]
```

但以上過程其實可以用 Python 內建函式 **map()** 寫成一行程式，不需要動用到迴圈：

```
a = [1, -2, 3, -4, 5]
new = list(map(abs, a))
print(new)
```

注意上面我們傳入 map 的是 abs 而不是 abs()；這是因為加上小括號時是在呼叫函式，但這裡我們需要將該函式本身而非其結果傳給 map()。

map() 的語法如下：

```
map(函式, 容器)
```

map() 會輪流把容器的每個元素當作參數，依序傳給要套用的函式 (此例為 abs()), 並將所有結果放進一個 map 物件。接著只要用 list() 函式將它轉成 list, 就得到我們想要的結果了。

小編補充： 像 map() 這樣能夠接收其他函式作為參數的函式，也稱為高階函式 (higher-order functions)。

範例演練

下面有個 list, 我們來用 map() 將所有字串元素轉成大寫：

In

```
str_list = ['This', 'is', 'a', 'test', 'sentence']
print(list(map(str.upper, str_list)))
```

用 str.upper() 函式將每個單字轉成大寫

Out

```
['THIS', 'IS', 'A', 'TEST', 'SENTENCE']
```

4-2-4 用 filter() 篩選容器元素

如果要從容器篩選特定條件的元素來建立新的容器，可以使用 filter() 內建函式：

```
filter(函式, 容器)
```

和 map() 一樣，filter() 會將容器每個元素傳入函式，但這回只有函式的傳回值為 True 時，該元素才會保留下來。如果篩選的條件很複雜，通常會將篩選的條件先寫成函式，再將自訂函式名稱傳給 filter(), 或者直接用 lambda 匿名函式來建立篩選條件。此外，filter() 會傳回 filter 物件，同樣得用 list() 轉換過才能得到可處理的結果。

範例演練

和前面一樣，這裡來處理一個 list 中的字串元素，差別在於這回我們只保留長度至少為 3 的字串：

In

```
str_list = ['This', 'is', 'a', 'test', 'sentence']
print(list(filter(lambda x: len(x) >= 3, str_list)))
```

保留字串長度大於等於 3 的元素

Out
```
['This', 'test', 'sentence']
```

> **小編補充：** 由上可見，lambda 函式可以讓你在 map() 與 filter() 快速撰寫要用來處理或過濾元素的函式，不需要再另外用 def 定義，是不是很方便呢？

4-2-5 再探 sorted()：自訂目標容器的排序方式

前面的章節提過 sorted() 可用來排序容器元素，並產生出一個新容器。但是，其預設排序會是由小到大，萬一你想要由大排到小呢？或者根據元素的其他特性來排序？這時你可以進一步設定 sorted() 的另外兩個參數 key 及 reverse：

```
sorted(容器, key=函式, reverse=False)
```

若指定一個函式給 key, sorted() 會將每個元素傳入該函式、並以傳回值的大小當作排序依據。reverse 參數則能用來決定排序方向，不指定時預設為 False、代表由小到大，設為 True 就是由大到小。

> **小編補充：** list 物件的 sort()method 也可使用 key 及 reverse 參數。

範例演練 (一)

這邊再次沿用前面的字串 list 範例，這回我們根據各字串元素的長度從大到小排序：

In
```
str_list = ['This', 'is', 'a', 'test', 'sentence']
print(sorted(str_list, key=len, reverse=True))
```

Out
```
['sentence', 'This', 'test', 'is', 'a']
```

範例演練 (二)

下面的 nest_list 是巢狀 list, 每個元素本身也是容器。此範例展示了你能如何針對元素的不同子元素來排序：

In

```
nest_list = [
    [0, 9],
    [1, 8],
    [2, 7],
    [3, 6],
    [4, 5]
]

print(sorted(nest_list))

print(sorted(nest_list, key=lambda x: x[1]))

print(sorted(nest_list, key=lambda x: x[1], reverse=True))
```

沒有指定依據, 因此以第 0 個子元素由小到大來排序

依各元素的第 1 個子元素由小到大排序

同上, 但改成由大到小排序

Out

```
[[0, 9], [1, 8], [2, 7], [3, 6], [4, 5]]
[[4, 5], [3, 6], [2, 7], [1, 8], [0, 9]]
[[0, 9], [1, 8], [2, 7], [3, 6], [4, 5]]
```

以不同子元素為基準來排序

4-3 list 生成式

4-3-1 介紹 list 生成式

除了使用迴圈、map() 或 filter() 來產生新的 list, Python 還有一個方式能做到類似的效果 , 叫做 **list 生成式** (list comprehension)：

```
[運算式 for 變數 in 容器]
```

生成式每次會從容器取出一個值放進變數，而這變數可以被最前面的運算式使用。

這相當於下面的 for 迴圈寫法：

```
新容器 = []
for 變數 in 容器:
    新容器.append(運算式)
```

✎ 範例演練 (一)

首先，來看用 list 生成式改寫 4-7 頁的 map() 範例會是什麼樣子：

In

```
a = [1, -2, 3, -4, 5]
print([abs(x) for x in a])
```

← 等於 print(list(map(abs, a)))

Out

```
[1, 2, 3, 4, 5]
```

✎ 範例演練 (二)

再來多看兩個例子：

In

```
a = [1, -2, 3, -4, 5]
print([x ** 2 for x in a])

str_list = ['This', 'is', 'a', 'test', 'sentence']
print([s.upper() for s in str_list])
```

Out

```
[1, 4, 9, 16, 25]
['THIS', 'IS', 'A', 'TEST', 'SENTENCE']
```

比起 map() 的寫法，有些人認為 list 生成式比較容易看懂，此外它也不需要再用 list() 轉換產出結果。

4-3-2 在 list 生成式使用 if 過濾元素

list 生成式在產生 list 時，也可以加入 if 判斷式，來決定要不要輸出某個運算式的結果，做到與 filter() 相同的效果：

```
[運算式 for 變數 in 容器 if 判斷式]
```

當 if 判斷式傳回 False 時，容器的值就不會被取出來放進變數，也就不會給最前頭的運算式處理了。

範例演練

同樣的，來看以下例子：

In

```
a = [1, -2, 3, -4, 5]
print([x for x in a if x > 0])  ← 例 1：篩選出 a 當中大於 0 的元素

str_list = ['This', 'is', 'a', 'test', 'sentence']
print([x for x in str_list if len(x) >= 3])  ← 例 2：篩選出 str_list 當中字串長度大於等於 3 的元素
```

Out

```
[1, 3, 5]
['This', 'test', 'sentence']
```

4-3-3 在 list 生成式用 zip() 同時走訪多個容器

如果想同時走訪兩個以上長度一樣的 list，並每次從它們各取出一個元素變成一組或是做運算，可以使用之前曾提過的 **zip()** 函式。

範例演練 (一)

下面有兩個 list, 我們來展示如何用 zip() 和生成式兩兩取出元素：

In

```
a = [1, -2, 3, -4, 5]
b = [9, 8, -7, -6, -5]

print([[x, y] for x, y in zip(a, b)])   ← list 的每個元素會是 [x, y]

print([x + y for x, y in zip(a, b)])    ← list 的每個元素會是 x + y
```

Out

```
[[1, 9], [-2, 8], [3, -7], [-4, -6], [5, -5]]
[10, 6, -4, -10, 0]
```

範例演練 (二)

接下來的例子更複雜了，不僅使用 zip() 來走訪元素，更在生成式用 if 來過濾結果：

In

```
a = [1, -2, 3, -4, 5]
b = [9, 8, -7, -6, -5]

print([x + y         ← 換行寫可以讓生成式的各部分更容易看懂
      for x, y in zip(a, b)
      if x + y >= 0])   ← 過濾條件
```

Out

```
[10, 6, 0]  ← 只有加起來大於等於 0 的被列印出來
```

4-3-4 以巢狀 list 生成式產生複合 list

前面看到用 zip() 處理多重容器時，可以產生出元素為子 list 的複合容器。但這只是其中一種做法，另一個方式是用巢狀 list 生成式。

正常情況下，若要從容器 a 與 b 取出元素，建構成一個 len(a) * len(b) 大小的二維陣列，使用迴圈的寫法如下：

In
```
a = [1, 2, 3]
b = ['A', 'B']

r = []
for x in a:
    for y in b:
        r.append([x, y])
print(r)
```

Out
```
[[1, 'A'], [1, 'B'], [2, 'A'], [2, 'B'], [3, 'A'], [3, 'B']]
```

但是若用 list 生成式，只要一行就能完成：

In
```
print([[x, y] for x in a for y in b])
```

Out
```
[[1, 'A'], [1, 'B'], [2, 'A'], [2, 'B'], [3, 'A'], [3, 'B']]
```

此例可把 [x, y] for x in a 看成運算式 K, 那麼最外層的生成式就是 K for y in b。因此外層生成式每次產生運算式 K 時，K 本身也是一個 list 生成式，就會得到上面的結果了。

範例演練

來做一個二進位數字轉十進位的例子。在二進位數字中，每個位數都是由 0 或 1 構成，想轉成十進位很簡單，從「個位數」開始，每個數字依序對應到 2 的 0、1、2…次方，將二進位各數字跟 2 的 n 次方兩兩相乘，最後相加就可以了。如底下等號左邊是 3 位元的二位數表示法，等號右邊是轉換後的十位數：

```
000 = 0
001 = 1 (1 * 2⁰ = 1)
010 = 2 (1 * 2¹ = 2)
011 = 3 (1 * 2¹ + 1 * 2⁰ = 3)
...
111 = 7 (1 * 2² + 1 * 2¹ + 1 * 2⁰ = 7)
↑↑↑
||└─ 對應 2 的 0 次方
|└── 對應 2 的 1 次方
└─── 對應 2 的 2 次方
```

下面便用 list 生成式來產生各種組合的 3 位元二進位數，從三個容器挑出 0 或 1，組合起來會變成十進位介於 0~7 之間的數字（而且所有種類的組合都有）：

In

```
n1 = [0, 1]
n2 = [0, 1]
n3 = [0, 1]

print([(x * 2 ** 2 + y * 2 ** 1 + z * 2 ** 0) for x in n1 for y in n2 for z in n3])
```

Out

```
[0, 1, 2, 3, 4, 5, 6, 7]
```

4-4 Python 的特殊 dict 容器

4-4-1 defaultdict 容器

在使用 Python dict 時，若用不存在的鍵查值，就會產生錯誤。不過，有一種特殊情況是你在統計或分類一系列資料，並用這些資料的某種特徵當作鍵。如果要用 dict 來整理，那麼每次處理到一個鍵時，就還得檢查它是否存在，不存在就用『dict[鍵] = 值』加入它和指定一個初始值 (這樣下次處理到就有個值了), 不免有點麻煩吧。

對於這種狀況，你可使用 Python **collections 模組**內的一種特殊 dict, 叫做 **defaultdict**。建立這種容器的語法如下：

```
from collections import defaultdict
dict = defaultdict(函式, dict)
```

要先從 collections 模組匯入它

由於 defaultdict 不是 Python 執行時就已經載入的功能，因此必須用 **import** 關鍵字來匯入它。從第 5 章開始，我們會很常用 import 來匯入各種資料科學與繪圖套件。

defaultdict() 會傳回一個 dict。如果上面的第二個參數沒有指定東西，此 dict 就是空的，你可以用第 2 章介紹過的幾種方式放鍵與值進去。

當你以不存在的鍵來從該 dict 取值，它會用函式 (上面第一個參數) 的傳回值當作預設值、配合該鍵放進 dict。若未指定函式，則預設值為 None。因此在做資料統計或分類作業時，使用 defaultdict 就會比一般的 dict 方便。

下面就用實際例子來看看 defaultdict 是如何運用的。

範例演練 (一)

第一個例子是用來計算一個 list 內元素各出現幾次的程式：

In

```
from collections import defaultdict

lst = ['foo', 'bar', 'pop', 'foo', 'bar', 'foo']

d = defaultdict(int)
```

建立 defaultdict, 傳入 int() 為參數

```
for item in lst:
    d[item] += 1
```

把 lst 的元素當成鍵去查詢 defaultdict 並將值加 1

```
print(d)
```

Out

```
defaultdict(<class 'int'>, {'foo': 3, 'bar': 2, 'pop': 1})
```

每個鍵的值代表 lst 元素出現的次數

怎麼做到的？這裡得花得時間解釋程式的運作。

在此 defaultdict 傳入的參數是 int 函式 (沒有小括號)；當後面的程式呼叫『d[item]』、但 d 查無此鍵時，它會先加入這個鍵，因為沒有值可套用 int() 函式 (沒有參數), 因此會傳回 0 當作該鍵的值，接著程式就可以將 0 遞增加 1, 而不會出錯了。接著若再查到已經存在的鍵，套用 int() 函式後會傳回之前已經出現的次數 (1 次), 然後再遞增加 1 (變 2 次)。

這麼一來，defaultdict 的最後內容就是 list 內每個元素出現的次數。畢竟這些元素每出現一次，迴圈走訪到它時就會在 defaultdict 把對應鍵的值 +1。

小編補充： 你也可以用 lambda 傳入自己的函式給 defaultdict()。例如，lambda: 42 會傳回 42 作為 defaultdict 新鍵的初始值。

範例演練 (二)

第二個例子是利用 defaultdict 來統計特定類型資料。比如，下面有一些水果和它們的價格，我們可以根據水果類型將其價格整理在一塊：

In

```
from collections import defaultdict

prices = [
        ['apple', 50],
        ['banana', 120],
```

```python
        ['grape', 500],
        ['apple', 70],
        ['banana', 150],
        ['banana', 700]
    ]

fruits = defaultdict(list)    ← 建立 defaultdict 時傳入 list() 函式

for name, price in prices:
    fruits[name].append(price)    ← 將水果價格放進特定名稱的 list 中

for name, prices in fruits.items():    ← 用走訪 dict 的方式印出 defaultdict 的內容
    print(name, prices)
```

Out

```
apple [50, 70]
banana [120, 150, 700]
grape [500]
```

這回傳入 defaultdict 的函式是 list, 這意味著新鍵的預設值會是 list() 的傳回值 (一個空 list, [])。接著在 for 迴圈中, 水果名稱會當成鍵, 價格會用 append() 附加到該鍵對應的 list 內。

於是最後你會看到, 各種水果的價格按照其名稱分門別類擺好了。

4-4-2 Counter 容器

想統計資料數量的話, 不只能用 defaultdict 而已, 另一個選擇是 collections 模組的 Counter 容器, 這同樣是一種特殊版的 dict:

```
from collections import Counter
容器 = Counter(其他容器)
```

> **小編補充：** Counter 容器在做機器學習時，可以很方便確認標籤 (labels) 分布的狀況是否平均，或是在做自然語言處理時，也可以快速統計字詞出現的頻率。

範例演練

下面我們再度使用前面的 lst, 但這回將它傳入 Counter 物件，就能得到統計過的數量：

In

```
from collections import Counter

lst = ['foo', 'bar', 'pop', 'foo', 'bar', 'foo']

c = Counter(lst)  ← 建立 Counter

print(c)

for item, counter in c.items():  ← 用走訪 dict 的方式走訪 Counter

    print(item, '出現', counter, '次')

print('出現最多次的項目:', c.most_common(1))  ← most_common() method 可傳回前 N 個出現最多次的元素
```

Out

```
Counter({'foo': 3, 'bar': 2, 'pop': 1})
foo 出現 3 次
bar 出現 2 次
pop 出現 1 次
出現最多次的項目: [('foo', 3)]
```

MEMO

CHAPTER

5

NumPy 高速運算套件

5-1 NumPy 的基本介紹

5-1-1 認識 NumPy 套件

NumPy 是非常強大的 Python 套件，想用 Python 做數值運算時尤其重要，例如進行機器學習、深度學習專案時，會頻繁進行複雜的**向量**(Vector) 及**矩陣** (Matrix) 運算，這些都可以用各種 NumPy 函式快速完成。

說到 Python 套件，在機器學習、深度學習領域，其他著名的套件還有 Pandas、Matplotlib、scikit-learn、Tensorflow、Keras 等，這些我們在後續章節都會一一介紹，而這些套件組成的開發環境一般被稱為 Python EcoSystem, 如下圖所示，除了 Python 外，NumPy 正處於底層位置，後續我們在介紹其他各種套件時，也一定都會看到 NumPy 的身影，其重要性可見一斑。

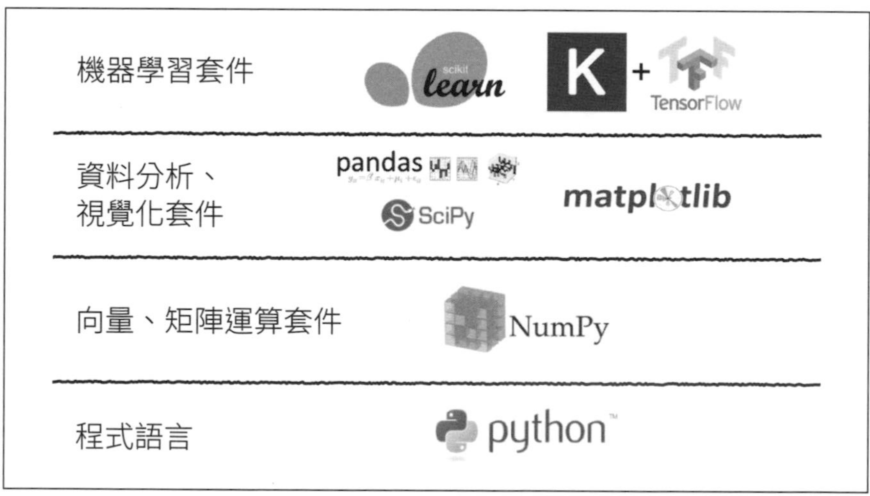

5-1-2 體驗 NumPy 的高速運算

前面提到向量與矩陣運算，雖然直接使用 Python 內建語法也可以處理，但運算速度非常慢，因此才需要 NumPy 來提升效率。這麼說您可能沒什麼感覺，因此我們直接來比較看看純 Python 語法 與 NumPy 語法完成兩個矩陣相乘 (Matrix multiplication) 的運算速度。底下程式的細節先不用細究，這邊只需要先「感受」一下用 NumPy 的方便之處即可。

In

```
import numpy as np ◀── 匯入 NumPy
from numpy.random import rand ◀── 匯入用來產生資料的亂數模組
import time ◀── 匯入計算處理時間的模組

N = 150
matA = np.array(rand(N, N))
matB = np.array(rand(N, N))   ◀── 建立兩個 150 X 150 的亂數矩陣，待會來計算兩個矩陣相乘
matC = np.array([[0] * N for _ in range(N)]) ◀── 再建立一個值全為 0 的矩陣，用來儲存計算後的結果

# 使用 Python 計算
start = time.time() ◀── 開始計時
for i in range(N):
    for j in range(N):
        for k in range(N):
            matC[i][j] = matA[i][k] * matB[k][j]   ◀── 純用 Python 得撰寫三層 for 迴圈來處理矩陣相乘
print("Python的計算結果：%f[sec]" % float(time.time() - start))

# 使用 NumPy 計算

start = time.time() ◀── 開始計時
matC = np.dot(matA, matB) ◀── 使用 NumPy 的 dot()函式就可以處理矩陣相乘，一行就搞定

print("NumPy的計算結果：%f[sec]" % float(time.time() - start))
```

Out

```
Python 的計算結果：3.706220[sec]
NumPy 的計算結果：0.001003[sec]
```

如同上面所展示的，若單純用 Python 需要 4 行的三層 for 迴圈才能完成矩陣相乘的運算，對比之下 NumPy 只需 1 行程式就搞定，不只程式碼精簡，執行時間也快上許多（**編註：**實際執行速度會因電腦而異），現在應該更能體會 NumPy 的好用之處吧！

5-2 陣列的基本操作

5-2-1 建立陣列

NumPy 的核心是稱為 **ndarray** (N-dimensional array) 的多維陣列物件，這是 NumPy 的資料結構，也是 NumPy 可高速運算的祕密武器。

建立 ndarray 陣列（底下簡稱 "陣列"）的方法有很多種，我們來看常用的幾個函式。

np.array() - 將 list 或 tuple 轉換為 ndarray

```
np.array( list / tuple…, dtype='None' )
```

指定陣列的資料型別，通常設定 dtype='None' 表示不指定，即自動判斷型別

範例演練

In

```
np.array([1, 2, 3])
```

← 傳入 [1, 2, 3] 這個 Python list

Out

```
array([1, 2, 3])
```

← 執行結果看起來跟 list 沒什麼兩樣，但前面有 'array' 就表示已經轉為 ndarray 物件

np.arange() - 建立指定範圍的等差陣列

np.arange() 的用法跟 Python 的 range() 函式很類似，只要傳入起始值、終止值以及遞增量，就可以傳回以「等差數列 (如 0, 2, 4, 6, 8…)」為元素的陣列。

```
np.arange(start, stop, step, dtype='None')
```

stop 參數一定要設，因為不能沒有終止值

start（起始值）預設值為 0，step（遞增量）預設值為 1，兩者可以不設，會套用預設值

範例演練

In

```
print(np.arange(5))
print(np.arange(1,5))
print(np.arange(0,10,2))
```

Out

```
[0,1,2,3,4]
[1,2,3,4]
[0,2,4,6,8]
```

小編補充： 建立陣列時不會包含 stop 的值，這跟 Python 的切片或 range() 一樣，都是「有頭 (start) 無尾 (stop)」！

np.linspace() - 給定元素數量，等距分隔區間

使用 **np.linspace()** 也可以建立以「等差數列」為元素的陣列，它與 np.arange() 最大的差別是可以傳入元素數量做為參數，因此能夠掌握建立好的陣列會有多少個元素。

```
np.linspace(start, stop, num=50, dtype='None')
```

元素數量參數可省略，預設值為 50

範例演練

In

```
print(np.linspace(0,1,5))
```

設 num 參數為 5，會產生 5 個元素 (即把 0~1 之間分成 5 等分)

Out

```
[0.  , 0.25 , 0.5 , 0.75 , 1.]
```

np.zeros()、np.ones() 函式 – 建立「元素全都是 0、1」的陣列

np.zeros() 及 np.ones() 分別可以建立全部元素均為 0 或均為 1 的陣列，這 2 個函式的用法很單純，語法如下：

```
np.zeros(shape, dtype=float)
```

```
np.ones(shape, dtype=float)
```

小編補充： 重要！先認識陣列的 shape、軸 (axis) 以及維度 (dimention)

參數中看到一個 shape，這是形狀的意思，例如一個 3 個元素的陣列 [1, 2, 3]，其 shape 是 (3,)，我們通常稱它是一個 **1 軸 (axis) 陣列**。

而像是 [[1, 2, 3], [4, 5, 6]] 這樣，陣列當中的元素也是陣列的情況，在 NumPy 中會排列成矩陣的樣子：

```
[[1, 2, 3],
 [4, 5, 6]]
```

這樣一個 2 列 3 行的矩陣結構，其 shape 是 (2, 3)，我們通常稱它是一個 2 軸陣列。

這裡除了 shape 外，也出現「**軸 (axis)**」這個名詞，「軸」是學習 NumPy 一定要熟悉的概念。要釐清的是，您可能會在很多書籍、網路文章上看到把 1 軸陣列稱為 1 維陣列，把 2 軸陣列為 2 維陣列，但維度 (dimention) 應該是陣列每一軸所含的元素數量，例如 [[1, 2, 3], [4, 5, 6]] 這個例子，其第 0 軸為 2 維 (含 2 個子陣列，分別是 [1, 2, 3] 以及 [4, 5, 6])，其第 1 軸為 3 維 (兩個子陣列都有 3 個元素)。

有鑑於軸、維等名稱目前已被混用，本書一律會將**一維陣列稱為 1D 陣列 (D 就是軸、軸就是 D！)、二維陣列稱為 2D 陣列、三維陣列稱為 3D 陣列…依此類推**。

shape 以及軸太重要了，下一節介紹更多函式時還會看到，這裡先有以上的概念就可以了。

範例演練

In

```
print(np.zeros(5))
print(np.ones(5))
```

← 各建立含 5 個元素的 1D 陣列

Out

```
[0., 0., 0., 0., 0.]
[1., 1., 1., 1., 1.,]
```

np.random - 建立亂數陣列

NumPy 的 **np.random** 模組提供許多可以產生亂數的函式，這裡列出較常使用的函式進行說明：

1. **np.random.seed(x)**：設定**亂數種子**，x 的型別為 int。若有設定亂數種子，那麼就會產生固定的亂數，本書為了使讀者看到一樣的結果，經常使用亂數種子。

```
np.random.seed(x)
```

2. **np.random.randint(x, y, z)**：產生 x 以上 (包含 x), 未滿 y 的 z 個亂數。z 也可以設定 (2, 3) 這樣的 tuple 值，這樣就會產生 2 X 3 的亂數矩陣。簡單來說，z 參數是用來指定陣列的形狀 (shape)。

```
np.random.randint(x,y,z)
```

3. **np.random.rand(x)**：產生 x 個 0~1 之間的亂數。

```
np.random.rand(x)
```

4. **np.random.choice(x, size)**： x 通常為陣列之類的型別，choice() 可以從 x 中隨機挑出元素，傳回指定 shape 的陣列：

```
np.random.choice(x, size)
```

範例演練 (一)

先來演練 random.seed(), 以下產生兩組亂數，第一次不指定種子，第二次則指定種子，看看結果有何不同：

In

```
import numpy as np

X = np.random.randn(5)
Y = np.random.randn(5)

print('X:', X)
print('Y:', Y)

np.random.seed(0)
X = np.random.randn(5)

np.random.seed(0)
Y = np.random.randn(5)

print('X (seed=0):', X)
print('Y (seed=0):', Y)
```

第一次是產生兩組各有 5 個隨機數值的陣列

看看第一次的亂數結果

第二次在產生亂數前先設定亂數種子

看看第二次的亂數結果

Out

```
X: [-1.23540409 -1.15258749  0.21034314 -0.37977522  0.1799022 ]
Y: [ 0.68501924 -1.46648501  0.18063507  0.76805107  0.80158318]
X (seed=0): [1.76405235 0.40015721 0.97873798 2.2408932  1.86755799]
Y (seed=0): [1.76405235 0.40015721 0.97873798 2.2408932  1.86755799]
```

指定種子後，產生的亂數會完全相同

範例演練 (二)

- 建立 arr1 亂數陣列，各元素是在 0 ～10 的整數，陣列的 shape 為 (5, 2)。
- 建立 arr2 亂數陣列，各元素是 0 ～ 1 之間的 3 個隨機亂數。

In

```
import numpy as np

# arr1
arr1 = np.random.randint(0, 11, (5, 2))
print('arr1:')
print(arr1)

# arr2
arr2 = np.random.rand(3)
print('arr2:')
print(arr2)
```

從 0~11 (不含 11) 之間取亂數值

建立 3 個 0～1 之間的亂數

Out

```
arr1:
[[6 7]
 [0 6]
 [9 5]
 [4 8]
 [7 7]]

arr2:
[0.63789953 0.25708531 0.05888615]
```

小編補充： np.random 模組在機器學習、深度學習很常用到，例如建立神經網路 (Neural Network) 模型時，模型預設的權重 (weight) 參數一開始都會用亂數來產生，而訓練神經網路的目的就是去修正 (訓練) 出最適合的權重參數值。

範例演練 (三)

這裡我們有個包括各種水果名稱的 list, 若想從中隨機選出 5 個 (可能會重複), 就可以用 random.choice() 來進行：

In

```
import numpy as np
np.random.seed(0)
x = ['蘋果', '橘子', '香蕉', '鳳梨', '奇異果', '草莓']

print(np.random.choice(x, 5)) ←—— 從 x 中隨機選出 5 個元素
```

Out

```
['奇異果' '草莓' '蘋果' '鳳梨' '鳳梨']
```

複製陣列的重要概念

若想複製一個 NumPy 陣列來使用時，儘量不要用 "=" 算符來指派，否則新舊陣列將參照到相同的記憶體位置，只要有一方改變，另一方也會跟著改變，很容易造成混亂。因此，若有複製陣列的需求時，請一律使用 copy() 函式：

```
陣列2名稱 = 陣列1名稱.copy()
```

範例演練

先來試不使用 copy(), 直接用 = 算符來指派新陣列的情況：

In

```
import numpy as np
print('---------------↓不使用 copy()↓---------------')
arr1 = np.array([1, 2, 3, 4, 5])
print('arr1:'+str(arr1))

arr2 = arr1  ←—— 直接將 arr1 指派給 arr2
arr2[0] = 100  ←—— 改變 arr2 的第 0 個元素
print('arr2:'+str(arr1))
print('arr1:'+str(arr2))←—— 再回頭看 arr1 的內容
```

Out

```
---------------↓不使用 copy()↓---------------
arr1:[1 2 3 4 5]
arr2:[100   2   3   4   5]
arr1:[100   2   3   4   5]
```

修改了 arr2 的第 0 個元素，連 arr1 的第 0 個元素也受影響

再來看使用 copy() 進行複製的情況：

In

```
print('---------------↓使用 copy()↓-----------------')
arr1 = np.array([1, 2, 3, 4, 5])
print(arr1)


arr2 = arr1.copy()

arr2[0] = 100


print('arr1:'+str(arr1))
print('arr2:'+str(arr2))
print('arr1:'+str(arr1))
```

- arr2 = arr1.copy()：用 copy() 複製出新的 arr2
- arr2[0] = 100：改變 arr2 的內容

Out

```
---------------↓使用 copy()↓-----------------
[1 2 3 4 5]
arr1:[1 2 3 4 5]
arr2:[100   2   3   4   5]
arr1:[1 2 3 4 5]
```

arr1 不受影響

小編補充： copy() 的用途應該不難理解吧！請避免用 = 算符來指派新陣列變數，若沒特別留意，則可能在不知情的情況下更動到原陣列的內容。

5-2-2 陣列的切片操作

NumPy 陣列和 Python 的 list 一樣，也可以透過切片 (slicing) 的方式存取元素 (可見第 2 章的介紹)，最常見的就是用切片取出特定片段後，再變更其內容，語法如下：

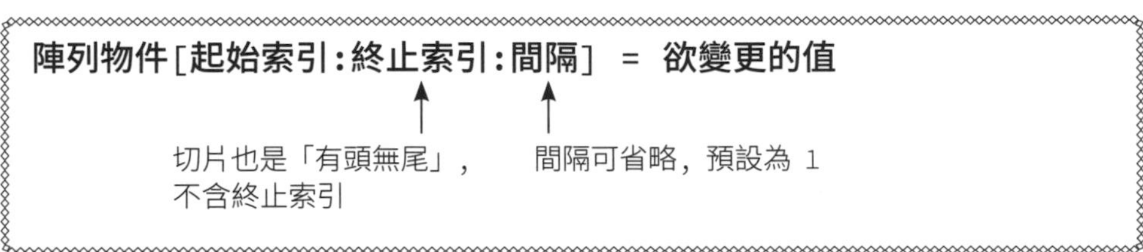

陣列物件[起始索引:終止索引:間隔] = 欲變更的值
切片也是「有頭無尾」，不含終止索引
間隔可省略，預設為 1

範例演練

我們來試試 1D 陣列的切片方法，首先建立一個 1D 陣列，並指定切片範圍為索引 0 ～ 索引 2，將這些索引的值變更為 1，如下所示：

In

```
import numpy as np
arr = np.arange(10)
print(arr)
arr[0:3] = 1   ← 將索引 0 到索引 2 的值修改成 1
print(arr)
```

Out

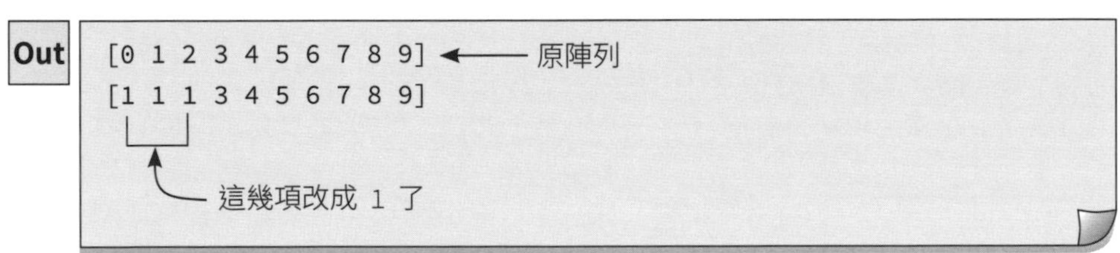

[0 1 2 3 4 5 6 7 8 9] ← 原陣列
[1 1 1 3 4 5 6 7 8 9]
這幾項改成 1 了

5-2-3 使用布林陣列篩選值

除了上一小節的切片操作中，想從陣列中取值也可以利用「布林陣列」來進行，布林陣列指的是陣列內的元素由 True / False 的布林值 (bool) 組成。我們先看如何快速建立布林陣列，再看如何利用它來取值。

建立布林陣列

建立布林陣列的方法很簡單，只要對陣列加上一個條件式即可：

陣列物件 (條件式)

In

```
import numpy as np
arr = np.arange(10)  ← 建立元素值為 0、1、2…、9 的陣列
new_arr = arr<5  ← 加上 <5 的條件式，則小於 5 元素會傳回 True，大於等於 5 則傳回 False
print(arr)
print(new_arr)
```

Out

```
[0 1 2 3 4 5 6 7 8 9]  ← 原陣列
[ True  True  True  True  True False False False False False]
```

所建立的布林陣列，陣列內的元素會逐一依條件式來檢視，滿足條件的元素會顯示 True，否則為 False

使用布林陣列來篩選值

只要在某一陣列用布林陣列作為索引，那麼原陣列各元素就會一一對應布林陣列的元素做處理，原陣列當中對應到 True 的元素就留下，對應到 False 的元素就丟棄：

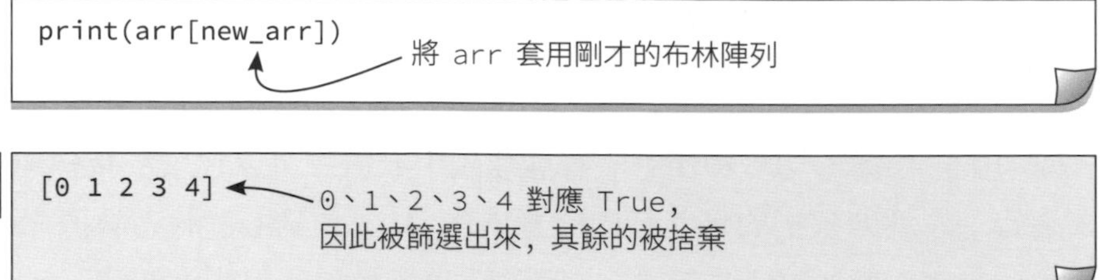

print(arr[new_arr])
將 arr 套用剛才的布林陣列

Out
```
[0 1 2 3 4]
```
0、1、2、3、4 對應 True,因此被篩選出來, 其餘的被捨棄

5-2-4 陣列的四則計算

我們來體驗一下簡單的陣列四則運算。我們可用加 (+)、減 (-)、乘 (*)、除 (/) 算符做陣列對應元素 (element wise) 的運算，亦即陣列的每個元素逐一套用運算。

聽起來是很簡單的操作，但如果元素是用 Python 的 list 來存放，想做類似操作的話，必須使用迴圈一個個取出元素，然後分別對每個元素做計算，比想像中麻煩許多，而使用 NumPy 陣列很快就可以搞定。

範例演練 (一)

我們以加法運算為例，分別用 list 及 NumPy 陣列做「兩個 list 相加」、以及「兩個陣列相加」的運算，比較一下兩者實作上的差異：

In
```
# 使用 Python 的 list
storages = [1, 2, 3, 4]   ← 建立一個 list

new_storages = []
for n in storages:
    n += n   ← 取出的元素 (1~4) 都加上自己
    new_storages.append(n)
print(new_storages)
```

Out
```
[2, 4, 6, 8]
```

In

```
# 使用 NumPy 陣列
import numpy as np
storages = np.array([1, 2, 3, 4])  ← 改用 NumPy 陣列
storages += storages  ← 直接計算 [1, 2, 3, 4] + [1, 2, 3, 4], 就是對應位置的值相加
print(storages)
```

Out

```
[2, 4, 6, 8]
```

範例演練 (二)

再做一些四則運算的練習，首先建立兩個陣列：

- 將 [2, 4, 6, 8, 10] 的 list 轉換為 arr_1 陣列
- 將 [1, 3, 5, 7, 9] 的 list 轉換為 arr_2 陣列

接著將兩陣列執行下列運算：

1. 將 arr_1 與 arr_2 相加
2. 將 arr_2 與 arr_2 相減
3. 輸出 arr_1 的三次方
4. 將 arr_1 除以 arr_2

In

```
import numpy as np

arr_1 = np.array([2, 4, 6, 8, 10])
arr_2 = np.array([1, 3, 5, 7, 9])
# arr + arr (相加)
print('arr_1 + arr_2:')
print(arr_1 + arr_2)
print('--------------------------')
```

```
# arr - arr (相減)
print('arr_1 - arr_2:')
print(arr_1 - arr_2)
print('--------------------------')

# arr ** 3 (三次方)
print('arr_1 ** 3:')
print(arr_1 ** 3)
print('--------------------------')

# arr_1 / arr_2(相除)
print('arr_1 / arr_2:')
print(arr_1 / arr_2)
print()
```

Out

```
arr_1 + arr_2:
[ 3  7 11 15 19]
--------------------------
arr_1 - arr_2:
[1 1 1 1 1]
--------------------------
arr_1 ** 3:
[   8   64  216  512 1000]
--------------------------
arr_1 / arr_2:
[2.          1.33333333    1.2.    1.14285714    1.11111111]
```

5-2-5 體驗好用的 NumPy 函式

NumPy 好用的地方就在於具備各種方便的函式，以兩個陣列相加為例，除了使用 + 算符外，也可以使用 np.add() 函式，這一小節我們就來試幾個好用的數學、統計函式，幫我們處理常見的數學、統計運算。

abs()、exp()、sqrt()⋯等數學函式

我們從基本的數學函式看起，這裡來看可傳回元素絕對值的 **np.abs()** 函式，以及用歐拉常數 e 為底，陣列元素為指數的 **np.exp()** 函式；最後是可計算平方根的 **np.sqrt()** 函式。這幾個函式的語法很簡單，可以傳入單一數值或是陣列，若傳入的是陣列，則會對各元素做相同的處理：

```
np.abs(數值或陣列)   np.abs(數值或陣列)   np.abs(數值或陣列)
```

範例演練

首先建立名為 arr 的陣列 [4, -9, 16, -4, 20], 然後做以下運算：

- 計算 arr 各元素的絕對值，並將其指派給變數 arr_abs。
- 計算以 e 為底，arr_abs 陣列各元素為指數的新陣列。
- 計算 arr_abs 各元素的平方根。

In

```
import numpy as np

arr = np.array([4, -9, 16, -4, 20])
print(arr)

arr_abs = np.abs(arr) ◀── 計算 arr 各元素的絕對值
print('絕對值:',arr_abs)
                                對 arr_abs 各個元素,
                                輸出以 e 為底的值
print('e為底數:',np.exp(arr_abs)) ◀
print('平方根:',np.sqrt(arr_abs)) ◀── 計算 arr_abs
                                      各元素的平方根
```

Out

```
[ 4 -9 16 -4 20]

絕對值:: [ 4  9 16  4 20]
```

```
e 為底數: [5.45981500e+01 8.10308393e+03 8.88611052e+06
5.45981500e+01  4.85165195e+08]
```

這裡是以科學記號 e 來呈現 (e+08 代表前面數字乘以 10^8)(編：本例剛好是以科學記號 e 來表示自然常數 e 的次方運算結果，兩個 e 的含義不一樣，不要搞混喔！)

```
平方根: [2.          3.          4.          2.          4.47213595]
```

unique()、union1d、intersect1d()…等集合函式

要對陣列進行數學的集合運算相關操作 (像是聯集、交集等), 可使用以下幾個集合函式：

1. np.unique(x)：剔除陣列中重複的元素，形成一新陣列。

```
np.unique(陣列 x)
```

2. np.union1d(x, y)：**聯集**處理，取出 x 和 y 陣列中的元素，形成一新陣列，若有重複的元素則會被剔除。

```
np.union1d(陣列 x, 陣列 y)
```

3. np.intersect1d(x, y)：**交集**處理，取出 x 和 y 陣列皆有的元素，形成一新陣列。

```
np.intersect1d(陣列 x, 陣列 y)
```

4. np.setdiff1d(x, y)：**差集**處理，剔除 x 陣列中，與 y 陣列相同的元素，形成一新陣列。

```
np.setdiff1d(陣列 x, 陣列 y)
```

範例演練

來練習看看吧，先建立 arr1 與 arr2 兩個陣列：arr1 = [2, 5, 7, 9, 5, 2]、arr2 = [2, 5, 8, 3, 1], 然後進行以下運算：

- 將 arr1 中重複的元素剔除，然後指派給變數 new_arr1
- 輸出 new_arr1 和 arr2 的聯集
- 輸出 new_arr1 和 arr2 的交集
- 輸出 new_arr1 和 arr2 的差集

In

```
import numpy as np

arr1 = np.array([2, 5, 7, 9, 5, 2])
arr2 = np.array([2, 5, 8, 3, 1])

new_arr1 = np.unique(arr1)
print('剔除arr1重複元素:',new_arr1)
print('聯集:',np.union1d(new_arr1, arr2))
print('交集:',np.intersect1d(new_arr1, arr2))
print('差集:',np.setdiff1d(new_arr1, arr2))
```

將 arr1 中重複的元素 5、2 剔除

輸出 new_arr1 和 arr2 的聯集

輸出 new_arr1 和 arr2 的交集

輸出 new_arr1 和 arr2 的差集

Out

```
剔除arr1重複元素: [2 5 7 9]
聯集: [1 2 3 5 7 8 9]
交集 [2 5]
差集: [7 9]
```

5-3 NumPy 多軸陣列

5-6 頁提到 ndarray 是個多軸 (axis) 的陣列，到目前為止我們所介紹的陣列操作，都是以最單純的 1 軸陣列來示範，說實在這些陣列跟 Python 的 list 看起來真沒什麼兩樣。本節就來看稍微複雜一點的 2 軸、3 軸陣列，往後您用 NumPy 實作各種專案時，所面對的資料經常都是至少 2 軸的結構喔！一定要好好熟悉。

5-3-1 陣列的軸 (axis)

在 NumPy 中，**軸 (axis)** 是一個很重要的概念，我們在 5-2 節已稍微提到，這一小節再來好好認識它。

2 軸陣列

軸 (axis) 這個字直覺上可能會聯想到數學的座標軸，這樣想沒錯，我們可以把軸理解為對陣列空間的分割。我們先從 2 軸陣列來看什麼是軸，例如下圖就是一個 2 軸陣列：

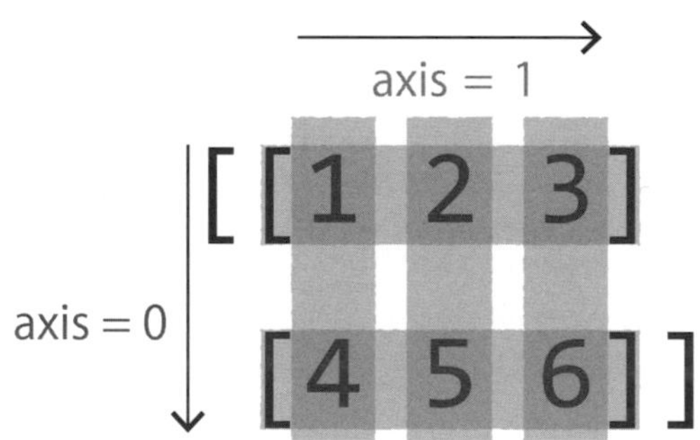

2 軸 (axis) 陣列有第 0 軸、第 1 軸這 2 個 axis，axis 數字最「小」者代表「最外層」的軸（第 0 軸包含了 [1, 2, 3]、[4, 5, 6] 2 個子陣列）；axis 數字最「大」者代表「最內層」的軸（第 1 軸每個子陣列都有 3 個元素）。

了解不同的 axis 該怎麼看很重要，因為很多 NumPy 函式都有 axis 參數可以設定，以 2 軸陣列為例，若要處理「直行」的資料（如：1/4、2/5、3/6），就設 axis=0；要處理「橫列」的資料（如：1/2/3、4/5/6）時，就設 axis=1。

> **小編補充：** 5-2 節也提過，很多書籍、網頁文章都把左圖這樣的 2 軸陣列稱為 2 維陣列，而本書一律會稱 2 軸陣列，更多時候會稱為 2D 陣列 (D 就是軸、軸就是 D!)，還請牢記喔！

範例演練

我們來演練一下 2D 陣列的 axis 用法，這邊舉個做加總的 **np.sum()** 函式來說明，此函式就可以設定 axis 參數。

當 sum() 函式沒設定 axis 參數時，就是將「所有」元素加總，而指定第 0 軸 (axis=0) 時，則是沿著第 0 軸的方向做加總；指定第 1 軸 (axis=1) 時，則是沿著第 1 軸做加總：

In

```
arr = np.array([[1, 2 ,3],          ← 建立一個 2D 陣列
                [4, 5, 6]])

print(arr.sum())
print(arr.sum(axis=0)) ← 沿著第 0 軸方向加總
print(arr.sum(axis=1)) ← 沿著第 1 軸方向加總
```

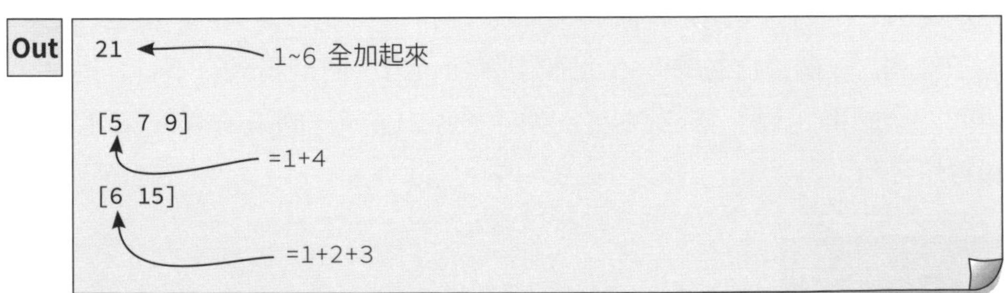

由以上範例可以知道，在 sum() 函式當中不指定 axis, 可以計算所有元素的和。如果指定 axis=0, 就是依序對縱向的元素加總，因此得到含有 3 個元素的 1D 陣列。如果指定 axis=1, 那就是將橫向的元素加總，因此得到含有 2 個元素的 1D 陣列。

> **小編補充：** 由此也可以知道，經指定 axis 參數後，原本的 2D 陣列會變成 1D 陣列，也就是軸數從 2 縮減為 1 了，只要設定 axis 參數來運算，都會有「軸數縮減」的情況，這點請有個印象。

3 軸陣列

接著來看 3D（軸）陣列，簡單來說，多個相同結構的 2D 陣列就可以組成一個 3D 陣列。3D 陣列軸數為 3, 從原本 2 軸的水平、垂直向多了深度，如下圖所示：

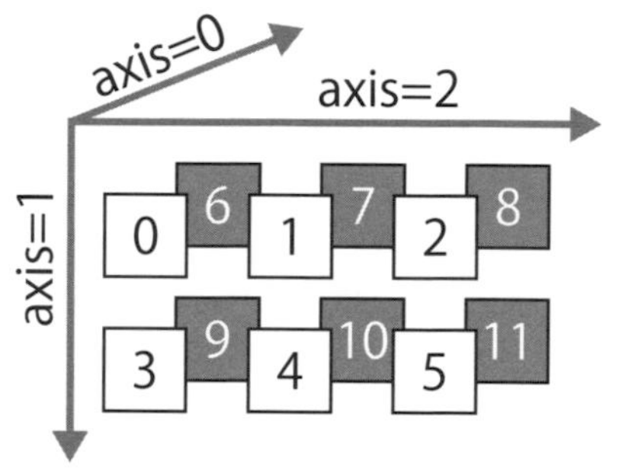

我們可以將上圖的 3D 陣列視為 2 個 2X3 的 2D 陣列所組成。同樣的，axis 數字最「小」的第 0 軸，代表最外層的軸開始看，第 0 軸包含了兩個子陣列，一個是白底的 0~5 這個子陣列，另一個是灰底的 6~11 這個子陣列。至於第 1 軸、第 2 軸則分別回復到 2D 陣列的第 0 軸、第 1 軸判讀方法即可。

範例演練

同樣的，我們使用 sum() 函式操作這個 3D 陣列看看：

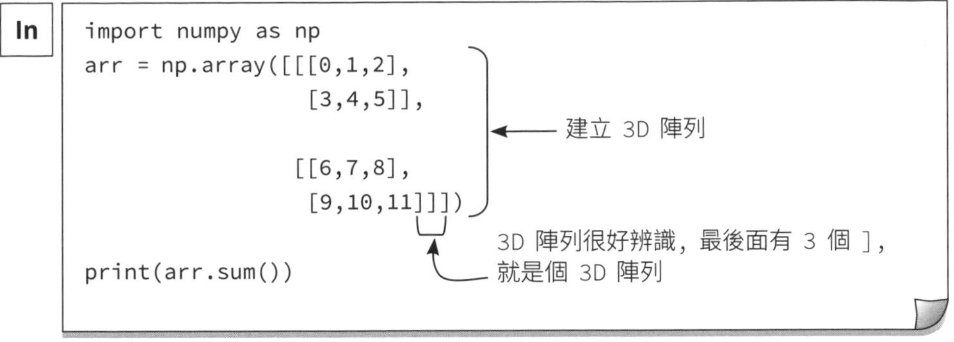
In
import numpy as np
arr = np.array([[[0,1,2],
[3,4,5]],
[[6,7,8],
[9,10,11]]])
建立 3D 陣列
3D 陣列很好辨識，最後面有 3 個]，
就是個 3D 陣列
print(arr.sum())

Out

```
66
```

← 所有元素的加總結果

In

```
print(arr.sum(axis=0))
```

← 沿著第 0 軸做加總

Out
=0+6
[[6 8 10]
 [12 14 16]]
=5+11

小編補充： 能理解為什麼得到以上結果嗎？由於第 0 軸有 2 個元素 (2 個 2D 陣列), 沿著第 0 軸的意思就是取這 2 個 2D 陣列對應位置的元素出來加總。

In

```
print(arr.sum(axis=1))
```

← 沿著第 1 軸做加總

Out
=0+3
=1+4
[[3 5 7]
 [15 17 19]]
=8+11

In

```
print(arr.sum(axis=2)) ◀—— 沿著第 2 軸做加總
```

Out

```
[[ 3 12]
 [21 30]]
```

=0+1+2

=9+10+11

小編補充： 看到了吧！搞懂 axis 是很重要的，當函式中加上 axis=0 或 axis=1 或 axis=2, 三者的運算結果可是天差地別！一定要好好弄懂！在旗標「NumPy 高速運算徹底解說」一書中，對許多函式的 axis 設定有非常詳細的演練及解說，有興趣的讀者可以參考該書的說明。

5-3-2 陣列的 shape

shape（形狀）是 NumPy 陣列最重要的屬性之一，前面的小節就經常提及，如果想確認陣列的 shape, 直接使用陣列物件的 **shape** 屬性即可，如下：

```
陣列物件.shape
```

我們從幾個例子再好好熟悉陣列的 shape。

- 1D 陣列：也就是**向量** (Vertor) 結構，如下例：

```
[1, 2, 3] ◀—— shape 為 (3, )
```

小編補充： shape 是一個 tuple, 所以 1D 的陣列必須在維數後面加上逗號，例如：(3,) 表示這是三維 (三個元素) 的 1D 陣列。

● 2D 陣列，也就是**矩陣** (Matrix) 結構，如下兩例：

```
[[1, 2, 3]] ←—— 例 1：shape 為 (1, 3)，表示 1 列 3 行的矩陣
          ↑
          └——看起來跟 [1, 2, 3] 很像，但注意這裡有兩個 ] 所以是 2D 陣列
```

```
[[1, 2, 3],
 [4, 5, 6],   ←—— 例 2：shape 為 (3, 3)，即 3 列 3 行的矩陣
 [7, 8, 9]]
```

小編補充： 當您查看 2D 陣列的內容時，NumPy 就會依上圖這樣列 X 行的形式來顯示，而不是全接在同一列，這可以方便我們確認陣列結構。

● 3D 陣列，也就是多個 2D 陣列所組成的結構，如下例：

```
[[[1, 2, 3],
  [4, 5, 6]]])  ←—— shape 為 (1, 2, 3)，其實只要看 shape 的
                     tuple 元素個數就可以知道是幾 D 的陣列
         ↑
         └——乍看之下跟 2D 陣列有點像，
            不過注意這裡是 3 個 ]
```

從上述例子可以知道，shape 就是由「外」而「內」，顯示陣列各軸的元素數量 (也就是維度)。例如上述的 3D 陣列 shape 為 (1, 2, 3), 表示最「外」有 1 個大元素，包著 2 個元素，而這 2 個元素內則又各包了 3 個元素。

重塑陣列的形狀 (reshaping)

建立好陣列後，事後可以用 **reshape()** 函式來改變 (或稱重塑) 陣列的形狀，語法如下：

```
陣列物件名稱.reshape(指定的 shape)
```

例如下圖是將陣列的形狀從 shape (2, 3) 重塑成 shape (3, 2)：

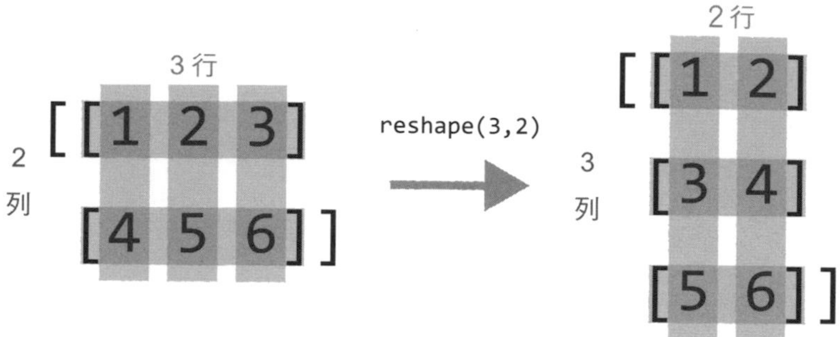

實務上在進行機器學習、深度學習專案時，會經常使用 reshape() 函式轉換陣列的 shape, 以進行各種運算，因此請好好熟悉 shape 的觀念以及 reshape() 函式。

範例演練

我們來簡單演練一下，首先建立一個 shape 為 (2, 4) 的 2D 陣列，然後進行以下操作：

- 查看陣列的 shape。
- 將陣列的 shape 重塑為 (4, 2), 即 4 列 2 行。

In

```
import numpy as np

arr = np.array([[1, 2, 3, 4],
                [5, 6, 7, 8]])

print('原 shape 為:',arr.shape)
print(arr.reshape(4, 2))
```

建立 2D 陣列

用 .shape 查看陣列的形狀

將陣列重塑為 shape (4, 2)

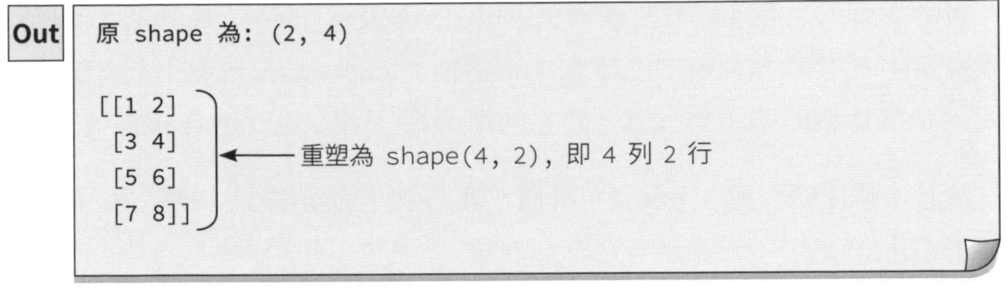

Out
原 shape 為: (2, 4)
[[1 2]
[3 4]
[5 6]
[7 8]]
重塑為 shape(4, 2), 即 4 列 2 行

5-3-3 多軸陣列的切片做法

5-2 節我們已經體驗過 1D 陣列的切片 (slicing) 做法，多軸陣列有多個軸，在做法上稍微複雜一點，我們舉 2D 陣列的例子來看是怎麼做的。

2D 陣列的索引 (index)

2D 陣列有兩個軸，若要取出陣列的元素，就必須熟悉陣列的索引 (index) 該怎麼看，指定「一個」軸的索引與指定「二個」軸的索引，得到的結果大不相同喔！如下圖所示：

```
[[1, 2, 3], ← 索引 [0]        [[1, 2, 3],    (1 ← 索引 [0][0])
 [4, 5, 6]] ← 索引 [1]         [4, 5, 6]]    (4 ← 索引 [1][0]；6 ← 索引 [1][2])
```

先從圖的左半部來看，索引 [0] 表示第 0 軸的第「**0**」個元素，也就是 [1, 2, 3] 這個 1D 陣列；索引 [1] 表示第 0 軸的第「**1**」個元素，表示 [4, 5, 6] 這個 1D 陣列。

接著看圖的右半部，若寫成索引 [0][0]，則表示「第 0 軸的第 0 個元素」當中的第 0 個元素，也就是 1 這個值。同理，若寫成索引 [1][0]，則表示「第 0 軸的第 1 個元素」當中的第 0 個元素，也就是 4 這個值。

應該不難懂吧！基本上就是 **[外層 (第 0 軸) 的索引][內層 (第 1 軸) 的索引]** 這樣看。

範例演練

熟悉索引的判讀方式後，若想利用索引來取值，只要在陣列後方指定索引即可：

In

```
arr = np.array([[1, 2 ,3],
                [4, 5, 6]])

print(arr[1]) ←── 沿著第 0 軸看, 取出第 0 軸的
                  第 1 個元素, 也就是第 1 列
```

Out

```
[4 5 6] ←── 取出第 1 列(別忘了索引從 0 開始),
            是個 1D 陣列
```

In

```
arr = np.array([[1, 2 ,3],
                [4, 5, 6]])

print(arr[1][2]) ←── 取出第 1 列當中的第 2 個元素
                     (別忘了索引從 0 開始算起)
```

Out

```
6
```

2D 陣列的切片 (Slicing)

至於 2D 陣列的切片 (Slicing), 若熟悉各軸的索引怎麼看的話就很簡單了, 只要以 [start:stop, start:stop] 依序指定第 0 軸、第 1 軸的起始索引與終止索引即可。例如下圖是指定 array[1, 1:] 的情況：

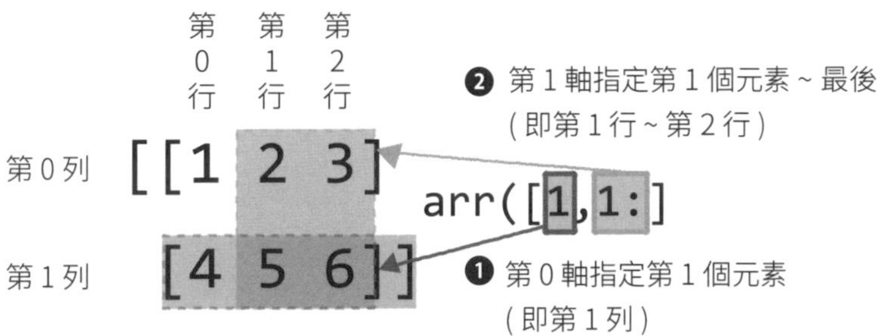

兩個軸的「交集」處就是會取出的內容, 此例交集的內容是 [5, 6], 是一個 1D 陣列。

範例演練

實際用程式操作看看吧：

In

```
import numpy as np

arr = np.array([[1, 2 ,3],
                [4, 5, 6]])
print(arr[1,1:])
```

Out

```
[5 6]
```

至於 3D 陣列的切片操作, 同樣是依循前面提到 axis=0、axis=1、axis=2 的判讀方法來進行, 礙於篇幅我們就不多介紹了。

利用 fancy indexing 彈性取出陣列元素

想取出陣列的內容還有一種稱為 "fancy indexing" 的做法，方法是傳入一個「索引 list」以一次取得多個元素。藉由變更索引 list 的內容，我們可以按照想要的樣子重新排列陣列內容。

範例演練

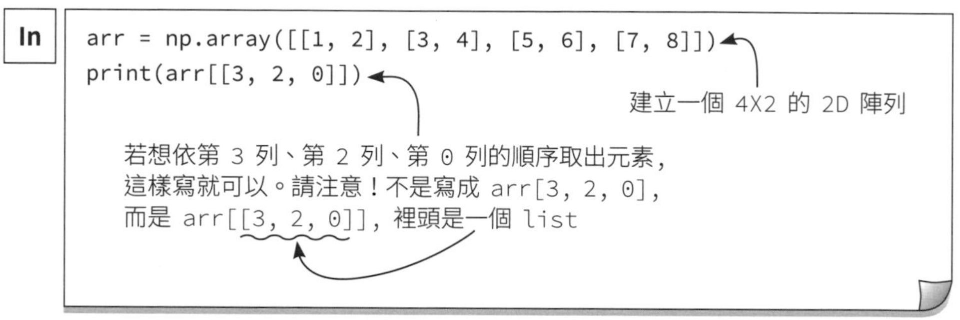

In

```
arr = np.array([[1, 2], [3, 4], [5, 6], [7, 8]])
print(arr[[3, 2, 0]])
```

建立一個 4X2 的 2D 陣列
若想依第 3 列、第 2 列、第 0 列的順序取出元素，
這樣寫就可以。請注意！不是寫成 arr[3, 2, 0]，
而是 arr[[3, 2, 0]]，裡頭是一個 list

Out

```
[[7 8]
 [5 6]
 [1 2]]
```

5-3-4 陣列轉置 (transpose)

陣列的**轉置** (transpose) 是指調換陣列的各軸 (axis), 以 2D 陣列 (矩陣) 為例，表示將第 0 軸與第 1 軸交換，也就等於將行、列互換。

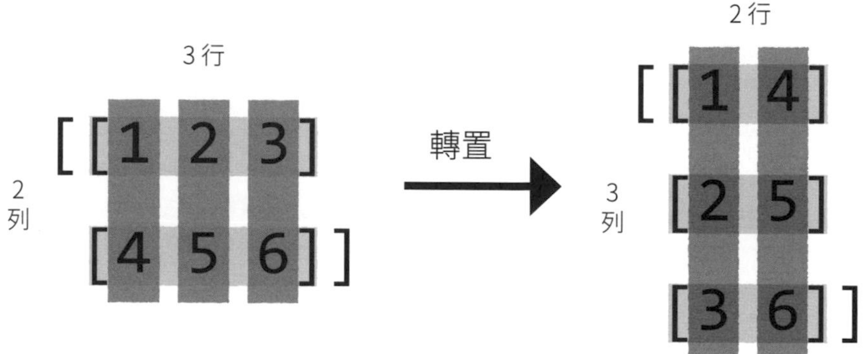

陣列轉置是實務上經常用到的語法，例如有兩個 2×3 的矩陣想要做相乘的運算，而 2×3 與 2×3 的矩陣是無法相乘的，此時就可以將後面那個矩陣轉置成 3×2 的結構，如此一來就可以做矩陣相乘了（編：應該還記得高中數學學到的矩陣乘積規則吧，不熟悉的 5-3-7 節會帶您回憶一下）：

$$\begin{bmatrix} 1 & 2 & 3 \\ 4 & 5 & 6 \end{bmatrix} \times \begin{bmatrix} 1 & 2 & 3 \\ 4 & 5 & 6 \end{bmatrix}$$

✗ 無法做矩陣相乘

$$\begin{bmatrix} 1 & 2 & 3 \\ 4 & 5 & 6 \end{bmatrix} \times \begin{bmatrix} 1 & 4 \\ 2 & 5 \\ 3 & 6 \end{bmatrix}$$

✓ 可以做矩陣相乘

針對陣列轉置的語法，這裡介紹兩種寫法，首先是使用 **transpose()** method。由於每個陣列的軸都是 0→1→2 .. 的順序呈現，假設我們想轉置一個 2D 陣列，只要使用以下語法即可：

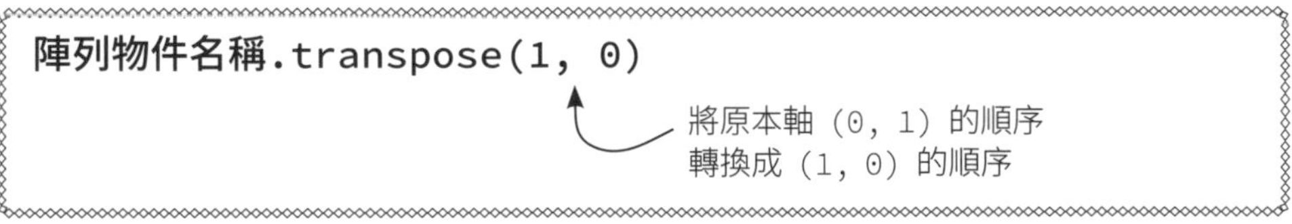
陣列物件名稱.transpose(1, 0)
將原本軸 (0, 1) 的順序
轉換成 (1, 0) 的順序

transpose() 不僅限於 2D 陣列，不管幾 D 陣列都可以做軸的轉換，例如 3D 陣列軸的順序是 (0, 1, 2)，如果是寫成「陣列物件名稱 .transpose(1, 2, 0)」，就表示把軸的順序調換成 (1, 2, 0)。

除了 transpose() 外，還有另一種更簡潔的轉置寫法，直接使用陣列物件的 T 屬性就可以了：

```
陣列物件名稱.T
```

寫法很簡潔，不過要注意 .T 無法指定參數，以 3D 陣列為例，只能用它得到「匹配轉置」的結果，也就是只能將 (0, 1, 2) 的順序轉置成 (2, 1, 0), 也就是中間的軸 1 不動，前面的軸 0、軸 1 對調。

> **小編補充：** 如果是 4D、5D…陣列，用 .T 的話又是怎麼轉置呢？一樣是「匹配」進行啦！例如 shape (3, 1, 5) 會轉置成 (5, 1, 3)；shape (3, 1, 5, 6) 會轉置成 (6, 5, 1, 3)；shape (3, 1, 5, 6, 7) 會轉置成 (7, 6, 5, 1, 3)…應該可以看出規則吧！也就是最前面與最後面互調，第二個與倒數第二個互調，如果是奇數有中間的軸，該軸就不動。

範例演練

來做些練習吧！我們先建立名為 arr 的陣列，對其做轉置並列印出來：

In

```
import numpy as np
arr = np.arange(10).reshape(2, 5) ←— 建立 2X5 的 2D 陣列

print(arr.T) ←— 用 .T 進行轉置
# print(arr.transpose(1,0)) ←— 也可以用這種寫法
```

Out

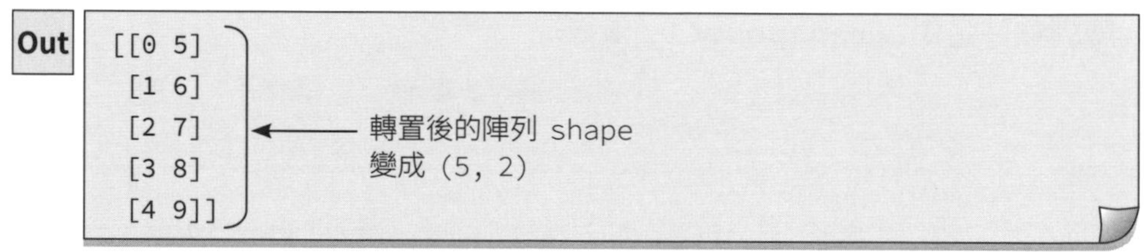

[[0 5]
[1 6]
[2 7]
[3 8]
[4 9]]
轉置後的陣列 shape
變成 (5, 2)

5-3-5 陣列排序

若想對陣列內的元素由小到大進行排序，可以使用陣列物件的 **sort()** method 或是 **np.sort()** 函式來操作：

```
陣列物件.sort(axis=-1)
np.sort(陣列物件, axis=-1)
```

↑ 設定沿著哪一軸來排序。預設值為 -1，表示「最後」一軸

兩者的排序結果相同，不過要注意的是「陣列物件名稱 .sort()」會將陣列**就地** (in-place) 排序，也就是直接改變「原」陣列的元素順序，並且由於排序目的已達成，因此不會有傳回值（不用再傳回任何資料）。而 np.sort() 會複製一份原數據去進行排序，並且傳回排序結果，所以這種方法不會改變原陣列的內容。

因此，若要更改原資料結構內容，那就用物件名稱 .sort() 這種 method，如果不想更動原資料結構內容，那就用 np.sort() 函式來排序。

此外，針對排序常用的還有 **argsort()** 函式，它會先將陣列經過排序處理之後，傳回這些元素在「原」陣列（排序之前）的**索引位置**。

```
陣列物件.argsort(axis=-1)
np.argsort(陣列物件, axis=-1)
```

範例演練

來演練看看 sort() 與 argsort() 的用法，兩者只有傳回值不同而已：

In

```
import numpy as np

arr = np.array([[8, 4, 2],      ← 建立 1 個 2D 陣列
                [3, 5, 1]])

print('---------------原陣列----------------')
print(arr)

print('----------對 arr 以軸 1 方向排序---------')
print(np.sort(arr))   ← 使用 np.sort() 函式對 arr 陣列進行
                        排序 (編註：沒有指定 axis 參數，表示
                        以最後一軸 (此例為第 1 軸) 來排序

print('----------對 arr 以軸 0 方向排序---------')
arr.sort(axis=0)   ← 也可以用 sort() method 來操作，
print(arr)            會做就地排序，此例設定依第 0 軸來排序
```

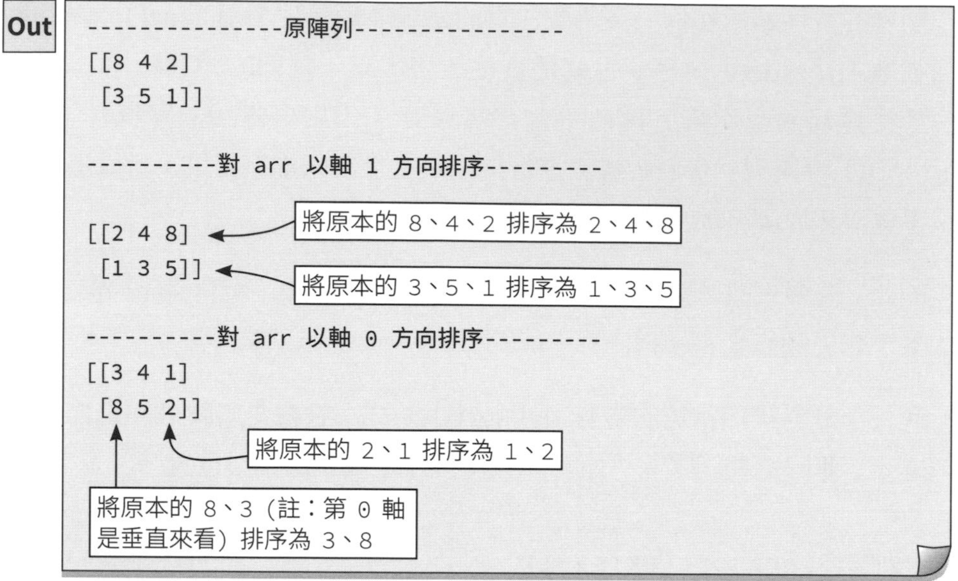

```
Out
---------------原陣列----------------
[[8 4 2]
 [3 5 1]]

----------對 arr 以軸 1 方向排序---------
[[2 4 8]
 [1 3 5]]
----------對 arr 以軸 0 方向排序---------
[[3 4 1]
 [8 5 2]]
```

將原本的 8、4、2 排序為 2、4、8
將原本的 3、5、1 排序為 1、3、5
將原本的 2、1 排序為 1、2
將原本的 8、3 (註：第 0 軸是垂直來看) 排序為 3、8

小編補充： 再次提醒！對於不同 axis 設定的判讀方法請務必好好熟悉，很多 NumPy 函式都有提供 axis 參數可以設定喔！

看完 sort(), 也來演練一下 argsort()：

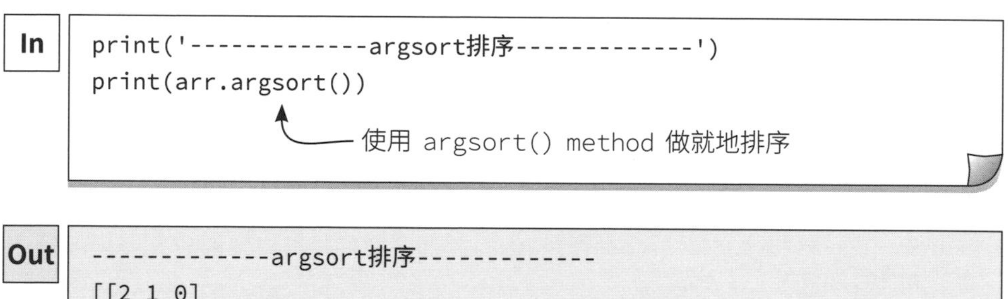

```
In
print('-------------argsort排序-------------')
print(arr.argsort())
```

使用 argsort() method 做就地排序

```
Out
-------------argsort排序-------------
[[2 1 0]
 [2 0 1]]
```

小編補充： 能明白為什麼結果是這樣嗎？此例因為 argsort() 沒有設定 axis 參數，因此是以最後一軸（即第一軸）來看，記住，都以第一軸（橫向）來看喔！結果的第一列是 [2, 1, 0], 這是表示排序後的陣列 [2, 4, 8] 各元素在「原陣列 [8, 4, 2]」的索引位置。結果的第二列是 [2, 0, 1], 則代表排序後的陣列 [1, 3, 5] 各元素在「原陣列 [3, 5, 1]」的索引位置。

5-3-6 陣列擴張 (Broadcasting)

當 2 個不同 shape 的陣列進行運算時，shape 比較小的陣列，會自動將行或列進行「**擴張 (Broadcasting)**」，以匹配 shape 較大的陣列。

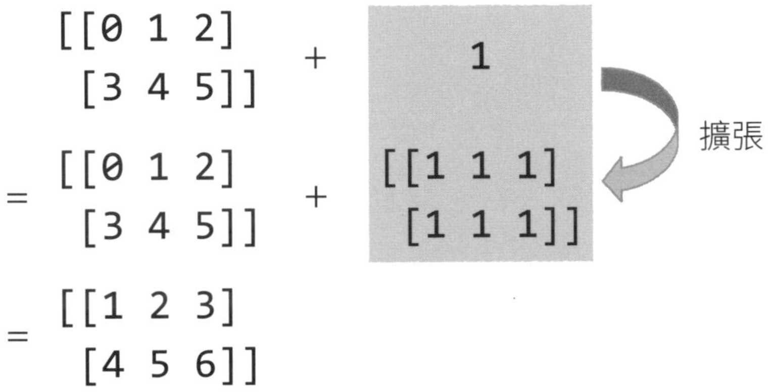

```
  [[0 1 2]        
   [3 4 5]]   +        1

  [[0 1 2]        [[1 1 1]
=  [3 4 5]]   +    [1 1 1]]

  [[1 2 3]
=  [4 5 6]]
```

擴張

陣列擴張是依照底下 2 個原則，在運算過程中自動完成的：

1. 如果二陣列的軸數不同，則將軸數較少的陣列，**由左邊陸續加入「1 維的軸」來擴張軸數**：
   - 例如 a.shape = (1, 2, 1), b.shape = (3,), 則軸數較少的 b 陣列會擴張為 shape (1, 1, 3)。
2. 當軸數相同後，擴張每軸的維度，使兩陣列在每軸的維度都相同。但**只有「1 維的軸」可以擴張維度**，若不是 1 維的軸則無法擴張，會視為運算錯誤。
   - 例如：c.shape = (1, 2, 1), d.shape = (1, 1, 2), 則兩個陣列都會擴張為 shape (1, 2, 2), 再進行運算。
   - 例如：e.shape = (3, 3), f.shape = (3, 2), 由於兩陣列第 1 軸的維度不同，而且都不是 1 維，因此無法使用擴張。

範例演練

建立 x、y 兩個形狀不同的陣列，然後將兩個陣列做減法運算：

In

```
import numpy as np
x = np.arange(15).reshape(3, 5)   ← 建立 shape 為 (3, 5) 的 2D 陣列
y = np.array([np.arange(5)])      ← 建立 shape 為 (1, 5) 的 2D 陣列
z = x - y
print(z)
```

Out

```
[[ 0  0  0  0  0]
 [ 5  5  5  5  5]
 [10 10 10 10 10]]
```

← x-y 的結果

小編補充：

x 陣列：

```
[[0, 1, 2, 3, 4],
 [5, 6, 7, 8, 9],
 [10, 11, 12, 13, 14]]
```

y 陣列：

```
[[0, 1, 2, 3, 4]]
```

此例是算 x – y, 程式會自動將 y 擴張成 3 列，變成每列都是 [0, 1, 2, 3, 4], 接著 x 的每一列都減掉 [0, 1, 2, 3, 4], 就會得到上述結果。

5-3-7 用 NumPy 函式計算矩陣乘積

這一節我們介紹了 NumPy 的多軸陣列結構，在機器學習、深度學習所面對的資料，也經常都是這種多軸的結構，實作時經常需要對這些資料做數學運算，所幸 NumPy 提供許多方便的數學函式，可以處理繁瑣的數學運算，本節最後我們就來體驗看看。

這裡來看深度學習領域超級常用的 **np.dot()** 函式，dot() 可以幫我們做點積 (dot product) 運算，點積是數學代數運算的一種，舉凡向量的內積 (Inner product) 或者矩陣的乘積 (Matrix multiplication) 都是做點積運算，這裡舉「矩陣乘積」來操作看看。

矩陣乘積就是兩個矩陣相乘，其算法如下，假設有底下兩個 A、B 矩陣：

$$A = \begin{pmatrix} a_{11} & a_{12} \\ a_{21} & a_{22} \end{pmatrix}$$

$$B = \begin{pmatrix} b_{11} & b_{12} \\ b_{21} & b_{22} \end{pmatrix}$$

此時 A 與 B 相乘的定義如下：

$$A \cdot B = \begin{pmatrix} a_{11} * b_{11} + a_{12} * b_{21} & a_{11} * b_{12} + a_{12} * b_{22} \\ a_{21} * b_{11} + a_{22} * b_{21} & a_{21} * b_{12} + a_{22} * b_{22} \end{pmatrix}$$

要注意的是，不是任兩個矩陣都可以做矩陣乘積，規則是**左側矩陣的行數必須與右側矩陣的列數相等**，簡單來說就是左、右兩矩陣**相鄰那兩軸的維度要一樣**，才能做相乘。例如 A、B 兩個矩陣的 shape 分別是 (2, 3)、(3, 4)，兩矩陣中間相鄰的都是 3 維，那麼這兩個矩陣可以做相乘，A・B 會得到 shape 為 (2, 4) 的矩陣。

反過來若是 B・A 呢？由於 (3, **4**)・(**2**, 3) 中間的維度不匹配，可快速看出來無法做矩陣乘積。

範例演練

In

```
import numpy as np

arr = np.arange(9).reshape(3, 3)  ← 建立 3X3 的 2D 陣列
print(np.dot(arr, arr))  ← 用 dot() 計算兩個 arr 矩陣相乘
```

Out
=0*0 + 1*3 + 2*6
[[15 18 21]
[42 54 66]
[69 90 111]]
=6*2 + 7*5 + 8*8
若對怎麼算的不熟悉，回顧一下上一頁的矩陣相乘公式喔！

編註： 除了點積外，舉凡標準差、變異數、相關係數 .. 等等，都可以用 NumPy 的數學函式快速算出來，此外機器學習、深度學習還會涉及線性代數運算 (反矩陣、卷積、特徵量、特徵向量…等), 也可以用 NumPy 快速搞定，有興趣了解更多 NumPy 函式可以參考旗標出版的「NumPy 高速運算徹底解說」一書的內容。

CHAPTER

6

pandas 的基礎

6-1 pandas 簡介

6-1-1 認識 pandas

pandas 是專用來處理、分析資料的 Python 套件，在資料科學領域中，不管是預處理 (preprocessing) 階段做資料整理，或者是想初步分析出一些資訊時，都可以用 pandas 輕鬆做到。pandas 是基於 NumPy 所建立的，其主要的資料結構為 **DataFrame** 和 **Series**, 實務上比較常用的是 DataFrame, 而我們可將 Series 視為組成 DataFrame 的元件，先熟悉兩者關係對理解後續實作範例大有幫助。

DataFrame 其實就類似 Excel 的工作表，其結構如底下的表格所示，各直行 (Prefecture、Area…) 代表資料的「欄位 (column) 名稱」，各橫列 (0、1…) 則是一筆筆記錄，pandas 是以「索引資料 (index)」來稱各列的資料：

	Prefecture	Area	Population	Region
0	Tokyo	2190	13636	Kanto
1	Kanagawa	2415	9145	Kanto
2	Osaka	1904	8837	Kinki
3	Kyoto	4610	2605	Kinki
4	Aichi	5172	7505	Chubu

▲ DataFrame 的結構

大致認識 DataFrame 後，那什麼是 Series 呢？簡單來說，如果將上圖這個 DataFrame 的各「列」一個個拆解，每一列的內容都可視為一個 Series：

Tokyo	2190	13636	Kanto

Kanagawa	2415	9145	Kanto

Osaka	1904	8837	Kinki

Kyoto	4610	2605	Kinki

Aichi	5172	7505	Chubu

▲ 一個個 Series

由此可以知道，Series 的結構就像 NumPy 的 1D 陣列一樣（**編註：** 對於陣列 (array) 還不熟悉可複習前一章 NumPy 的內容）。而「多個 Series 可以組成一個 DataFrame」這點就類似「多個 NumPy 1D 陣列可以組成一個 2D 陣列」的關係。

有一點小差異是，若單獨顯示上頁這一個個 Series，每個都會以「直」的行向量形式來呈現，例如將 ['Tokyo', 2190, 13636, 'Kanto'] 這樣橫向排列的 Python list 或 NumPy 1D 陣列轉換成 Series 物件，印出來會如底下這樣：

Tokyo
2190
13636
Kanto

小編補充： 我們也可以像操作 NumPy 陣列一樣用 .shape 查看左邊這個 Series 的 shape，結果會是 (4,)，所以才說 Series 就像 NumPy 的 1D 陣列啦！

DataFrame 跟 Series 感覺跟 Python 的 list 或 NumPy 的 1D、2D 陣列沒什麼不一樣耶！有需要多學新的資料結構嗎？

可別小看 pandas 喔！首先，pandas 是基於 NumPy 所建立的，所以大可把 pandas 物件跟 NumPy 陣列視為同一掛，可借重其高速運算的優點；更重要的是，轉成 pandas 物件主要是想使用那些 NumPy 陣列所不具備的資料科學處理函式啦（例如做資料篩選、群組化等等，後面就會一一介紹！）

認識完 pandas 的主要資料結構後，後續就來對這些資料結構進行操作。我們一再提到用 pandas 就很像在操作 Excel，而我們經常會對 Excel 資料表做「新增」、「刪除」、「篩選」、「排序」…等處理，因此後續就會介紹如何對 Series 以及 DataFrame 做各種資料操作處理。

6-2 Series 物件的操作處理

6-2-1 建立 Series 物件

我們先從 pandas 的 Series 物件介紹起，來看一下建立 Series 物件的語法：

```
pd.Series(內容值, index=索引值)
```

傳入的**內容值** (pandas 將其稱為 **values**) 通常是陣列之類的型別，可以是 NumPy 陣列，或者 Python 的 list、字典…等等，在內容值後面可以加上 **index** 參數並指定好**索引值** (pandas 將其稱為 **index**)，這樣組合起就可以表示「每一筆 index 的 value 是什麼」。

範例演練 (一)

來看一下範例，我們分別指定內容值及索引值來產生一個 Series 物件：

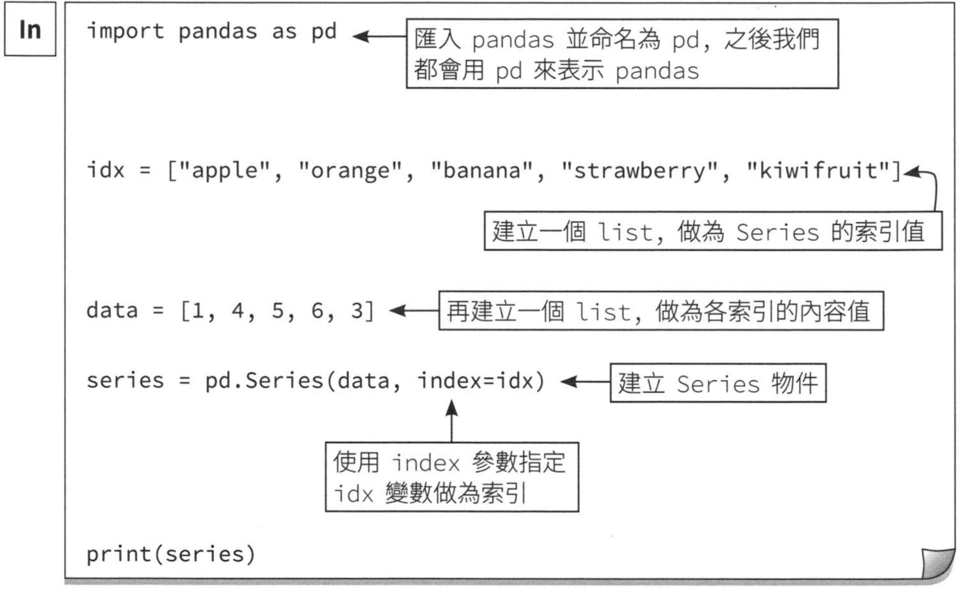

In

```
import pandas as pd

idx = ["apple", "orange", "banana", "strawberry", "kiwifruit"]

data = [1, 4, 5, 6, 3]

series = pd.Series(data, index=idx)

print(series)
```

匯入 pandas 並命名為 pd，之後我們都會用 pd 來表示 pandas
建立一個 list，做為 Series 的索引值
再建立一個 list，做為各索引的內容值
建立 Series 物件
使用 index 參數指定 idx 變數做為索引

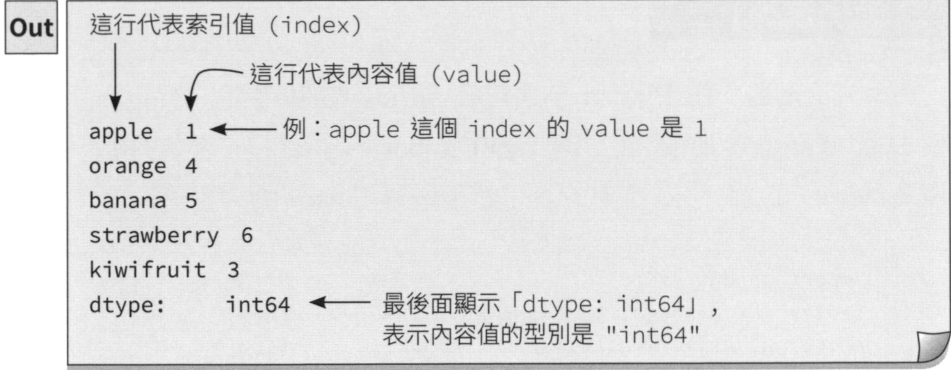

Out
這行代表索引值 (index)
這行代表內容值 (value)
apple 1
例：apple 這個 index 的 value 是 1
orange 4
banana 5
strawberry 6
kiwifruit 3
dtype: int64
最後面顯示「dtype: int64」，表示內容值的型別是 "int64"

In
series.shape
可以用 NumPy 的 shape 屬性確認 Series 的形狀
Out
(5,)

要注意的是，如果建立 Series 時沒有設定 index 參數，則會自動從 0、1、2... 依序幫我們自動編號做為索引值，而當印出 Series 時也會一併顯示這些索引編號：

In

```
import pandas as pd

data = [1, 4, 5, 6, 3]

series = pd.Series(data)   ← 沒有設定 index
print(series)
```

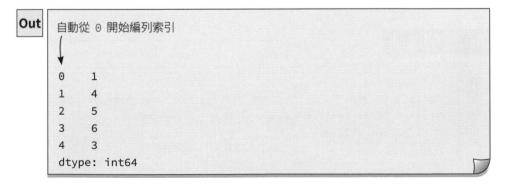

範例演練 (二)

下面來介紹將一個 Python 字典轉成 Series 物件，由於 Python 字典具備 key，正好是索引的作用，因此建立成 Series 物件後，字典的 key 就會做為 Series 的索引值，字典的 value 則做為 Series 的內容值：

In

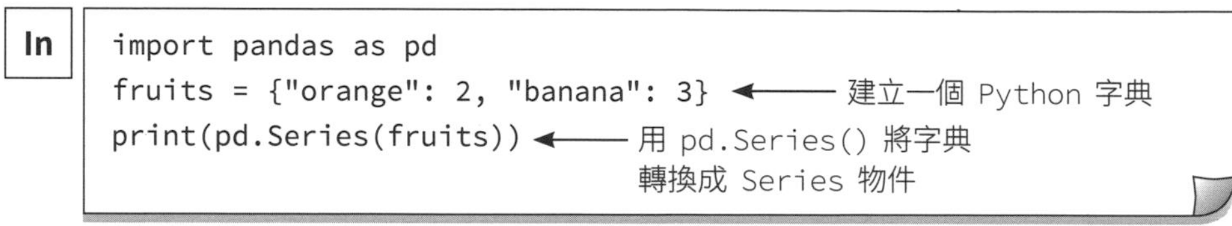

```
import pandas as pd
fruits = {"orange": 2, "banana": 3}
print(pd.Series(fruits))
```

建立一個 Python 字典
用 pd.Series() 將字典轉換成 Series 物件

Out

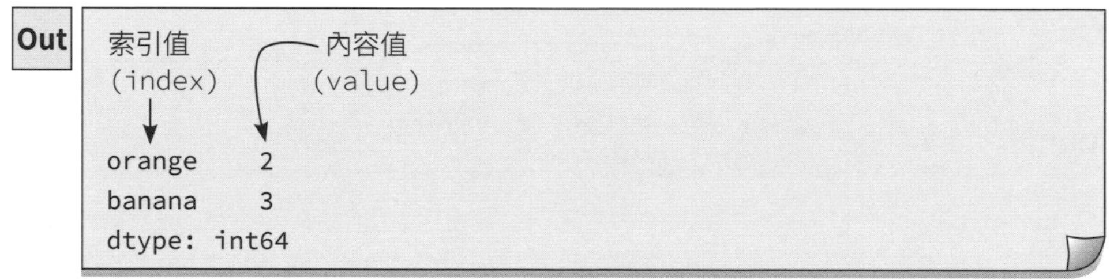

```
orange    2
banana    3
dtype: int64
```

索引值 (index)
內容值 (value)

6-2-2 取出 Series 當中的元素

要取出 Series 當中的元素時，可以像 Python 做切片 (Slicing) 一樣指定取出哪些筆數，例如 series[0:2] 表示取第 0~1 筆出來。另一個做法是指定索引值的名稱，可先將索引名稱包成一個 list，再用切片指定這個 list，例如 series[["orange", "peach"]] 就表示取 "orange" 以及 "peach" 這兩個索引名稱的內容值出來。

範例演練

In

```
import pandas as pd
fruits = {"banana": 3, "orange": 4, "grape": 1, "peach": 5}
series = pd.Series(fruits)   ← 建立 Series 物件
print(series[0:2])   ← 取出索引 0 及索引 1 的內容
                       (編：不含最後的索引 2)
```

Out
```
banana    3
orange    4
dtype: int64
```

In
```
print(series[["orange", "peach"]])
```
另一個方式：指定索引名稱

Out
```
orange    4
peach     5
dtype: int64
```

6-2-3 單取出「索引值」或者「內容值」- .index、.values

如果想要單取出 Series 物件的索引值、或者單取出內容值，可以使用 .index 或 .value 屬性，語法如下：

```
Series物件名稱.index   ← 取出索引值
Series物件名稱.values  ← 取出內容值
```

範例演練

先建立 Series：

In
```
import pandas as pd

index = ["apple", "orange", "banana", "strawberry", "kiwifruit"]
data = [10, 5, 8, 12, 3]
series = pd.Series(data, index=index)
print(series)
```

Out
```
apple          10
orange          5
banana          8
strawberry     12
kiwifruit       3
dtype: int64
```

In
```
series_index = series.index     ← 取出索引值

series_values = series.values   ← 取出內容值

print(series_index)
print(series_values)
```

Out
```
Index(['apple', 'orange', 'banana', 'strawberry', 'kiwifruit'],
dtype='object')
```

單只有索引值 (編：若執行 type(series_index) 會顯示 pandas.core.indexes.base.Index，說明其型別是特殊的 pandas index 物件)

```
[10  5  8  12  3]
```

← 單只有內容值，其型別是 NumPy 的 ndarray (陣列)

6-2-4 新增 Series 物件的元素 – append()

使用 **append()** 可以新增 Series 物件的元素，加入的元素也必須是 Series 型別才行，而新增的元素會接在原物件的最後頭。語法如下：

```
Series物件名稱.append(要新增的元素)
```

範例演練

In

```
import pandas as pd

idx = ["apple", "orange", "banana", "strawberry", "kiwifruit"]
data = [10, 5, 8, 12, 3]
series = pd.Series(data, index=idx)  ← 建立一個 Series 物件
print(series)
```

Out

```
apple         10
orange         5
banana         8     ← 看一下目前的內容
strawberry    12
kiwifruit      3
dtype: int64
```

In

```
pineapple = pd.Series([12], index=["pineapple"])  ← 先定義要加入的 Series 元素，內容值為 12，索引值為 "pineapple"
# pineapple = pd.Series( {"pineapple":12})  ← 也可以像這樣寫，傳入有索引值及內容值的 Python 字典

series = series.append(pineapple)  ← 將新物件傳入 append()
print(series)
```

Out

```
apple         10
orange         5
banana         8
strawberry    12
kiwifruit      3
pineapple     12  ← 新增的元素列在最後面
dtype: int64
```

6-2-5 刪除 Series 物件的元素 – drop()

若想刪除 Series 物件的某元素 , 可以使用 **drop()**, 語法如下：

```
Series物件名稱.drop("索引名稱")
```

範例演練

In

```
import pandas as pd

index = ["apple", "orange", "banana", "strawberry", "kiwifruit"]
data = [10, 5, 8, 12, 3]
series = pd.Series(data, index=index)
print(series)
```

建立 Series 物件

Out

```
apple         10
orange         5
banana         8
strawberry    12
kiwifruit      3
dtype: int64
```

In

```
series = series.drop("strawberry")
print(series)
```

← 刪除索引名稱為 "strawberry" 的元素

Out

```
apple        10
orange        5
banana        8
kiwifruit     3
dtype: int64
```

6-2-6 從 Series 物件篩選出想要的元素

當想從 Series 物件取出特定的元素時，可以設定一些條件式來篩選，語法如下：

```
Serise物件名稱[條件式]
```

範例演練 (一)

In

```
import pandas as pd

index = ["apple", "orange", "banana", "strawberry", "kiwifruit"]
data = [10, 5, 8, 12, 3]
series = pd.Series(data, index=index)
print(series)
```

建立 Series 物件

Out

```
apple         10
orange         5
banana         8
strawberry    12
kiwifruit      3
dtype: int64
```

In

```
conditions = [True, True, False, False, False]
print(series[conditions])
```

設一個內含布林值的 list，各布林值會對應到各元素，只有設為 True 的會被取出來

Out

```
apple      10
orange      5
dtype: int64
```

取出為 True 的前兩列

範例演練 (二)

剛才是以一個內含 True、False 的 list 來篩選元素，接著來看直接設定條件式的例子，例如可以用 series[series >= 5] 取出內容值大於等於 5 的元素。來看一下例子：

In

```
import pandas as pd

index = ["apple", "orange", "banana", "strawberry", "kiwifruit"]
data = [10, 5, 8, 12, 3]
series = pd.Series(data, index=index)

print(series[series >= 5])   ← 設定條件式來篩選
```

Out

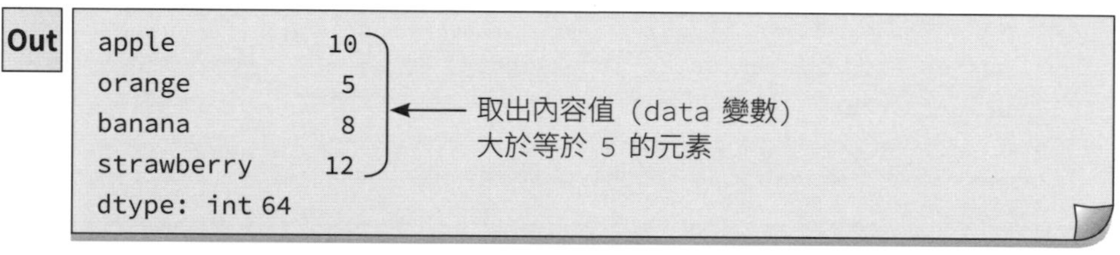

```
apple         10
orange         5
banana         8
strawberry    12
dtype: int64
```


範例演練 (三)

承上例，如果想指定多個條件的話，只要寫成 **series[條件 1][條件 2]…** 即可：

In

```
series = series[series >= 5][series < 10]
print(series)
```

篩選出內容值在 5 (含) 以上、未滿 10 的元素

Out

```
orange    5
banana    8
dtype: int64
```

6-2-7 將 Series 的元素排序 – sort_index()、sort_values()

Series 有兩種排序方法，有針對「索引值」排序的 .sort_index(), 以及針對「內容值」排序的 .sort_values()。預設都是由小到大排序，如果想要反過來由大到小排序，則加入 ascending=False 參數即可。

依索引值排序：Series物件名稱.sort_index(ascending=True)
依內容值排序：Series物件名稱.sort_values(ascending=True)

範例演練

In

```
import pandas as pd

index = ["apple", "orange", "banana", "strawberry", "kiwifruit"]
data = [10, 5, 8, 12, 3]
series = pd.Series(data, index=index)
print(series)
```

建立 Series 物件

Out

```
apple         10
orange         5
banana         8
strawberry    12
kiwifruit      3
dtype: int64
```

In

```
items1 = series.sort_index()

items2 = series.sort_values()

print(items1)
print()
print(items2)
```

依**索引值**由小到大排序，英文會依字母 a~z 排序

依**內容值**由小到大排序

6 pandas 的基礎

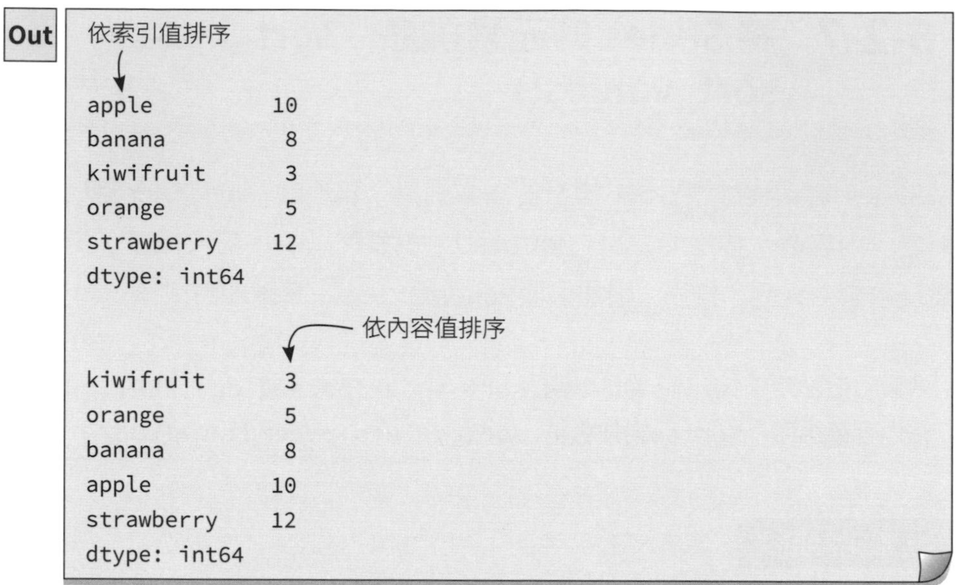

6-3 DataFrame 物件的操作處理

6-3-1 建立 DataFrame 物件 – pd.DataFrame()

本節來認識 pandas 的 DataFrame 物件，先從建立 DataFrame 的各種做法看起。

做法 (一)

第一種建立 DataFrame 的做法是將多個 Series 串在一起，語法如下：

```
pd.DataFrame([Series, Series, ...])
```

DataFrame 中各參數是一個個「索引值 + 內容值」組成的 Series, 要注意各 Series 物件的內容值長度（即元素個數）要一樣，才有辦法組成 DataFrame。

下例先建立兩個 Series 物件，並指定相同的索引值來組成一個 DataFrame 物件：

In

```
import pandas as pd

index = ["apple", "orange", "banana", "strawberry", "kiwifruit"]
data1 = [10, 5, 8, 12, 3]      ┐← 兩Series 的內容值 (value) 長度一樣
data2 = [30, 25, 12, 10, 8]    ┘
series1 = pd.Series(data1, index=index) ┐← 建立兩個 Series
series2 = pd.Series(data2, index=index) ┘

df = pd.DataFrame([series1, series2])← 如前述語法建立 DataFrame
print(df)
```

Out

```
   apple  orange  banana  strawberry  kiwifruit
0     10       5       8          12          3
1     30      25      12          10          8
```

小編補充： 從上面的結果可以觀察到，傳入多個 Series 轉成 Dataframe 後，原本各 Series 物件的「從上到下」排列的 index 會轉成「由左到右」排列，成為 Dataframe 物件 column（欄位），而 pandas 也會替這個 DataFrame 物件自動加上從 0 開始的 index 編號。讀者可參考下圖釐清這樣的轉換：

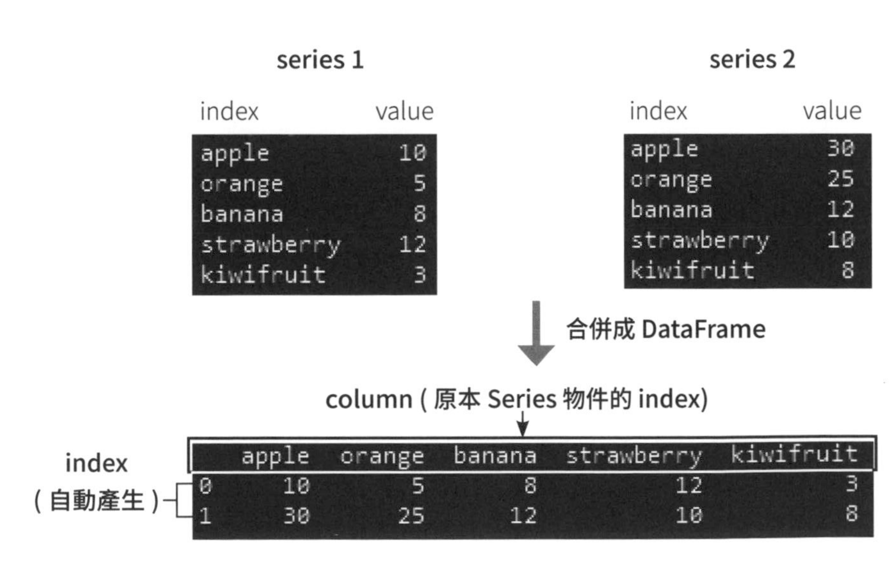

做法 (二)

我們也可以使用 key-value 結構的 Python 字典來建立 Dataframe 物件, 字典的 key 會成為 DataFrame 的 column。

> **編註:** 回憶一下 6-2-1 節用字典建立 Series 物件時, 字典的 key 就會是 Series 的 index, 因此轉成 DataFrame 後字典的 key 進而就會做為 DataFrame 的 column。這樣的轉換與上頁圖提到「DataFrame 的 column 就是原本 Series 的 index」是完全一樣的。

In

```
import pandas as pd

data = {"fruits": ["apple", "orange", "banana", "strawberry",
"kiwifruit"],
        "time": [1, 4, 5, 6, 3],
        "year": [2001, 2002, 2001, 2008, 2006]}

df = pd.DataFrame(data)
print(df)
```

建立字典, 字典的 key 將會是 DataFrame 的 column 名稱, 字典的 value 則以 list 記錄各 column 的內容值

用 pd.DataFrame() 將字典轉換成 DataFrame 物件

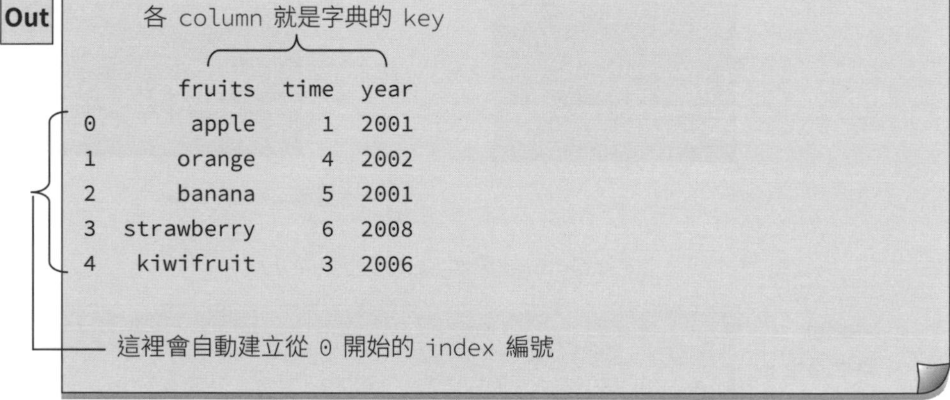

Out

各 column 就是字典的 key

```
       fruits  time  year
0       apple     1  2001
1      orange     4  2002
2      banana     5  2001
3  strawberry     6  2008
4   kiwifruit     3  2006
```

這裡會自動建立從 0 開始的 index 編號

做法 (三)

我們還可以將想建立的 DataFrame 各列內容值規劃好，傳入 pd.DataFrame() 後，再使用 **columns** 參數來指定欄位名稱，範例如下：

In

```
import pandas as pd

order_df = pd.DataFrame( [[1000, 2546, 103],
                          [1001, 4352, 101],
                          [1002, 342, 101]],
                          columns=["id", "item_id", "customer_id"])

print(order_df)
```

此例規畫好的 3 列

再指定各行的欄位名稱

Out

```
     id   item_id   customer_id
0  1000      2546           103
1  1001      4352           101
2  1002       342           101
```

6-3-2 修改 index 和 column 的名稱 – .index、.column

DataFrame 可以使用 **index** 及 **columns** 屬性來更改索引與欄位的名稱，語法如下：

```
df物件名稱.index = ["name1", "name2",…]
df物件名稱.column = ["column1", "column2",…]
```

範例演練

下例是將 Dataframe 的索引編號改從 1 開始 (預設是從 0 開始)：

In

```
import pandas as pd

index = ["apple", "orange", "banana", "strawberry", "kiwifruit"]
data1 = [10, 5, 8, 12, 3]
data2 = [30, 25, 12, 10, 8]
series1 = pd.Series(data1, index=index)
series2 = pd.Series(data2, index=index)

df = pd.DataFrame([series1, series2])

df.index = [1, 2]
print(df)
```

建立 Dataframe 物件

利用 df.index 來修改索引名稱，直接指定想顯示的名稱即可

Out

```
   apple  orange  banana  strawberry  kiwifruit
1     10       5       8          12          3
2     30      25      12          10          8
```

也可以使用 **df.columns** 來修改 Dataframe 的 column 名稱，語法都和 df.index 一樣，只需留意新名稱的數量必須與 df 的欄位數相同即可。

6-3-4 加入新的資料列 – append()

想增加 Dataframe 的資料 (即往下增加列數) 時，可以用 **append()** 來處理，語法如下：

df 物件名稱.append(Series 型別的資料, ignore_index=True)
傳入 Series 物件，即新列的內容
指定 Series 時，這裡必須加設 ignore_index=True

小編補充： 之所以加上 ignore_index=True 參數，是因為 Dataframe 的 index 編號是自動產生得來的，而傳入的 Series 物件只具備 value, 因此設定 ignore_index=True 帶有「略過 index」之意，若沒設定會出現「TypeError: Can only append a Series if ignore_index=True」的訊息。

範例演練 (一)

In

```
import pandas as pd
data = {"fruits": ["apple", "orange", "banana", "strawberry",
"kiwifruit"],
        "year": [2001, 2002, 2001, 2008, 2006],
        "time": [1, 4, 5, 6, 3]}
df = pd.DataFrame(data)

series = pd.Series(["mango", 2008, 7], index=["fruits", "year", "time"])

df = df.append(series, ignore_index=True)
print(df)
```

先建立一個 Dataframe 物件

再建立一個 Series 物件

留意新 Series 當中, index 各元素名稱一定要與 Dataframe 的 column 名稱一致，這樣才對的上

使用上一頁的語法將 Series 加入到 DataFrame 中

Out

```
       fruits  year  time
0       apple  2001     1
1      orange  2002     4
2      banana  2001     5
3  strawberry  2008     6
4   kiwifruit  2006     3
5       mango  2008     7
```

← 增加一列資料

範例演練(二)

雖說新資料的欄位數應當與既有的 Dataframe 欄位數量一致，但當欄位數不一致時會發生什麼事呢？我們來看一下。

In

```
import pandas as pd

index = ["apple", "orange", "banana", "strawberry", "kiwifruit"]
data1 = [10, 5, 8, 12, 3]
data2 = [30, 25, 12, 10, 8]
data3 = [30, 12, 10, 8, 25, 3]

series1 = pd.Series(data1, index=index)
series2 = pd.Series(data2, index=index)
df = pd.DataFrame([series1, series2])

index.append("pineapple")

series3 = pd.Series(data3, index=index)

df = df.append(series3, ignore_index=True)
print(df)
```

- data1 與 data2 的內容值有 5 個
- data3 的內容值則有 6 個
- 先將 series1 及 series2 建立成 Dataframe
- 新增一個 "pineapple" 索引，讓索引的數值成為 6 個 (編：因為待會要加入的 data3 內容值有 6 個)
- 利用 data3 及新的索引值產生 series3 物件
- 將 series3 加入 series1、series2 組成的 df 中

Out

```
   apple  orange  banana  strawberry  kiwifruit  pineapple
0     10       5       8          12          3        NaN
1     30      25      12          10          8        NaN
2     30      12      10           8         25        3.0
```

由於現在有 6 欄，而之前 series1、series2 組成的 df 物件是 5 欄，前 2 列(series1、2)內容值無法確認的地方會顯示 NaN (編：Not a Number，通常用來表示值遺失或是錯誤)

6-3-4 加入新的欄位

當想新增 DataFrame 的欄位時，可以使用以下語法來進行：

```
df 物件名稱[新欄位的名稱] = 各列要加入的資料
```

各列要加入的資料可以是 Python 的 list, 或者是 Series, 寫法各有不同，我們一一來看。

範例演練 (一)

各列要加入的資料可以寫成 list, 則會從第 0 列、第 1 列、第 2 列…依序分配 list 的元素：

```
df[新欄位名稱] = [第 0 列的內容, 第 1 列的內容, 第 2 列的內容,……]
```

In

```
import pandas as pd
data = {"fruits": ["apple", "orange", "banana", "strawberry",
"kiwifruit"],
        "year": [2001, 2002, 2001, 2008, 2006],
        "time": [1, 4, 5, 6, 3]}
df = pd.DataFrame(data)


df["price"] = [150, 120, 100, 300, 150]
print(df)
```

建立 DataFrame 物件

增加 "price" 這一欄，並指定各列的內容值

Out

```
       fruits  time  year  price
0       apple     1  2001    150
1      orange     4  2002    120
2      banana     5  2001    100
3  strawberry     6  2008    300
4   kiwifruit     3  2006    150
```

新增一欄

✎ 範例演練 (二)

加上新欄位時後，也可以將各列所對應的資料寫成 Series 物件，語法如下：

```
df[新欄位名稱] = pd.Series(內容值, index=索引值)
```

直接來看範例：

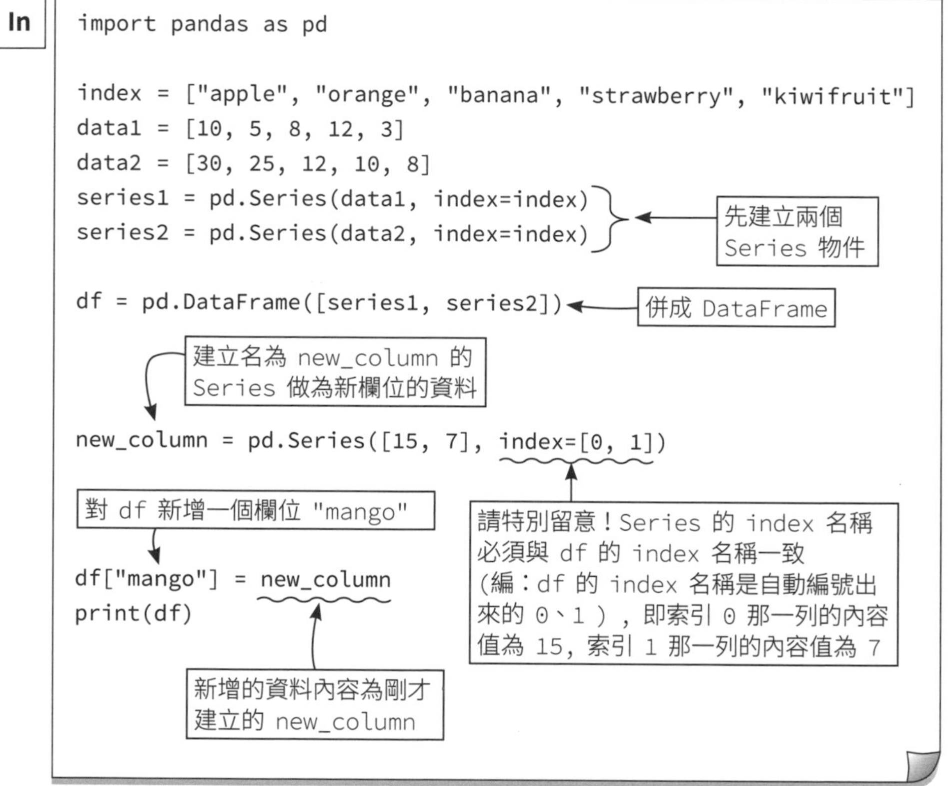

```
import pandas as pd

index = ["apple", "orange", "banana", "strawberry", "kiwifruit"]
data1 = [10, 5, 8, 12, 3]
data2 = [30, 25, 12, 10, 8]
series1 = pd.Series(data1, index=index)
series2 = pd.Series(data2, index=index)

df = pd.DataFrame([series1, series2])

new_column = pd.Series([15, 7], index=[0, 1])

df["mango"] = new_column
print(df)
```

In
先建立兩個 Series 物件
併成 DataFrame
建立名為 new_column 的 Series 做為新欄位的資料
請特別留意！Series 的 index 名稱必須與 df 的 index 名稱一致（編：df 的 index 名稱是自動編號出來的 0、1），即索引 0 那一列的內容值為 15，索引 1 那一列的內容值為 7
對 df 新增一個欄位 "mango"
新增的資料內容為剛才建立的 new_column

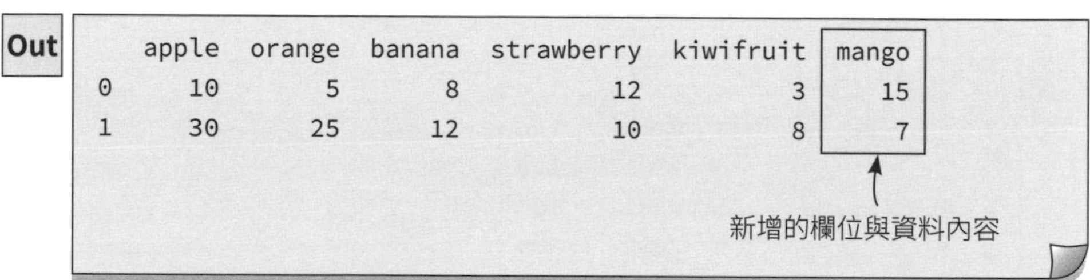

	apple	orange	banana	strawberry	kiwifruit	mango
0	10	5	8	12	3	15
1	30	25	12	10	8	7

Out
新增的欄位與資料內容

6-3-5 取出 DataFrame 當中的元素 – df.loc[]、df.iloc[]

要取出 DataFrame 當中的元素時，可以使用 **df 物件名稱 .loc[]** 以及 **df 物件名稱 .iloc[]** 這兩種語法，前者是指定列、行的「名稱」，後者是指定列、行的「編號」，都是如下圖般，依序決定取哪些列、哪些行，然後交集的部分就是會取出的內容：

	fruits	time	year
0	apple	1	2001
1	orange	4	2002
2	banana	5	2001
3	strawberry	6	2008
4	kiwifruit	3	2006

▲ 先指定列

	fruits	time	year
0	apple	1	2001
1	orange	4	2002
2	banana	5	2001
3	strawberry	6	2008
4	kiwifruit	3	2006

▲ 再指定行

	fruits	time	year
0	apple	1	2001
1	orange	4	2002
2	banana	5	2001
3	strawberry	6	2008
4	kiwifruit	3	2006

▲ 會取出交集的內容 4

使用 .loc 選取資料

使用 .loc 選取資料的語法如下：

df物件名稱.loc[索引名稱的 list, 欄位名稱的 list]
列
行

範例演練 (一)

In

```
data = {"fruits": ["apple", "orange", "banana", "strawberry",
"kiwifruit"],
        "year": [2001, 2002, 2001, 2008, 2006],
        "time": [1, 4, 5, 6, 3]}
df = pd.DataFrame(data)  ← 先建立 DataFrame
print(df)
```

Out

```
        fruits  time  year
0        apple     1  2001
1       orange     4  2002
2       banana     5  2001
3   strawberry     6  2008
4    kiwifruit     3  2006
```

← 原內容

In

```
df = df.loc[[1,2],["time","year"]]
print(df)
```

使用 .loc 選取索引名稱為 1、2 的列，欄位名稱為 "time"、"year"的資料

Out

```
   time  year
1     4  2002
2     5  2001
```

← 取出交集的部分

範例演練 (二)

再來看一個範例，同樣先產生一個 DataFrame 物件，這些介紹另一個建立手法，先產生一個空的 DataFrame 物件，再依序填資料進去：

In

```
import numpy as np
import pandas as pd
np.random.seed(0)

df = pd.DataFrame()

columns = ["apple", "orange", "banana", "strawberry", "kiwifruit"]

for column in columns:
    df[column] = np.random.choice(range(1, 11), 10)

print(df)
```

先建立一個空的 DataFrame 物件

建立 DataFrame 的各欄位名稱

用 for 迴圈一一走訪各欄位，並填入資料，各欄位的資料是用 NumPy 的亂數函式產生的 10 個 1~10 的亂數

Out

```
   apple  orange  banana  strawberry  kiwifruit
0      6       8       6           3         10
1      1       7      10           4         10
2      4       9       9           9          1
3      4       9      10           2          5
4      8       2       5           4          8
5     10       7       4           4          4
6      4       8       1           4          3
7      6       8       4           8          8
8      3       9       6           1          3
9      5       2       1           2          1
```

DataFrame 的內容

建好 DataFrame 後，試著選取當中的資料出來，在選擇欄位或索引列時，可以跳著選，不一定要連續，例如這裡選取連續的第 2 ～ 5 列，並跳著選 "banana"、"kiwifruit" 這兩欄的資料出來：

In

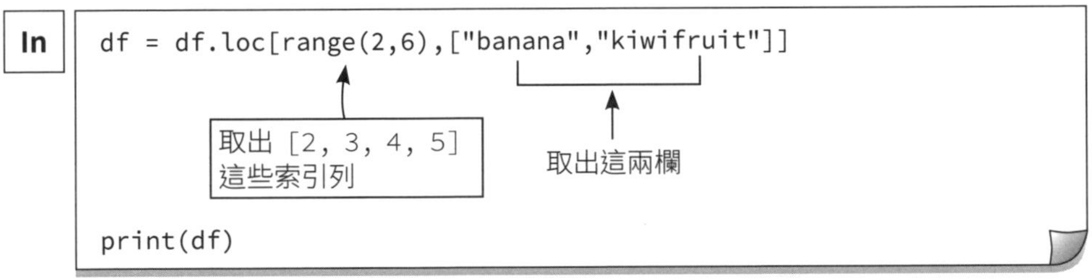

```
df = df.loc[range(2,6),["banana","kiwifruit"]]

print(df)
```


Out

```
   banana  kiwifruit
2       9          1
3      10          5
4       5          8
5       4          4
```

使用 iloc[] 選取資料

使用 .iloc[] 選取資料的語法如下，[ ] 中間的兩個 list 改指定列、行的編號即可：

```
df物件名稱.iloc[索引編號的 list, 欄位編號的 list]
```

範例演練

In

```
import pandas as pd

data = {"fruits": ["apple", "orange", "banana", "strawberry",
"kiwifruit"],
        "time": [1, 4, 5, 6, 3],
        "year": [2001, 2002, 2001, 2008, 2006] }
df = pd.DataFrame(data)
print(df)
```

建立 DataFrame 物件

```
       fruits  time  year
0       apple     1  2001
1      orange     4  2002
2      banana     5  2001
3  strawberry     6  2008
4   kiwifruit     3  2006
```

建立的內容

In

```
df = df.iloc[[1, 3], [0, 2]]
print(df)
```

取第 1、3 列 (索引) 取第 0、2 行 (欄位)

Out

```
       fruits  year
1      orange  2002
3  strawberry  2008
```

6-3-6 刪除 df 物件的列或行 – drop()

使用 **df 物件名稱**.drop() 可以刪除指定的索引 (列) 或欄位 (行), 若想刪除的是索引 (列), 要在 drop() 指定 axis=0 參數 (預設值 , 可省略); 若想刪除的是欄 (行), 則須指定 axis=1：

```
df 物件名稱.drop("索引名稱", axis=0…) ← 刪除列
df 物件名稱.drop("欄位名稱", axis=1…) ← 刪除行
```

跟 NumPy 一樣，指定 axis=1 就是往右，沿著各「行」來看

編註： 上面語法中的「索引名稱」或「欄位名稱」，也可以傳入 ['名稱 1'、'名稱 2'…] 的 list 或者 NumPy 陣列，一次刪除多列、或多行。

範例演練 (一)

In

```
import pandas as pd

data = {"fruits": ["apple", "orange", "banana", "strawberry",
"kiwifruit"],
   "time": [1, 4, 5, 6, 3] ,
    "year": [2001, 2002, 2001, 2008, 2006]}
df = pd.DataFrame(data)
print(df)
```

建立 df 物件

Out

```
       fruits  time  year
0       apple     1  2001
1      orange     4  2002
2      banana     5  2001
3  strawberry     6  2008
4   kiwifruit     3  2006
```

In

```
df_1 = df.drop([0,1])
print(df_1)
```

刪除索引名稱為 0 跟 1 這兩列 (編：請注意這裡是要輸入索引的「名稱」喔！若索引不是數字，則必須輸入 df.drop(['名稱1, '名稱2'])

Out

```
       fruits  time  year
2      banana     5  2001
3  strawberry     6  2008
4   kiwifruit     3  2006
```

前 2 列被刪除了

In

```
df_2 = df.drop("year", axis=1)  ← 若想刪除 "year" 這一整欄 (行),
print(df_2)                        指定名稱後, 設定 axis =1 即可
```

Out

```
      fruits  time
0      apple     1
1     orange     4
2     banana     5       ← year 欄被刪掉了
3 strawberry     6
4  kiwifruit     3
```

範例演練 (二)

再來做個練習, 我們先建立一個 df 物件：

In

```
import numpy as np
import pandas as pd
np.random.seed(0)

df = pd.DataFrame()  ← 建立一個空的 DataFrame 物件

columns = ["apple", "orange", "banana", "strawberry", "kiwifruit"]
                                         建立 DataFrame 的各欄位名稱

for column in columns:
    df[column] = np.random.choice(range(1, 11), 10)

print(df)
```

用 for 迴圈一一走訪各欄位, 並填入資料, 各欄位的資料是用 NumPy 的亂數函式產生的 10 個 1~10 的亂數

Out

```
   apple  orange  banana  strawberry  kiwifruit
0      6       8       6           3         10
1      1       7      10           4         10
2      4       9       9           9          1
3      4       9      10           2          5
4      8       2       5           4          8
5     10       7       4           4          4
6      4       8       1           4          3
7      6       8       4           8          8
8      3       9       6           1          3
9      5       2       1           2          1
```

df 的內容

建好 DataFrame 後，這裡用 drop() 將偶數列刪除，再刪除其中的 "strawberry" 欄位：

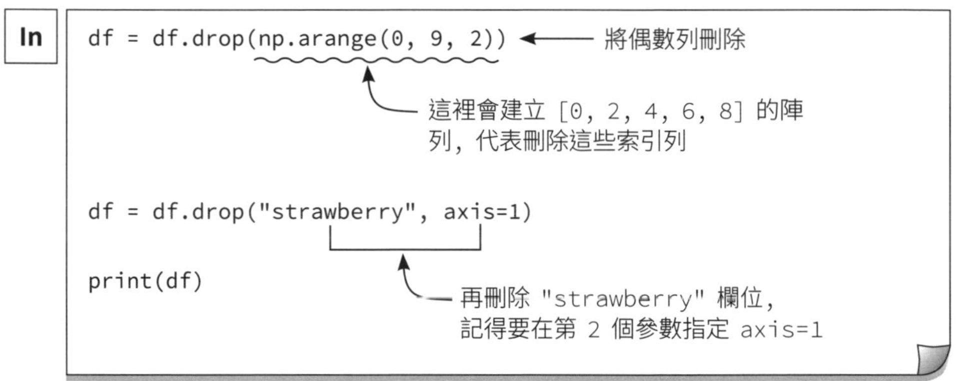

In
df = df.drop(np.arange(0, 9, 2))
將偶數列刪除
這裡會建立 [0, 2, 4, 6, 8] 的陣列，代表刪除這些索引列
df = df.drop("strawberry", axis=1)
print(df)
再刪除 "strawberry" 欄位，記得要在第 2 個參數指定 axis=1

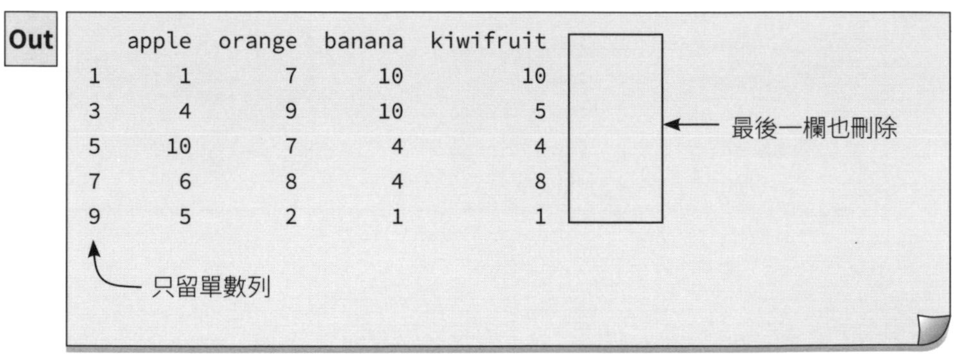

Out
   apple orange banana kiwifruit
1   1   7   10   10
3   4   9   10   5
5   10   7   4   4
7   6   8   4   8
9   5   2   1   1
最後一欄也刪除
只留單數列

6-3-7 將欄位值依大小排序 – sort_values()

想針對 df 物件的各欄位內容做排序，可以使用 **sort_values()**, 語法如下：

```
df物件名稱.sort_values(by="欄位名稱", ascending=True)
```

預設是由小到大排序，改成 False 就會由大到小排序

範例演練 (一)

In

```
import pandas as pd
data = {"fruits": ["apple", "orange", "banana", "strawberry",
"kiwifruit"],
        "time": [1, 4, 3, 6, 3],
        "year": [2001, 2002, 2001, 2008, 2006]}
df = pd.DataFrame(data)
print(df)
```

建立 df 物件

Out

```
      fruits  time  year
0      apple     1  2001
1     orange     4  2002
2     banana     3  2001
3 strawberry     6  2008
4  kiwifruit     3  2006
```

In

```
df = df.sort_values(by="year", ascending = True)
print(df)
```

依 "year" 欄位由小到大排序

Out

```
     fruits       time   year  ← 依這一欄排序
0    apple        1      2001
2    banana       3      2001  ↓
1    orange       4      2002
4    kiwifruit    3      2006
3    strawberry   6      2008
```

In

```
df = df.sort_values(by=["time", "year"] , ascending = True)
print(df)
```

也可以傳入一個 list，各元素指定多個欄位，例如這裡會先依 "time" 來排序，當 "time" 值相同再依 "year" 值排序

Out

```
     fruits       time   year
0    apple        1      2001
2    banana       3      2001
4    kiwifruit    3      2006
1    orange       4      2002
3    strawberry   6      2008
```

這兩列 "time" 欄位的值都是 3，就會再依 "year" 欄位的值排序

6-3-8 從 df 物件篩選出想要的資料

篩選 DataFrame 元素的做法和處理 Series 雷同，可以傳入布林型別的 list, 取出指定為 True 的元素，捨去 False 的部分，用這樣的方式來進行篩選。

df物件[索引列（或欄位）的條件式]

範例演練 (一)

In

```
import pandas as pd

data = {"fruits": ["apple", "orange", "banana", "strawberry",
"kiwifruit"],
        "time": [1, 4, 5, 6, 3] ,
        "year": [2001, 2002, 2001, 2008, 2006] }
df = pd.DataFrame(data)
print(df)
```

建立 df 物件

Out

```
       fruits  time  year
0       apple     1  2001
1      orange     4  2002
2      banana     5  2001
3  strawberry     6  2008
4   kiwifruit     3  2006
```

In

```
print(df.index % 2 == 0)

print(df[df.index % 2 == 0])
```

print(df.index % 2 == 0) ← 篩選出索引名稱為偶數的這些列，會傳回一個陣列，各元素是每一列的判定結果

print(df[df.index % 2 == 0]) ← 傳入上一行的傳回結果進行篩選

Out

```
[ True False  True False  True]

      fruits  time  year
0      apple     1  2001
2     banana     5  2001
4  kiwifruit     3  2006
```

[True False True False True] ← 各列判定結果

← 篩選出判定結果為 True 的偶數列

範例演練 (二)

剛才是針對索引名稱來做篩選，也可以針對欄位做篩選，我們先建立一個 df 物件：

In

```
import numpy as np
import pandas as pd
np.random.seed(0)

df = pd.DataFrame()
columns = ["apple", "orange", "banana", "strawberry", "kiwifruit"]


for column in columns:
    df[column] = np.random.choice(range(1, 11), 10)

print(df)
```

建立一個空的 DataFrame 物件

建立 DataFrame 的各欄位名稱

用 for 迴圈一一走訪各欄位，並填入資料，各欄位的資料是用 NumPy 的亂數函式產生的 10 個 1~10 的亂數

Out

```
   apple  orange  banana  strawberry  kiwifruit
0      6       8       6           3         10
1      1       7      10           4         10
2      4       9       9           9          1
3      4       9      10           2          5
4      8       2       5           4          8
5     10       7       4           4          4
6      4       8       1           4          3
7      6       8       4           8          8
8      3       9       6           1          3
9      5       2       1           2          1
```

df 的內容

建好 DataFrame 後，接著來設定篩選條件，我們想從 "apple" 欄篩選出 5（含）以上的值，且 "kiwifruit" 欄也篩選出 5（含）以上的值，寫法如下：

In

```
df = df[df["apple"] >= 5]
df = df[df["kiwifruit"] >= 5]


# df = df.loc[df["apple"] >= 5][df["kiwifruit"] >= 5]

print(df)
```

"apple" 欄篩選出 5 以上的值

"kiwifruit" 欄也篩選出 5 以上的值

這樣一行寫完也可以

Out

```
      apple  orange  banana  strawberry  kiwifruit
0       6       8       6          3         10
4       8       2       5          4          8
7       6       8       4          8          8
```

← 篩選出 0、4、7 列

小編補充： 以第一行 df[df["apple"] >= 5] 程式為例，裡面的篩選條件式為 df["apple"] >= 5, 其運算結果會是一個陣列，顯示 "apple" 這一欄逐個元素的判定結果，如下：

```
0    True
1    False
2    False
3    False
4    True
5    True
6    False
7    True
8    False
9    True
Name: apple, dtype: bool
```

有了這個條件式陣列，因此 df [**df["apple"] >= 5**] 的結果就會如下：

```
   apple  orange  banana  strawberry  kiwifruit
0     6       8       6          3         10
4     8       2       5          4          8
5    10       7       4          4          4
7     6       8       4          8          8
9     5       2       1          2          1
      ↑
      只會將這 1 欄大於等於 5 的那幾列顯示出來
```

接著，再加上 df["kiwifruit"] >= 5 這個條件，就會得到最終篩選出第 0、4、7 列的結果了。

CHAPTER

7

DataFrame 的串接與合併

7-1 概念說明

7-1-1 串接與合併的做法

處理資料時，經常會遇到兩個資料表的欄位類似，需要做整併的情況，在 Pandas 中想要對不同的 DataFrame 做整併，可以使用 **concat()** 以及 **merge()** 兩個 method, 兩者的使用時機稍有不同，分別介紹如下：

- **用 concat() 做串接**：將 DataFrame 照指定的方向串接起來，如下所示：

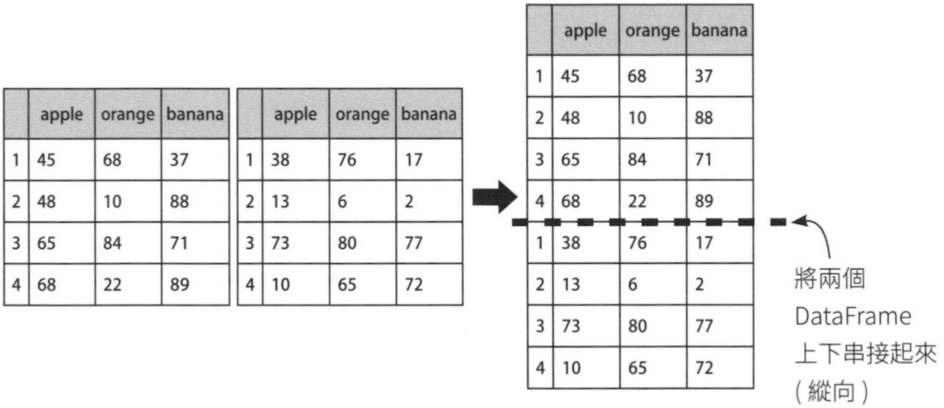

	apple	orange	banana
1	45	68	37
2	48	10	88
3	65	84	71
4	68	22	89

	apple	orange	banana
1	38	76	17
2	13	6	2
3	73	80	77
4	10	65	72

	apple	orange	banana
1	45	68	37
2	48	10	88
3	65	84	71
4	68	22	89
1	38	76	17
2	13	6	2
3	73	80	77
4	10	65	72

將兩個 DataFrame 上下串接起來 (縱向)

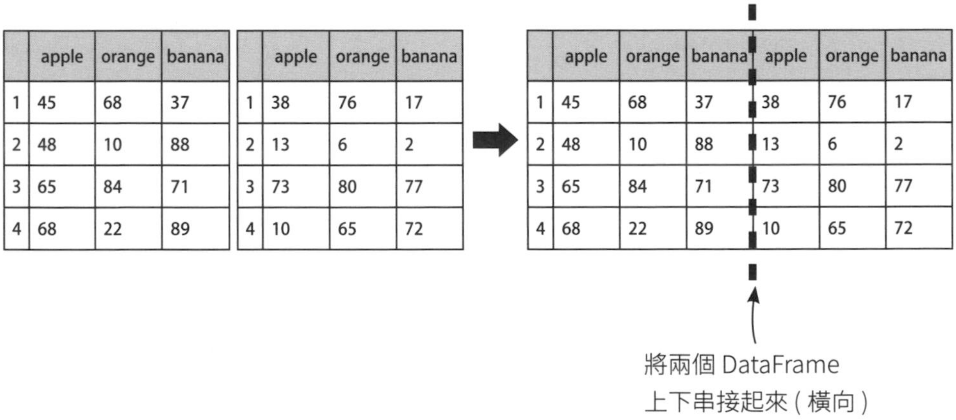

	apple	orange	banana
1	45	68	37
2	48	10	88
3	65	84	71
4	68	22	89

	apple	orange	banana
1	38	76	17
2	13	6	2
3	73	80	77
4	10	65	72

	apple	orange	banana	apple	orange	banana
1	45	68	37	38	76	17
2	48	10	88	13	6	2
3	65	84	71	73	80	77
4	68	22	89	10	65	72

將兩個 DataFrame 上下串接起來 (橫向)

- **用 merge() 做合併**：當多個 DataFrame 當中有某個欄位相同時，則可以透過該欄位來合併資料，如下所示：

❷ 右邊那個 DataFrame 的欄位 (area、price) 就依序接在左邊 DataFrame 最後的 year 欄位後面)

	amount	fruits	year
0	1	apple	2001
1	4	orange	2002
2	5	banana	2001
3	6	strawberry	2008

	area	fruits	price
0	China	apple	150
1	Brazil	orange	120
2	india	banana	100
3	China	strawberry	250

❶ 兩個 DataFrame 都有 fruits 欄位

→

	amount	fruits	year	area	price
0	1	apple	2001	China	150
1	4	orange	2002	Brazil	120
2	5	banana	2001	india	100
3	6	strawberry	2008	China	250

❸ 利用共同的 fruits 欄位將所有欄位合併完成

串接與合併的概念都不難理解，接著就分別來看程式該怎麼寫，7-2 節來介紹 concat()、7-3 節來介紹 merge()。

7-2 用 concat() 串接多個 DataFrame

7-2-1 索引、欄位內容「一致」時的串接做法

DataFrame 的串接就是按照指定的方向，將多個 DataFrame 接在一起，實際上的串接結果也會視兩個 DataFrame 的索引、欄位是否一致而定，這一小節我們先從 DataFrame 的索引、欄位「一致」時這種比較單純的情況看起。

做 DataFrame 串接可以使用 **concat()**, 語法如下：

```
pd.concat([dataframe1, dataframe2, ...], axis=0)
```

語法很簡單，需要留意的是 **axis** 參數，當 axis=0（預設值）時，就會依 list 裡面 DataFrame 的順序將這些 DataFrame「上下」串接起來。

如果把參數改成 axis=1, 則會改成「左右」的橫向串接，不過這樣串接可能發生欄位重複的情況（待會範例就會看到）。

編註： 對 NumPy 的 axis 熟悉的話，應該很清楚為什麼 axis=0 是上下串接，axis=1 是左右串接吧！不熟悉的話請複習一下第 5 章的內容喔！

範例演練

首先我們來準備要串接的兩個 DataFrame：

In

```
import numpy as np
import pandas as pd

def make_random_df(index, columns, seed):
    np.random.seed(seed)
    df = pd.DataFrame()
    for column in columns:
        df[column] = np.random.choice(range(1, 101), len(index))
    df.index = index
    return df


columns = ["apple", "orange", "banana"]
df_data1 = make_random_df(range(1, 5), columns, 0)
df_data2 = make_random_df(range(1, 5), columns, 1)
print(df_data1)
print(df_data2)
```

定義一個產生 DataFrame 的函式，各欄位的資料是用 NumPy 的亂數函式產生介於 1~100 的亂數值

規劃欄位內容

兩個 DataFrame 的欄位一致，索引數也一致

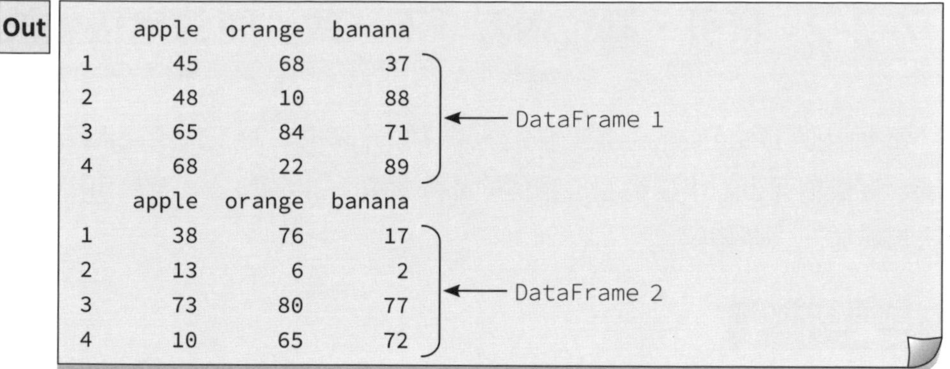

Out
```
   apple  orange  banana
1     45      68      37
2     48      10      88
3     65      84      71
4     68      22      89
   apple  orange  banana
1     38      76      17
2     13       6       2
3     73      80      77
4     10      65      72
```


接著來看串接的語法：

In
```
df1 = pd.concat( [df_data1, df_data2], axis=0)
print(df1)
```
指定 axis=0，表示縱向串接

Out
```
   apple  orange  banana
1     45      68      37
2     48      10      88
3     65      84      71
4     68      22      89
1     38      76      17
2     13       6       2
3     73      80      77
4     10      65      72
```

In
```
df2 = pd.concat([df_data1, df_data2], axis=1)
print(df2)
```
若是指定 axis=1，表示橫向左右串接起來

Out

橫向串接後，欄位名稱重覆了，表格通常不會這樣設計，後面會教您如何改善

```
   apple  orange  banana  apple  orange  banana
1     45      68      37     38      76      17
2     48      10      88     13       6       2
3     65      84      71     73      80      77
4     68      22      89     10      65      72
```

7-2-2 索引、欄位內容「不一致」時的串接做法

如果兩個 DataFrame 都有彼此所不具備的欄位，並不代表就無法串接了，這樣情況下，串接後套不到值的部分會填上「NaN」。至於串接的語法都與前一小節相同。

範例演練

直接來看例子就明白了，同樣建立兩個 DataFrame：

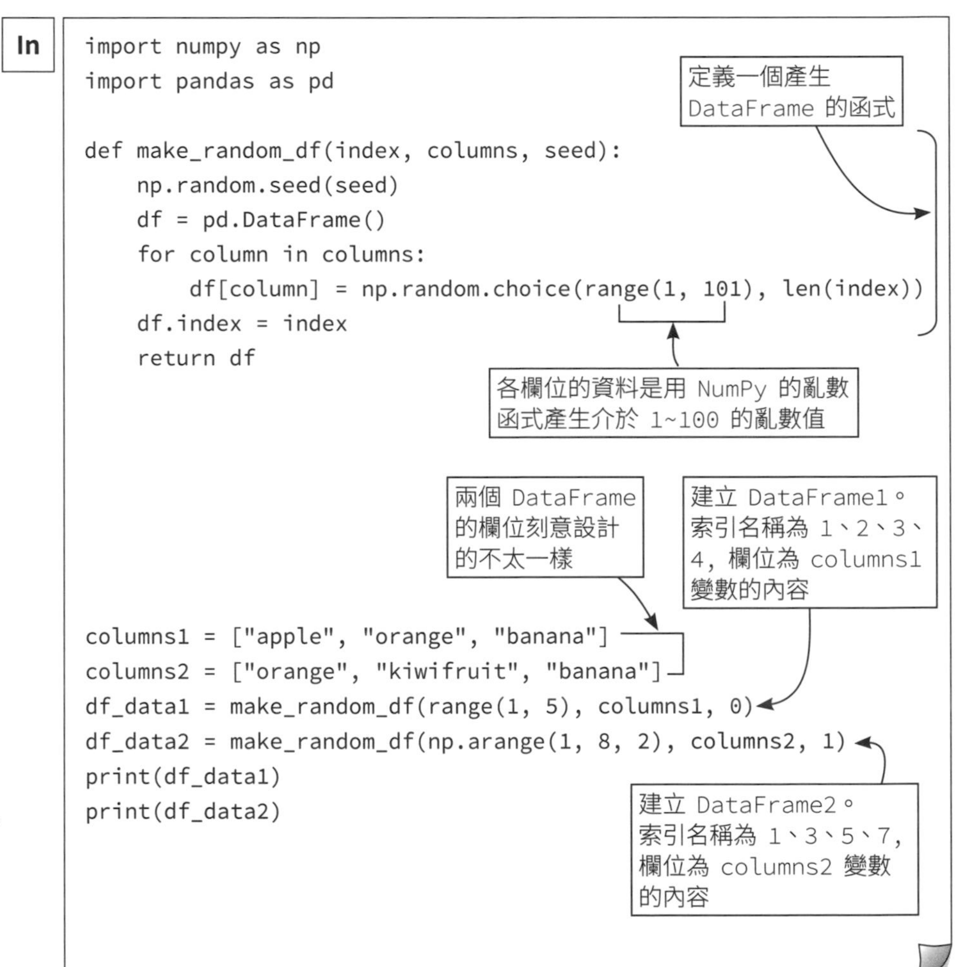

In

```
import numpy as np
import pandas as pd

def make_random_df(index, columns, seed):
    np.random.seed(seed)
    df = pd.DataFrame()
    for column in columns:
        df[column] = np.random.choice(range(1, 101), len(index))
    df.index = index
    return df

columns1 = ["apple", "orange", "banana"]
columns2 = ["orange", "kiwifruit", "banana"]
df_data1 = make_random_df(range(1, 5), columns1, 0)
df_data2 = make_random_df(np.arange(1, 8, 2), columns2, 1)
print(df_data1)
print(df_data2)
```

定義一個產生 DataFrame 的函式
各欄位的資料是用 NumPy 的亂數函式產生介於 1~100 的亂數值
兩個 DataFrame 的欄位刻意設計的不太一樣
建立 DataFrame1。索引名稱為 1、2、3、4，欄位為 columns1 變數的內容
建立 DataFrame2。索引名稱為 1、3、5、7，欄位為 columns2 變數的內容

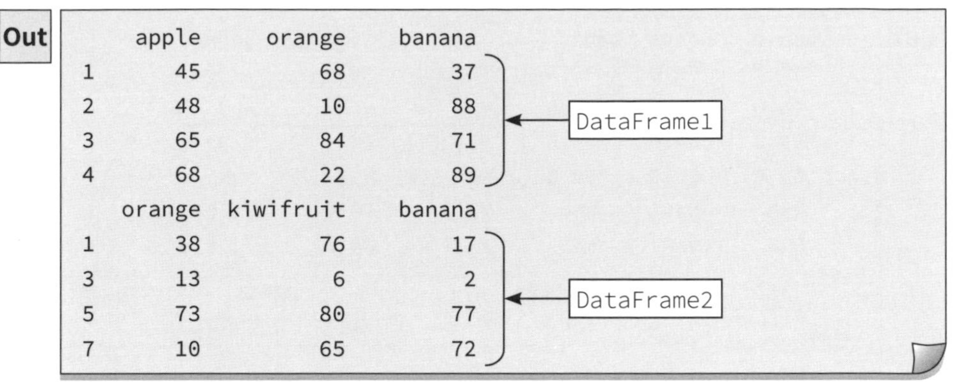

Out

```
   apple  orange  banana
1     45      68      37
2     48      10      88
3     65      84      71
4     68      22      89
  orange  kiwifruit  banana
1     38         76      17
3     13          6       2
5     73         80      77
7     10         65      72
```


接著來看串接後會變成什麼樣子：

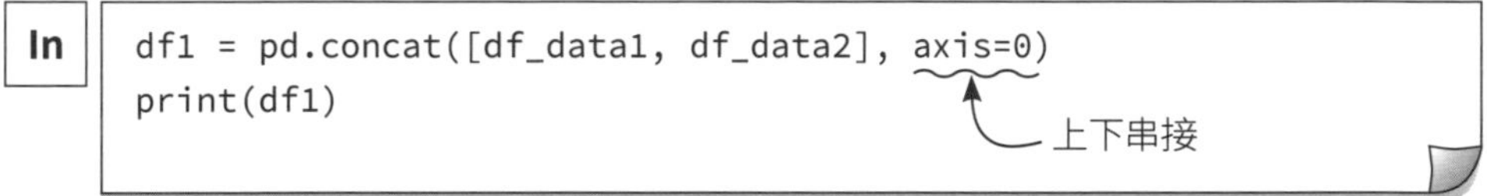

In

```
df1 = pd.concat([df_data1, df_data2], axis=0)
print(df1)
```


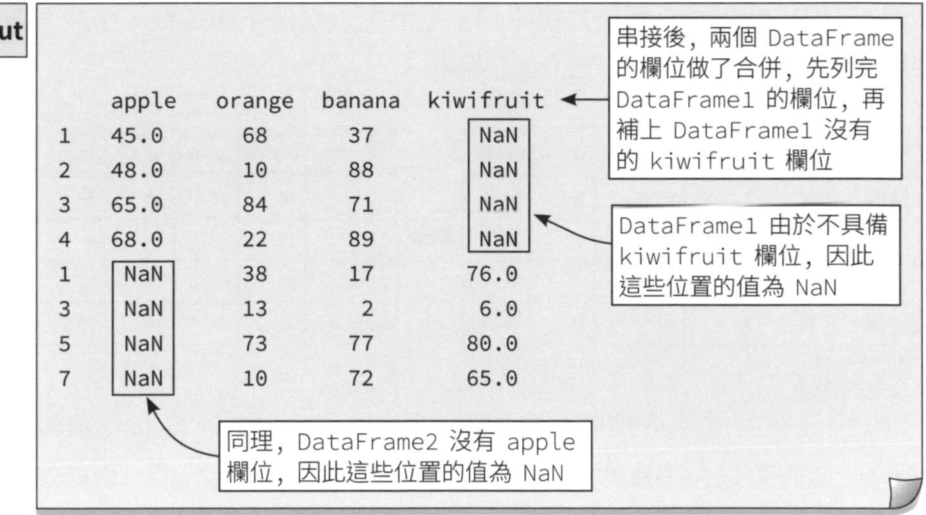

Out

```
   apple  orange  banana  kiwifruit
1   45.0      68      37        NaN
2   48.0      10      88        NaN
3   65.0      84      71        NaN
4   68.0      22      89        NaN
1    NaN      38      17       76.0
3    NaN      13       2        6.0
5    NaN      73      77       80.0
7    NaN      10      72       65.0
```

串接後，兩個 DataFrame 的欄位做了合併，先列完 DataFrame1 的欄位，再補上 DataFrame1 沒有的 kiwifruit 欄位
DataFrame1 由於不具備 kiwifruit 欄位，因此這些位置的值為 NaN
同理，DataFrame2 沒有 apple 欄位，因此這些位置的值為 NaN

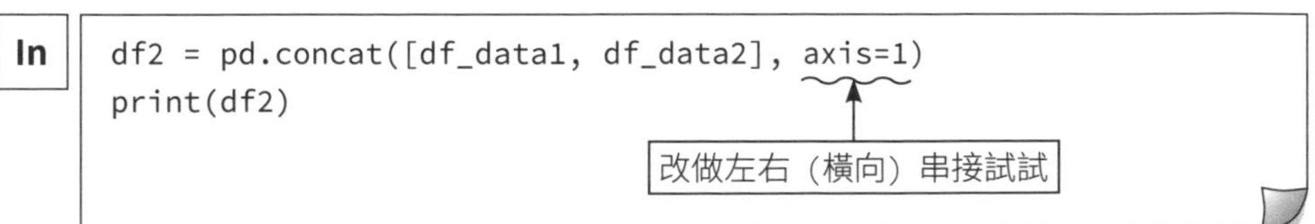

In

```
df2 = pd.concat([df_data1, df_data2], axis=1)
print(df2)
```

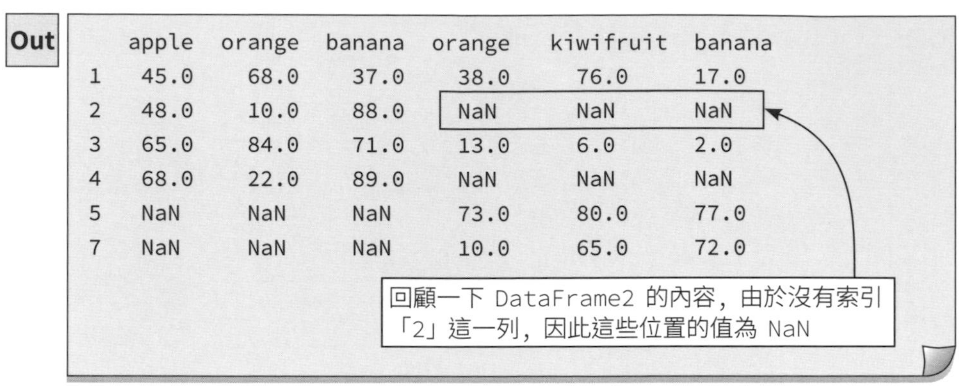

```
Out
    apple  orange  banana  orange  kiwifruit  banana
1   45.0   68.0    37.0    38.0    76.0       17.0
2   48.0   10.0    88.0    NaN     NaN        NaN
3   65.0   84.0    71.0    13.0    6.0        2.0
4   68.0   22.0    89.0    NaN     NaN        NaN
5   NaN    NaN     NaN     73.0    80.0       77.0
7   NaN    NaN     NaN     10.0    65.0       72.0
```

回顧一下 DataFrame2 的內容，由於沒有索引「2」這一列，因此這些位置的值為 NaN

7-2-3 於橫向串接時增列上一層的欄位

我們在 7-5 頁對兩個 DataFrame 做左右串接時遇到一個問題，做完串接後，很可能遇到「欄位重複陳列」的情況，就像下圖這樣，串接完有兩組 "apple"、"orange"、"banana" 欄位：

	apple	orange	banana
1	45	68	37
2	48	10	88
3	65	84	71
4	68	22	89

	apple	orange	banana
1	38	76	17
2	13	6	2
3	73	80	77
4	10	65	72

➡

	apple	orange	banana	apple	orange	banana
1	46	68	37	38	76	17
2	48	10	88	13	6	2
3	65	84	71	73	80	77
4	68	22	89	10	65	72

由於這在判讀或取值時都會混淆 (有兩個 apple 欄位究竟指哪個欄位 ?), 此時可以在串接的同時稍微「改造」這個表格的架構，例如像下圖一樣再往上加一層欄位：

	apple	orange	banana
1	45	68	37
2	48	10	88
3	65	84	71
4	68	22	89

	apple	orange	banana
1	38	76	17
2	13	6	2
3	73	80	77
4	10	65	72

➡

利用 keys 參數在上層增加一組欄位

	X			Y		
	apple	orange	banana	apple	orange	banana
1	45	68	37	38	76	17
2	48	10	88	13	6	2
3	65	84	71	73	80	77
4	68	22	89	10	65	72

這樣就解決取值時會混淆的問題了，以上圖來說，當我們想取出 "X" 這一欄當中的 "apple" 子欄位資料時，就可以用 df["X", "apple"] 這樣的方式去取得內容值。

而增列上層欄位的做法，只需在串接時加上 **keys** 這個參數就可以做到，語法如下：

```
pd.concat([df_data1, df_data2], axis=1, keys=["X", "Y"])
```

範例演練

keys 參數的使用方式很簡單，直接看一下範例：

In

```
import numpy as np
import pandas as pd

def make_random_df(index, columns, seed):
    np.random.seed(seed)
    df = pd.DataFrame()
    for column in columns:
        df[column] = np.random.choice(range(1, 101), len(index))
    df.index = index
    return df


columns = ["apple", "orange", "banana"]
df_data1 = make_random_df(range(1, 5), columns, 0)
df_data2 = make_random_df(range(1, 5), columns, 1)
print(df_data1)
print(df_data2)
```

定義一個產生 DataFrame 的函式

各欄位的資料是用 NumPy 的亂數函式產生介於 1~100 的亂數值

指定欄位名稱

建立 DataFrame，兩個 DataFrame 的欄位一致，索引數也一致

Out

```
   apple  orange  banana
1     45      68      37
2     48      10      88
3     65      84      71
4     68      22      89
   apple  orange  banana
1     38      76      17
2     13       6       2
3     73      80      77
4     10      65      72
```

準備要串接的內容

In

```
df = pd.concat([df_data1, df_data2], axis=1, keys=["X", "Y"])
print(df)
```

串接時，利用 keys 指定上一層的欄位 "X"、"Y"

Out

```
        X                     Y
  apple orange banana   apple orange banana
1    45     68     37   38     76     17
2    48     10     88   13      6      2
3    65     84     71   73     80     77
4    68     22     89   10     65     72
```

多了上層欄位後，就不難取出底下子欄位的內容了，例如取出 "Y" 當中 "banana" 子欄位的資料：

In

```
Y_banana = df["Y", "banana"]
print(Y_banana)
```

Out

```
1    17
2     2
3    77
4    72
Name: (Y, banana), dtype: int32
```

7-3 用 merge() 合併多個 DataFrame

合併 (merge) 多個 DataFrame 跟做 DataFrame 的橫向串接很類似，然而會想做合併通常是這些 DataFrame 當中有某個欄位相同，此時就可以依這個共同欄位 (pandas 稱作 key 欄位) 將這些 DataFrame 橫向合併起來。

7-3-1 交集合併與聯集合併

DataFrame 的合併大致可區分為**交集合併**和**聯集合併**兩種，例如底下這兩個合併前的原始資料，兩個 DataFrame 有 "fruits" 及 "years" 是相同的，我們以其中的 "fruits" 欄位為基準，來觀察交集合併與聯集合併的差別。

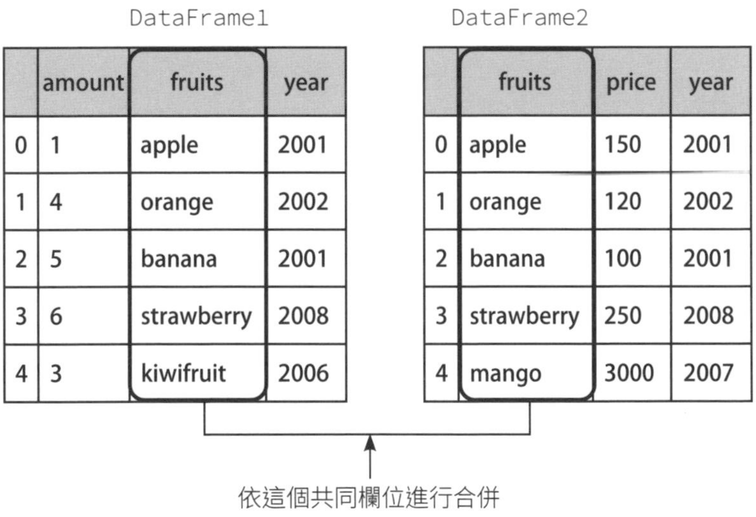

DataFrame1

	amount	fruits	year
0	1	apple	2001
1	4	orange	2002
2	5	banana	2001
3	6	strawberry	2008
4	3	kiwifruit	2006

DataFrame2

	fruits	price	year
0	apple	150	2001
1	orange	120	2002
2	banana	100	2001
3	strawberry	250	2008
4	mango	3000	2007

依這個共同欄位進行合併

交集合併

如果想進行的是**交集**合併，我們直接先看結果，如下：

	amount	fruits	year_x	price	year_y
0	1	apple	2001	150	2001
1	4	orange	2002	120	2002
2	5	banana	2001	100	2001
3	6	strawberry	2008	250	2008

因為是做交集合併，首先，被指定為 key 的欄位（此例為 "fruits"）中，非兩個 DataFrame 共同擁有的值，該值所處的那一整列就會被捨棄，亦即在合併完成的 DataFrame 中，會完全看不到這些列。以上圖的合併結果為例，原 DataFrame1 的 "kiwifruit" 所在的一整列，以及 DataFrame2 的 "mango" 所在的一整列都被捨棄掉了。

此外，如果兩個 DataFrame 還有其他欄位名稱相同（此例為 "year"），則這些欄位會自動加上後綴字來做區別，例如上圖可看到原本各自的 "year" 欄位依序改為 "year_x" 及 "year_y " 了。

聯集合併

接著來看**聯集**合併的做法。由於是聯集的概念，因此就算不是兩 DataFrame 共同擁有的部分，也會被保留下來，這樣一來被保留下來的各列勢必會有對應不到值的部分，這些值一律會以 NaN 顯示。

下圖是聯集合併後的結果：

原 DataFrame1 的 "kiwifruit" 所在的一整列，以及 DataFrame2 的 "mango" 所在的一整列全都保留下來了

	amount	fruits	year_x	price	year_y
0	1.0	apple	2001.0	150.0	2001.0
1	4.0	orange	2002.0	120.0	2002.0
2	5.0	banana	2001.0	100.0	2001.0
3	6.0	strawberry	2008.0	250.0	2008.0
4	3.0	kiwifruit	2006.0	NaN	NaN
5	NaN	mango	NaN	3000.0	2007.0

DataFrame1 的 "kiwifruit" 所在的那一列並沒 "price" 以及 "year_y" 欄位，因此這兩欄所對應的位置會顯示 NaN

7-3-2 用 merge() 做 DataFrame 的交集合併

想對兩個 DataFrame 做交集合併時，可使用以下語法：

```
pd.merge(左側 df, 右側 df, on=Key欄位, how="inner")
```

用 on 參數指定兩 DataFrame 共同具備的 key 欄位

用 how 參數指定 "inner"，表示做交集合併

針對交集合併會怎麼併前一小節已經都熟悉了，底下直接來看範例。

範例演練

In

```
import pandas as pd

data1 = {"fruits": ["apple", "orange", "banana", "strawberry",
"kiwifruit"],
        "year": [2001, 2002, 2001, 2008, 2006],
        "amount": [1, 4, 5, 6, 3]}
df1 = pd.DataFrame(data1)

data2 = {"fruits": ["apple", "orange", "banana", "strawberry",
"mango"],
        "year": [2001, 2002, 2001, 2008, 2007],
        "price": [150, 120, 100, 250, 3000]}
df2 = pd.DataFrame(data2)

print('---- df1 ----\n', df1)
print('---- df2 ----\n', df2)
```

先建立兩個 DataFrame

Out

```
---- df1 ----
     amount        fruits   year
0         1         apple   2001
1         4        orange   2002
2         5        banana   2001
3         6    strawberry   2008
4         3     kiwifruit   2006
---- df2 ----
        fruits      price      year
0       apple         150      2001
1       orange        120      2002
2       banana        100      2001
3       strawberry    250      2008
4       mango        3000      2007
```

進行交集合併的程式如下：

In

```
df3 = pd.merge(df1, df2, on="fruits", how="inner")
print('---- df3 ----\n', df3)
```

以 df1、df2 都有的 "fruits" 欄位做為 Key，做交集合併

Out

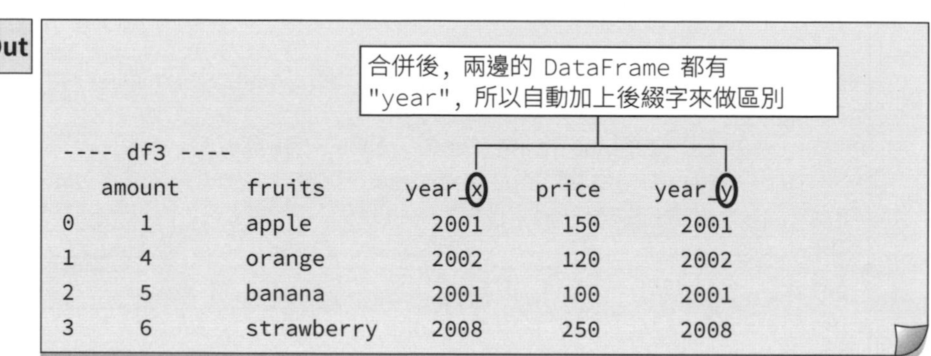

合併後，兩邊的 DataFrame 都有 "year"，所以自動加上後綴字來做區別


```
---- df3 ----
   amount    fruits       year_x   price    year_y
0      1     apple          2001     150      2001
1      4     orange         2002     120      2002
2      5     banana         2001     100      2001
3      6     strawberry     2008     250      2008
```

7-3-3 用 merge() 做 DataFrame 的聯集合併

對兩個 DataFrame 做聯集合併的語法如下：

```
pndas.merge(左側 df, 右側 df, on=Key欄位, how="outer")
```

how 參數指定 "outer" 就是做聯集合併

範例演練

這裡延續使用前一小節交集合併時建立好的 df1、df2 資料，改進行聯集合併：

In

```
df3 = pd.merge(df1, df2, on="fruits", how="outer")
print('---- df3 ----\n', df3)
```

以 df1、df2 都有的 "fruits" 欄位做為 Key，做聯集合併

Out

```
---- df3 ----
   amount    fruits      year_x   price    year_y
0     1.0    apple       2001.0   150.0    2001.0
1     4.0    orange      2002.0   120.0    2002.0
2     5.0    banana      2001.0   100.0    2001.0
3     6.0    strawberry  2008.0   250.0    2008.0
4     3.0    kiwifruit   2006.0   NaN      NaN
5     NaN    mango       NaN      3000.0   2007.0
```

若不清楚聯集合併的併法，請複習一下 7-3-1 節的內容。

7-3-4 透過「具關聯性的欄位」合併多個 DataFrame (一)

	id	item_id	customer_id
0	1000	2546	103
1	1001	4352	101
2	1002	342	101

▲ order_df

	id	name
0	101	Tanaka
1	102	Suzuki
2	103	Kato

▲ customer_df

上圖是兩個具有關聯的 DataFrame, 左側的「order_df」DataFrame 為訂貨記錄, 右側的「customer_df」DataFrame 則是客戶資訊。

這兩個 DataFrame 是互有關聯的, 左側 order_df 裡頭的 "customer_id" 記錄了客戶 id (103、101…), 而針對客戶 id 所對應的客戶資訊, 另外以右側 customer_df 這個 DataFrame 來管理。例如若想知道第「0」筆訂單的客戶名稱 (name), 首先, 透過左側 order_df 的第 0 列可以知道 customer_id 是 103, 然後再透過右側 customer_df 去查 id 103 的客戶名稱, 可得知為 "Kato"。

視情況我們可以將這個關聯資料表合併成一個, 方法是利用 order_df 的 **"customer_id"** 欄以及 customer_df 的 **"id"** 欄這兩個具有關聯的欄位來進行, 語法如下:

```
pd.merge(左側 df, 右側 df, left_on="左側 df 的欄位 接下行
名稱", right_on="右側 df 的欄位名", how="合併方式")。
```

小編補充: 這裡要做的事情跟 7-3-1 節的交集合併很類似, 不過差別是兩個 DataFrame 做為 Key 的欄位名稱是不相同的 (但是具有關聯), 因此必須用不同的參數語法來合併。

範例演練

馬上來演練這個範例，我們先將兩個 DataFrame 建立起來：

In

```
import pandas as pd

order_df = pd.DataFrame([[1000, 2546, 103],
                         [1001, 4352, 101],
                         [1002, 342, 101]],
                         columns=["id", "item_id", "customer_id"])
print('-----order_df-----')
print(order_df)


customer_df = pd.DataFrame([[101, "Tanaka"],
                            [102, "Suzuki"],
                            [103, "Kato"]],
                            columns=["id", "name"])
print('-----customer_df-----')
print(customer_df)
```


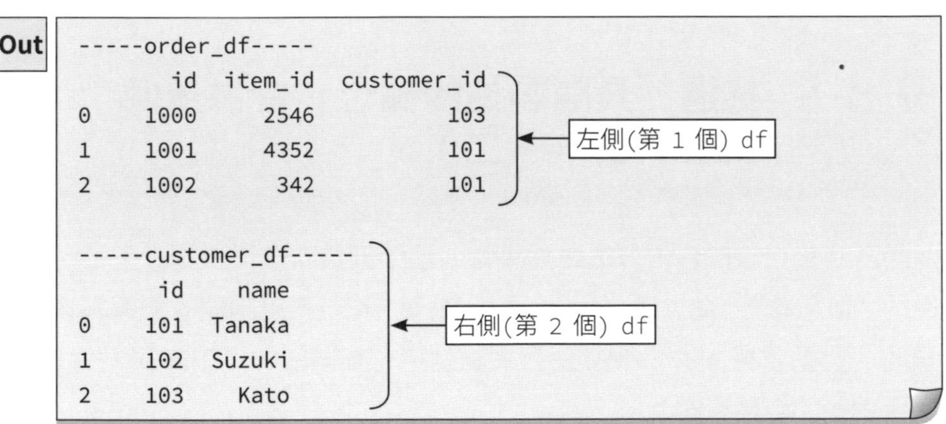

Out

```
-----order_df-----
     id  item_id  customer_id
0  1000     2546          103
1  1001     4352          101
2  1002      342          101

-----customer_df-----
    id    name
0  101  Tanaka
1  102  Suzuki
2  103    Kato
```

做交集合併的程式如下：

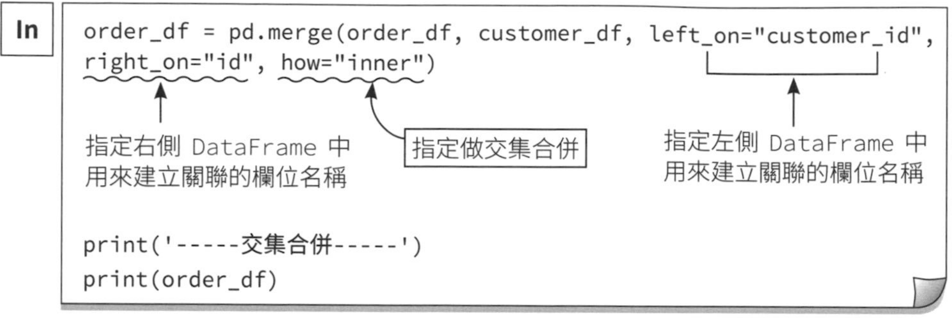

```
order_df = pd.merge(order_df, customer_df, left_on="customer_id",
right_on="id", how="inner")

print('-----交集合併-----')
print(order_df)
```


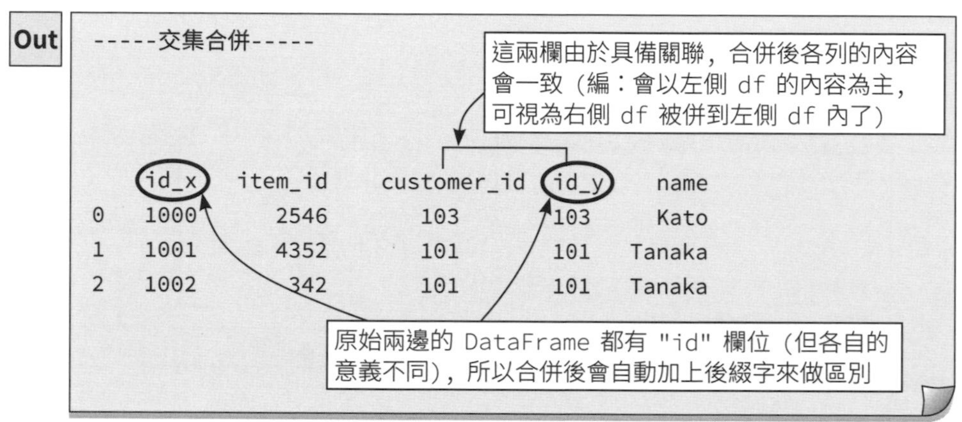

```
-----交集合併-----

   id_x  item_id  customer_id  id_y    name
0  1000     2546          103   103    Kato
1  1001     4352          101   101  Tanaka
2  1002      342          101   101  Tanaka
```

這兩欄由於具備關聯，合併後各列的內容會一致 (編：會以左側 df 的內容為主，可視為右側 df 被併到左側 df 內了)
原始兩邊的 DataFrame 都有 "id" 欄位 (但各自的意義不同)，所以合併後會自動加上後綴字來做區別

7-3-5 透過「具關聯性的欄位」合併多個 DataFrame (二)

前一小節這樣的合併方法雖然可行，但仔細觀察結果，卻產生了兩個同名的 "id" 欄位，此外，"customer_id" 與 "id_y" 這兩欄的意義其實是一樣的，有點重覆。這一小節我們來試試另一種語法，可以解決上述問題，讓合併後的表格更簡潔。

方法很簡單，就是利用右側那個 DataFrame 的「索引欄」來建立關聯，而在語法上，也只需要修改右側那個 DataFrame 的參數即可，如下所示：

pd.merge(左側 df, 右側 df, left_on="左側 df 的欄位名稱", right_index=True, how="合併方式")。

將上一小節「right_on="右側 df 的欄位名稱"」改成這樣, 其他地方都一樣 (編：由於是以右側 df 的索引欄來建立關聯, 所以參數叫 right_index 啦！)

小編補充： right_index 參數的預設值為 False, 表示不使用索引欄來跟其他 DataFrame 建立關聯，然而要使用這個參數，原本右側的 DataFrame 就得做些調整，修改成下圖右側這樣：

這一欄改做為索引欄（編：看出右側這個 df 跟前一小節的差別嗎？原本的 "id" 欄位名稱拿掉了，直接做為索引欄）

	id	item_id	customer_id
0	1000	2546	103
1	1001	4352	101
2	1002	342	101

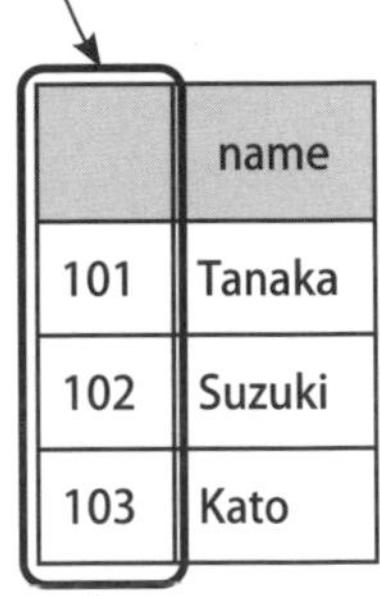

	name
101	Tanaka
102	Suzuki
103	Kato

當然，索引欄的值必須與左側 "customer_id" 的意義一樣，不然就關聯不上了

範例演練

來將上面的例子演練一遍，首先建立兩個 DataFrame：

In

```
import pandas as pd

order_df = pd.DataFrame([[1000, 2546, 103],
                         [1001, 4352, 101],
                         [1002, 342, 101]],
                         columns=["id", "item_id", "customer_id"])
print('----訂貨紀錄----\n', order_df)
```

```
customer_df = pd.DataFrame([["Tanaka"],
                            ["Suzuki"],
                            ["Kato"]],
                            columns=["name"])

customer_df.index = [101, 102, 103]
print('----客戶資訊----\n', customer_df)
```

右側訂貨記錄 DataFrame 的內容簡化成這樣 (原 "id" 欄位拿掉)

原本的 "id" 欄位所記錄的客戶 id 改成 index

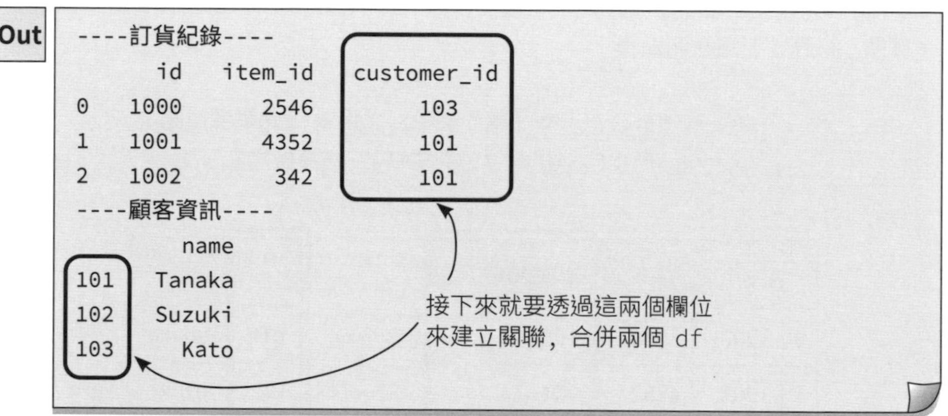

```
----訂貨紀錄----
     id  item_id  customer_id
0  1000     2546          103
1  1001     4352          101
2  1002      342          101
----顧客資訊----
       name
101  Tanaka
102  Suzuki
103    Kato
```

接下來就要透過這兩個欄位來建立關聯，合併兩個 df

合併的程式如下：

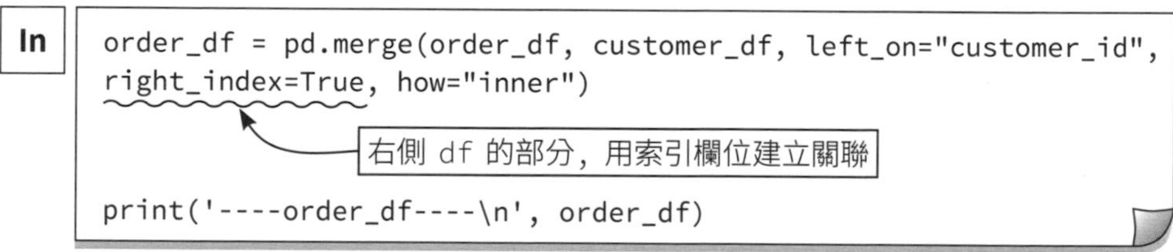

```
order_df = pd.merge(order_df, customer_df, left_on="customer_id",
right_index=True, how="inner")

print('----order_df----\n', order_df)
```


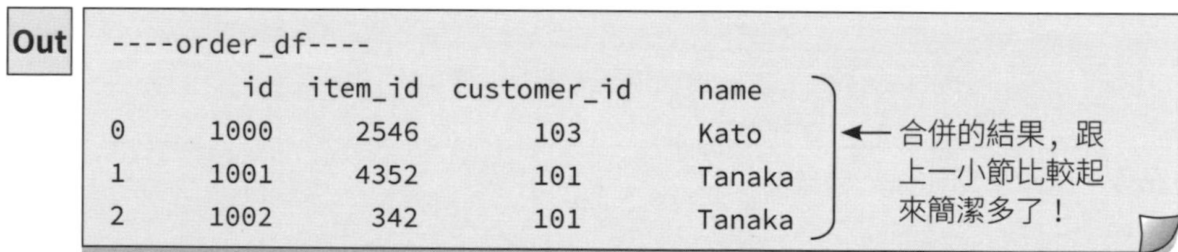

右側 df 的部分，用索引欄位建立關聯

```
----order_df----
     id  item_id  customer_id    name
0  1000     2546          103    Kato
1  1001     4352          101  Tanaka
2  1002      342          101  Tanaka
```

合併的結果，跟上一小節比較起來簡潔多了！

CHAPTER

8

DataFrame 的進階應用

前兩章我們已經學到 DataFrame 的基礎及合併、串接技巧，本章再來介紹一些常用的 Pandas 技巧。8-1 ～ 8-2 節會先示範如何做資料清洗 (Data Cleansing)，要知道現實世界中，我們所取得的資料不見得是完美無缺的，需要先做整理，這也是之前所提到的**資料預處理** (Data Preprocessing)，不管是實作資料科學或機器學習專案，都是很重要的前期工作。而 8-3 ～ 8-4 節的內容更是 Pandas 的強項，我們會介紹如何利用 Pandas 做些簡單的統計、分析工作。

8-1 載入外部檔案並做資料整理

8-1-1 使用 Pandas 讀取 CSV 檔

這一小節我們將利用 Pandas 來讀取外部資料檔案，並視需要改善缺漏之處。這裡示範的是讀取 CSV 檔案，CSV (Comma-Separated Value) 是以逗號分隔資料的純文字資料格式，由於其格式單純易於轉換，跟其他應用軟體的相容性很高，在資料科學領域常可看到它的身影。

iris.data - 記事本

檔案(F) 編輯(E) 格式(O) 檢視(V) 說明

```
5.1,3.5,1.4,0.2,Iris-setosa
4.9,3.0,1.4,0.2,Iris-setosa
4.7,3.2,1.3,0.2,Iris-setosa
4.6,3.1,1.5,0.2,Iris-setosa
5.0,3.6,1.4,0.2,Iris-setosa
5.4,3.9,1.7,0.4,Iris-setosa
4.6,3.4,1.4,0.3,Iris-setosa
5.0,3.4,1.5,0.2,Iris-setosa
4.4,2.9,1.4,0.2,Iris-setosa
4.9,3.1,1.5,0.1,Iris-setosa
5.4,3.7,1.5,0.2,Iris-setosa
4.8,3.4,1.6,0.2,Iris-setosa
4.8,3.0,1.4,0.1,Iris-setosa
```

▲ 本節將示範將這個 CSV 檔的內容轉換成 DataFrame 格式

我們先看一下本節會用到的語法。首先，我們會使用 **read.csv()** 來讀取 CSV 檔案，此函式可以將 CSV 的內容轉換成一個 DataFrame 物件：

```
df = pd.read_csv(CSV 檔路徑)
```

將資料建立成 DataFrame 物件後，就得檢視內容看需要做哪些處理，常見的問題可能有未提供欄位名稱，或欄位名稱不易識別…等，遇到這種狀況就可以用第 6 章介紹過的 **df.columns** 來新增、或修改欄位名稱：

```
df.columns = ['欄位名稱 1', '欄位名稱 2', ...]
```


✎ 範例演練 (一)

底下的程式示範了實際讀取 iris.data 這個 CSV 檔，Iris.data 是初學機器學習時常會使用的「鳶尾花」資料集 (Dataset)，內含每一朵花的「花萼長度 (Sepal length)」、「花萼寬度 (Sepal width)」、「花瓣長度 (Petal length)」、「花瓣寬度 (Petal width)」 這 4 個特徵 (Feature) 數值。由於資料集預設沒有提供欄位名稱，為了方便識別我們就來自己建立：

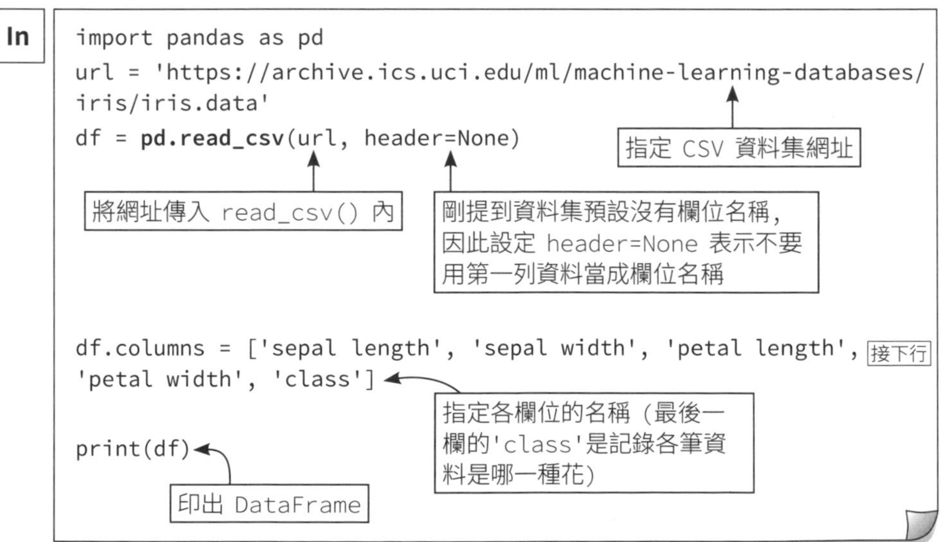

In
import pandas as pd
url = 'https://archive.ics.uci.edu/ml/machine-learning-databases/
iris/iris.data'
df = pd.read_csv(url, header=None)
指定 CSV 資料集網址
將網址傳入 read_csv() 內
剛提到資料集預設沒有欄位名稱，因此設定 header=None 表示不要用第一列資料當成欄位名稱
df.columns = ['sepal length', 'sepal width', 'petal length', 接下行
'petal width', 'class']
指定各欄位的名稱 (最後一欄的'class'是記錄各筆資料是哪一種花)
print(df)
印出 DataFrame

Out

加了欄位名稱

```
     sepal length  sepal width  petal length  petal width           class
0             5.1          3.5           1.4          0.2     Iris-setosa
1             4.9          3.0           1.4          0.2     Iris-setosa
2             4.7          3.2           1.3          0.2     Iris-setosa
3             4.6          3.1           1.5          0.2     Iris-setosa
4             5.0          3.6           1.4          0.2     Iris-setosa
..            ...          ...           ...          ...             ...
145           6.7          3.0           5.2          2.3  Iris-virginica
146           6.3          2.5           5.0          1.9  Iris-virginica
147           6.5          3.0           5.2          2.0  Iris-virginica
148           6.2          3.4           5.4          2.3  Iris-virginica
149           5.9          3.0           5.1          1.8  Iris-virginica

[150 rows x 5 columns]
```

由於資料內容較多，因此部分內容會被省略

這個資料集共有 150 筆資料，5 個欄位

小編補充：另一種設定欄位名稱的方式

除了使用 df.columns 定義欄位名稱外，也可以不用 df.columns, 在用 read_csv() 讀取時以 names 參數指定欄位名稱：

In

```
url = 'https://archive.ics.uci.edu/ml/machine-learning-databases/iris/iris.data'


col_names = ['sepal length', 'sepal width', 'petal length', 'petal width', 'class']

df = pd.read_csv(url, names=col_names, header=None)
```

用 names 參數指定欄位名稱

8-1-2 將 DataFrame 的內容寫入到 CSV 檔

若有需要，您也可以反過來利用以下語法將 DataFrame 的內容寫入到一個新的 CSV 檔中：

```
df.to_csv(CSV 檔路徑)
```

範例演練

此例要寫入 CSV 檔的原始資料是個 Python 字典 (dict), 包含歷屆奧運的舉行地、年份和類型：

In

```
import pandas as pd

data = {'city': ['Nagano', 'Sydney', 'Salt Lake City', 'Athens',
                 'Torino', 'Beijing', 'Vancouver', 'London',
                 'Sochi', 'Rio de Janeiro'],
        'year': [1998, 2000, 2002, 2004, 2006,
                 2008, 2010, 2012, 2014, 2016],
        'season': ['winter', 'summer', 'winter', 'summer',
'winter',
                   'summer', 'winter', 'summer', 'winter',
'summer']}

df = pd.DataFrame(data)

df.to_csv('C:\\(自行指定存檔路徑)\\olympics.csv')
```

原始資料

將 dict 轉成 DataFrame

將 DataFrame 寫入到 CSV 檔

接著便可用記事本或試算表軟體打開 olympics.csv, 看看產生的結果：

小編補充： 由於本書是在 Google Colab 雲端平台實作，針對檔案的讀取、儲存都是利用 Google 雲端硬碟做為路徑，若對於如何在 Colab 掛載 Google 雲端硬碟、並指定讀、存檔路徑不熟悉，可參考 11-2-1 節的說明。

	A	B	C	D	E
1		city	year	season	
2	0	Nagano	1998	winter	
3	1	Sydney	2000	summer	
4	2	Salt Lake	2002	winter	
5	3	Athens	2004	summer	
6	4	Torino	2006	winter	
7	5	Beijing	2008	summer	
8	6	Vancouver	2010	winter	
9	7	London	2012	summer	
10	8	Sochi	2014	winter	
11	9	Rio de Jan	2016	summer	
12					
13					
14					

8-2 處理 DataFrame 中的缺漏值

8-2-1 用 dropna() 刪除含有 NaN (缺漏值) 的列

前面提到，為了能好好地分析資料，資料預處理 (Data Preprocessing) 是不可或缺的步驟。簡單來說，此一步驟就是要清洗資料 (Data Cleansing)，去蕪存菁。這一小節先來看當遇到資料中有**缺漏值** (NaN, Not a Number) 的情況。其中一種做法是將含有 NaN 的那幾列直接刪除，可利用以下語法來進行：

```
df物件名稱.dropna()
```

這個 method 會刪除含有 NaN 的任何列，並傳回新的 DataFrame 物件。

範例演練

為了演練 dropna() method，下面先來產生一組模擬資料，並刻意將其中一些資料設為 NaN：

In

```
import numpy as np
from numpy import nan
import pandas as pd

np.random.seed(0)
sample_df = pd.DataFrame(np.random.rand(8, 4))

sample_df.iloc[1, 0] = nan
sample_df.iloc[2, 2] = nan
sample_df.iloc[6, 1] = nan
sample_df.iloc[5:, 3] = nan

print(sample_df)
```

- from numpy import nan ← 利用 NumPy 的 nan 物件來設定 NaN 值
- np.random.seed(0) ← 設定亂數種子為 0
- sample_df = ... ← 用 NumPy 隨機產生 8x4 的亂數資料並轉成 DataFrame
- sample_df.iloc[...] = nan ← 利用第 6 章介紹的 .iloc[] 將部分值改成 NaN
- print(sample_df) ← 檢視 DataFrame

Out

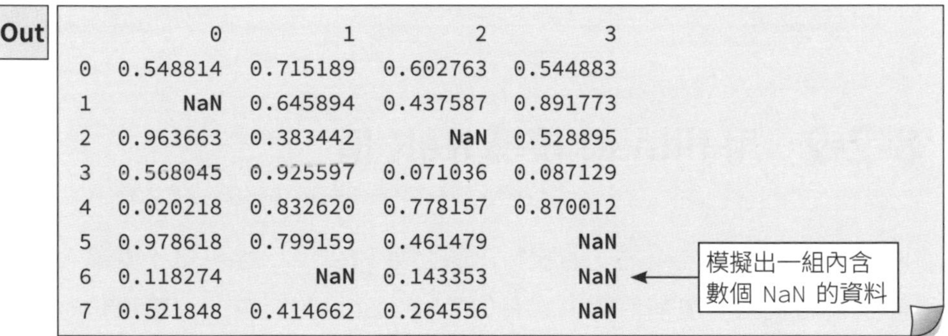

```
          0         1         2         3
0  0.548814  0.715189  0.602763  0.544883
1       NaN  0.645894  0.437587  0.891773
2  0.963663  0.383442       NaN  0.528895
3  0.568045  0.925597  0.071036  0.087129
4  0.020218  0.832620  0.778157  0.870012
5  0.978618  0.799159  0.461479       NaN
6  0.118274       NaN  0.143353       NaN
7  0.521848  0.414662  0.264556       NaN
```

← 模擬出一組內含數個 NaN 的資料

試著用 dropna() 將有 NaN 的那幾列刪除：

In

```
sample_df_dropped = sample_df.dropna()
print(sample_df_dropped)
```

Out

```
          0         1         2         3
0  0.548814  0.715189  0.602763  0.544883
3  0.568045  0.925597  0.071036  0.087129
4  0.020218  0.832620  0.778157  0.870012
```

← 剩下這幾列

以上做法一般稱為 **Listwise** 刪除法，也就是視各列為一串 list，有 NaN 的那一列就整串刪除。

當然，要怎麼刪是可以變通的，假設以上這筆資料我們主要想分析欄位 0 到 2 間的關係，這樣比較多 NaN 值的第 3 欄就可以暫時先排除掉，只針對欄位 0 到 2 來過濾處理，這樣就可以保存更多欄位 0～欄位 2 的資料，這種做法一般稱為 **Pairwise** 刪除法：

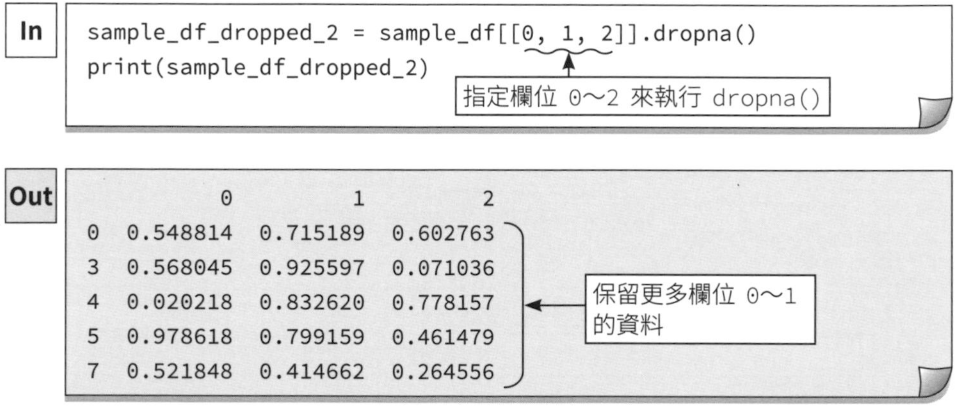

In
sample_df_dropped_2 = sample_df[[0, 1, 2]].dropna()
print(sample_df_dropped_2)
指定欄位 0～2 來執行 dropna()
Out
0 1 2
0 0.548814 0.715189 0.602763
3 0.568045 0.925597 0.071036
4 0.020218 0.832620 0.778157
5 0.978618 0.799159 0.461479
7 0.521848 0.414662 0.264556
保留更多欄位 0～1 的資料

8-2-2 用 fillna() 填補 NaN 值

由於資料往往取之不易，若資料筆數已經夠少了，也可以不刪除、試著填補缺失的資料。填補值的方式有很多種，常見的有填 0、填欄位平均數或填中位數等等。要使用哪種方式沒有標準答案，往往需要先了解手邊的資料，才能決定哪種填補方法最合適（這並非本書的重點就不多談）。想要填補資料，可以使用 **fillna()** method 來處理：

```
df物件名稱.fillna(填補值)
```

和 dropna() 一樣，fillna() 會傳回填補新值後的 DataFrame 物件。

✎ 範例演練 (一)：填補 0

首先，最簡單的方式是直接填補 0：

In

```
import numpy as np
from numpy import nan
import pandas as pd

np.random.seed(0)
sample_df = pd.DataFrame(np.random.rand(8, 4))

sample_df.iloc[1, 0] = nan
sample_df.iloc[2, 2] = nan
sample_df.iloc[6, 1] = nan
sample_df.iloc[5:, 3] = nan

sample_df_fill = sample_df.fillna(0)
print(sample_df_fill)
```

在 NaN 處填入 0

Out

```
          0         1         2         3
0  0.548814  0.715189  0.602763  0.544883
1  0.000000  0.645894  0.437587  0.891773
2  0.963663  0.383442  0.000000  0.528895
3  0.568045  0.925597  0.071036  0.087129
4  0.020218  0.832620  0.778157  0.870012
5  0.978618  0.799159  0.461479  0.000000
6  0.118274  0.000000  0.143353  0.000000
7  0.521848  0.414662  0.264556  0.000000
```

NaN 處都換成 0 了

✎ 範例演練 (二)：用前一列資料填補

第二個方式是複製缺失值「上」一列的資料做為填補值，只要在 fillna() method 內指定 **method='ffill'** 參數即可：

In

```
sample_df_fill_2 = sample_df.fillna(method='ffill')
print(sample_df_fill_2)
```

用 NaN 前一列的資料來填補

8 DataFrame 的進階應用

Out

```
          0         1         2         3
0  0.548814  0.715189  0.602763  0.544883
1  0.548814  0.645894  0.437587  0.891773
2  0.963663  0.383442  0.437587  0.528895
3  0.568045  0.925597  0.071036  0.087129
4  0.020218  0.832620  0.778157  0.870012
5  0.978618  0.799159  0.461479  0.870012
6  0.118274  0.799159  0.143353  0.870012
7  0.521848  0.414662  0.264556  0.870012
```

小編補充： method 參數指定為 'ffill', 代表使用上一列的值填補 (forward fill)；若想改用下一列的值填補，則將 method 參數指定為 'bfill' 或 'backfill' 即可。不過請留意若上一列或下一列同樣為 NaN, 就無法進行填補，仍會維持 NaN 喔！

附帶一提，你也可以直接使用 ffill() method, 其效果等同於 fillna(method='ffill')；而也可以用 bfill() method 取代 fillna(method='bfill')。

範例演練（三）：用平均值填補

第三種填補法也很常見，是以「缺漏值所在的那一欄（行）」的平均值來填補：

In

```
sample_df_fill_3 = sample_df.fillna(sample_df.mean())
print(sample_df_fill_3)
```

用 .mean() 可以計算各欄的平均值

Out

```
          0         1         2         3
0  0.548814  0.715189  0.602763  0.544883
1  0.531354  0.645894  0.437587  0.891773
2  0.963663  0.383442  0.394133  0.528895
3  0.568045  0.925597  0.071036  0.087129
4  0.020218  0.832620  0.778157  0.870012
5  0.978618  0.799159  0.461479  0.584539
6  0.118274  0.673795  0.143353  0.584539
7  0.521848  0.414662  0.264556  0.584539
```

例如這裡填補的內容就是上面那 5 個值的平均

8-3 分析數據常用到的技巧 (一)

8-3-1 duplicated()、drop_duplicated() - 尋找或刪除 DataFrame 內重複的資料

有時資料裡頭會含有重複的資料，該怎麼去掉呢？比如下面這些模擬出來的資料，其中有些列是重複的：

In
```
import pandas as pd

dupli_df = pd.DataFrame({'col1':[1, 1, 2, 3, 4, 4, 5, 5],
                         'col2':['a', 'b', 'b', 'b', 'c', 'c', 'b', 'b']})

print(dupli_df)
```
建立 DataFrame

Out
```
   col1 col2
0     1    a
1     1    b
2     2    b
3     3    b
4     4    c
5     4    c  ←— 和前一列重複
6     5    b
7     5    b  ←— 和前一列重複
```

利用 DataFrame 物件的 **duplicated()** method, 可幫我們快速判斷哪些列跟前一列重複了，語法如下：

```
df 物件.duplicated()
```

In
```
print(dupli_df.duplicated())
```

執行結果如下：

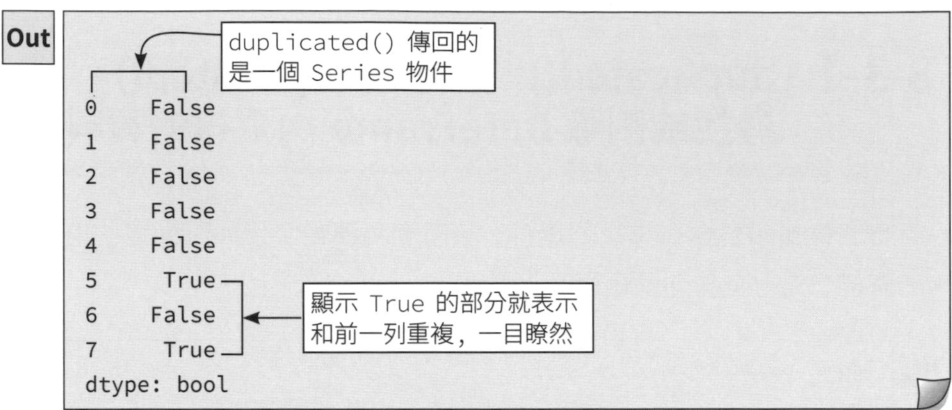

若想進一步刪除重複的列，可使用 **drop_duplicates()** 這個 method, 它會傳回刪除重複資料後的 DataFrame 物件：

```
df 物件.drop_duplicates()
```

範例演練

In

```
import pandas as pd

dupli_df = pd.DataFrame({'col1':[1, 1, 2, 3, 4, 4, 5, 5],
                         'col2':['a', 'b', 'b', 'b', 'c', 'c',
                                 'b', 'b']})

print(dupli_df.drop_duplicates())
```

使用 drop_duplicates() method

Out

```
   col1 col2
0     1    a
1     1    b
2     2    b
3     3    b
4     4    c
6     5    b
```

重複的列被刪掉了

8-3-2 map() - 利用 DataFrame 的既有欄位生成新的欄位

有時候我們會需要將 DataFrame 中某欄位的資料做轉換 (例如原本西元年份改成民國年份), 或者想根據既有欄位衍生出新的欄位，以上這些都可以使用 **map()** method 來進行。

使用時只要在 map() 傳入「舊欄位的資料：新欄位的資料」這樣的對照表，就可以利用對照表產生新欄位的資料：

```
新 Series 欄位物件 = 舊 Series 欄位物件.map(對照表)
```

↑ 最普遍就是使用 dict 字典做為對照表

範例演練

我們先產生一個 DataFrame 來做演練，資料的內容是住在不同城市的居民基本資料：

In

```
import pandas as pd

people_data = {'ID': ['100', '101', '102', '103', '104',
'106', '108', '110', '111', '113'],

        'birth_year': [1990, 1989, 1992, 1997, 1982,
                       1991, 1988, 1990, 1995, 1981],

             'name': ['Hiroshi', 'Akiko', 'Yuki', 'Satoru',
                      'Steeve', 'Mituru', 'Aoi', 'Tarou',
                      'Suguru', 'Mitsuo'],

'city': ['東京', '大阪', '京都', '札幌',
                      '東京', '東京', '大阪', '京都',
                      '札幌', '東京']}
people_df = pd.DataFrame(people_data)
print(people_df)
```

ID 代碼

出生年

名字

居住城市

Out

```
   ID  birth_year     name  city
0  100        1990  Hiroshi  東京
1  101        1989    Akiko  大阪
2  102        1992     Yuki  京都
3  103        1997   Satoru  札幌
4  104        1982   Steeve  東京
5  106        1991   Mituru  東京
6  108        1988      Aoi  大阪
7  110        1990    Tarou  京都
8  111        1995   Suguru  札幌
9  113        1981   Mitsuo  東京
```

假設我們希望上面這個 DataFrame 內不僅有城市名稱 (city), 還能多一欄列出該城市所在的地區 (region)。與其手動一筆一筆資料新增，可以先用 dict 建一個「city:region」的對照表，再將其傳入 map(), 如此一來就可以根據 city 欄位來快速產生 region 欄位的資料：

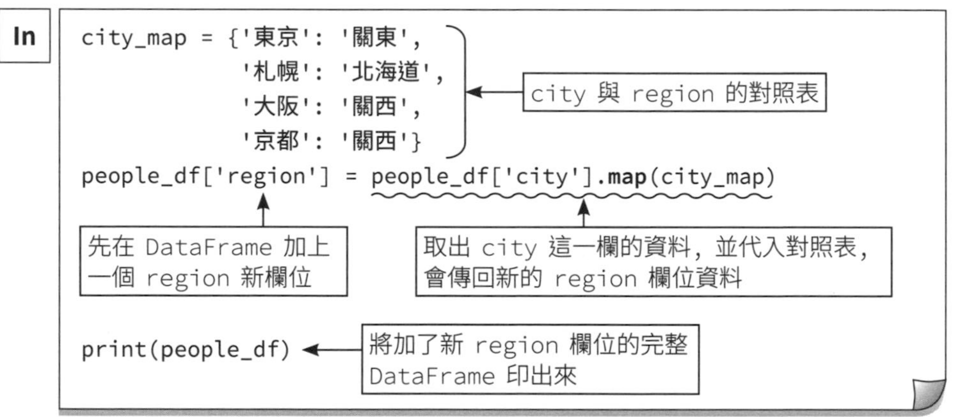

In
city_map = {'東京': '關東',
            '札幌': '北海道',
            '大阪': '關西',
            '京都': '關西'}
city 與 region 的對照表
people_df['region'] = people_df['city'].map(city_map)
先在 DataFrame 加上一個 region 新欄位
取出 city 這一欄的資料，並代入對照表，會傳回新的 region 欄位資料
print(people_df)
將加了新 region 欄位的完整 DataFrame 印出來

Out

```
   ID  birth_year     name  city  region
0  100        1990  Hiroshi  東京    關東
1  101        1989    Akiko  大阪    關西
2  102        1992     Yuki  京都    關西
3  103        1997   Satoru  札幌  北海道
4  104        1982   Steeve  東京    關東
5  106        1991   Mituru  東京    關東
6  108        1988      Aoi  大阪    關西
7  110        1990    Tarou  京都    關西
8  111        1995   Suguru  札幌  北海道
9  113        1981   Mitsuo  東京    關東
```

新增的欄位

8-3-3 用 cut() 劃分、篩選資料

處理一筆資料時，有時候我們會想要根據其中某個欄位來劃分資料，例如依「年份」將各資料劃分成 1980 ~ 1984 / 1984 ~ 1988 這樣 4 年 / 4 年 ... 一組，之後無論想統計各年份區間的資料筆數、或做其他分析處理都很方便。

有以上需求時可以使用 pandas 的 **cut()** 函式，可以依指定的欄位來劃分資料，語法如下：

```
pd.cut(指定的 Series 欄位物件, 區間數量或自定義的區間 list)
```

範例演練 (一)

我們先來熟悉 cut() 劃分資料的操作，此例建立如下的人口資料，我們要利用當中的出生年份 (birth_year) 來劃分資料：

In

```
import pandas as pd

people_data = {'ID': ['100', '101', '102', '103', '104',
                      '106', '108', '110', '111', '113'],
               'name': ['Hiroshi', 'Akiko', 'Yuki', 'Satoru',
                        'Steeve', 'Mituru', 'Aoi', 'Tarou',
                        'Suguru', 'Mitsuo'],
         'birth_year': [1990, 1989, 1992, 1997, 1982,
                        1991, 1988, 1990, 1995, 1981]}
people_df = pd.DataFrame(people_data)
print(people_df)
```

建立 DataFrame

Out

```
    ID     name  birth_year
0  100  Hiroshi        1990
1  101    Akiko        1989
2  102     Yuki        1992
```

```
3  103   Satoru        1997
4  104   Steeve        1982
5  106   Mituru        1991
6  108      Aoi        1988
7  110    Tarou        1990
8  111   Suguru        1995
9  113   Mitsuo        1981
```

從最後一欄出生年份來看，這 10 筆資料從 1981 ~ 1997 共跨越 16 年，假設想要每 4 年劃分為一區間，那就是共分為 4 個區間，只要如下撰寫即可：

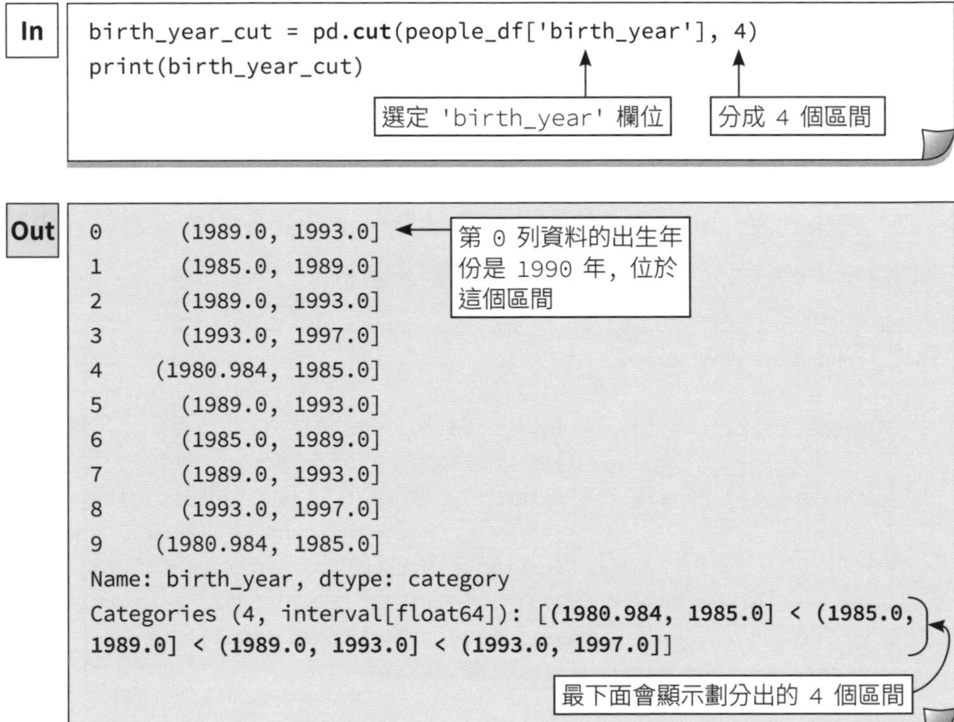

In
birth_year_cut = pd.cut(people_df['birth_year'], 4)
print(birth_year_cut)
選定 'birth_year' 欄位
分成 4 個區間
Out
0   (1989.0, 1993.0]
1   (1985.0, 1989.0]
2   (1989.0, 1993.0]
3   (1993.0, 1997.0]
4   (1980.984, 1985.0]
5   (1989.0, 1993.0]
6   (1985.0, 1989.0]
7   (1989.0, 1993.0]
8   (1993.0, 1997.0]
9   (1980.984, 1985.0]
Name: birth_year, dtype: category
Categories (4, interval[float64]): [(1980.984, 1985.0] < (1985.0, 1989.0] < (1989.0, 1993.0] < (1993.0, 1997.0]]
第 0 列資料的出生年份是 1990 年，位於這個區間
最下面會顯示劃分出的 4 個區間

小編補充： 第一次看到 cut () 傳回的資料可能會覺得有點奇怪，我們先看最下面所列出的 4 個區間範圍：

(1980.984, 1985.0] < (1985.0, 1989.0] < (1989.0, 1993.0] < (1993.0, 1997.0]

近似於 1981

其實這就相當於：

1981 ～ 1985 ～ 1989 ～ 1993 ～ 1997

也就是每 4 年形成一區間、共劃分 4 個區間的意思啦！

cut() 的傳回結果是比較少見的數學表示法，小括號代表『開區間』 (open interval), 中括號代表『閉區間』 (close inverval)。例如，(1980.984, 1985.0] 表示此區間的值大於 近似於 1981 的 1980.984 (不含此值)、小於等於 1985.0 (包含此值)。

前面是在 cut() 內指定 4 這個區間數，讓程式自動平均劃分，我們也可以自訂區間，只要傳入一個 list, 內含各區間的分界值即可：

In

```
birth_year_bins = [1980, 1985, 1990, 1995, 2000]

birth_year_cut = pd.cut(attri_df['birth_year'], birth_year_bins)
print(birth_year_cut)
```

自訂區間

傳入自訂的區間 list

Out

```
0    (1985, 1990]
1    (1985, 1990]
2    (1990, 1995]
3    (1995, 2000]
4    (1980, 1985]
5    (1990, 1995]
6    (1985, 1990]
7    (1985, 1990]
8    (1990, 1995]
9    (1980, 1985]
Name: birth_year, dtype: category
Categories (4, interval[int64]): [(1980, 1985] < (1985, 1990] <
(1990, 1995] < (1995, 2000]]
```

顯示各列的所在區間

自訂的區間

範例演練 (二)：統計各區間的資料筆數

完成資料的劃分後，若想進一步統計落在每個區間內的資料各有幾筆，可使用 pandas 的 **value_counts()** 函式，其實就是計算上一頁 birth_year_cut 這個傳回值當中，相同內容資料各有幾筆：

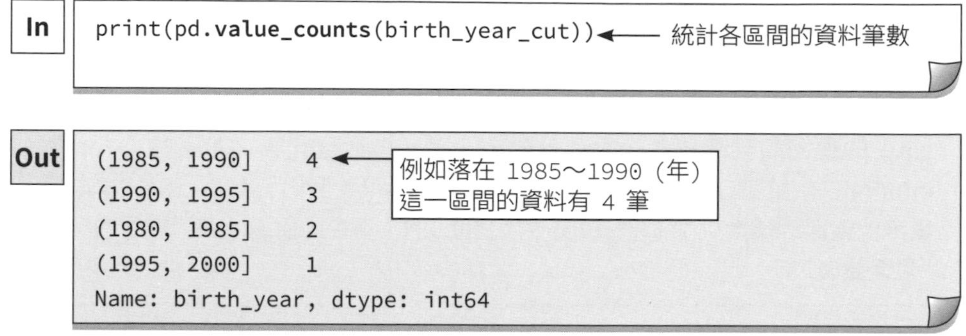

In
```
print(pd.value_counts(birth_year_cut))
```
統計各區間的資料筆數

Out
```
(1985, 1990]    4
(1990, 1995]    3
(1980, 1985]    2
(1995, 2000]    1
Name: birth_year, dtype: int64
```
例如落在 1985～1990 (年)
這一區間的資料有 4 筆

範例演練 (三)：自訂區間名稱

若你想自訂區間的名稱，可以在 pd.cut() 內加上 **labels** 參數來設定：

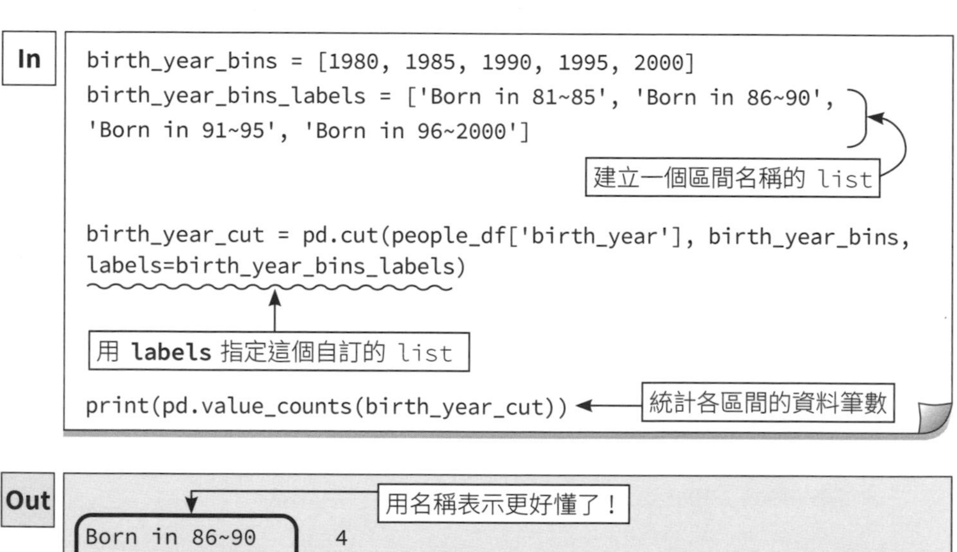

In
```
birth_year_bins = [1980, 1985, 1990, 1995, 2000]
birth_year_bins_labels = ['Born in 81~85', 'Born in 86~90',
'Born in 91~95', 'Born in 96~2000']

birth_year_cut = pd.cut(people_df['birth_year'], birth_year_bins,
labels=birth_year_bins_labels)

print(pd.value_counts(birth_year_cut))
```
建立一個區間名稱的 list
用 labels 指定這個自訂的 list
統計各區間的資料筆數

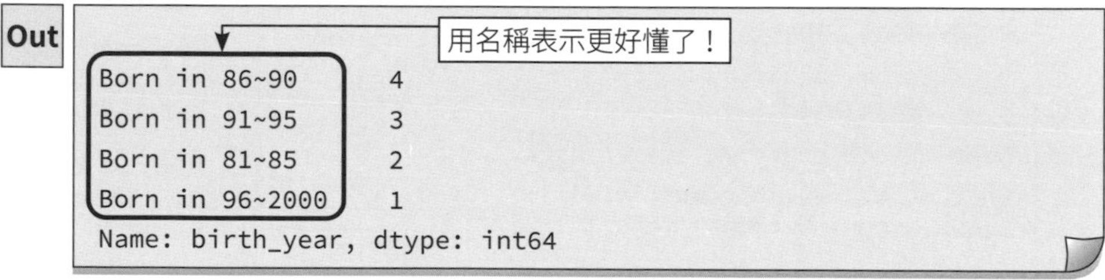

Out
```
Born in 86~90      4
Born in 91~95      3
Born in 81~85      2
Born in 96~2000    1
Name: birth_year, dtype: int64
```
用名稱表示更好懂了！

✎ 範例演練 (四)：將區間資料併入 DataFrame

前面我們用來統計數量的 birth_year_cut 物件記錄了各列資料的所在區間，這是一個 Series 物件，如果有需要的話，也可以將這一整欄加回原本的 DataFrame 中變成新欄位：

In

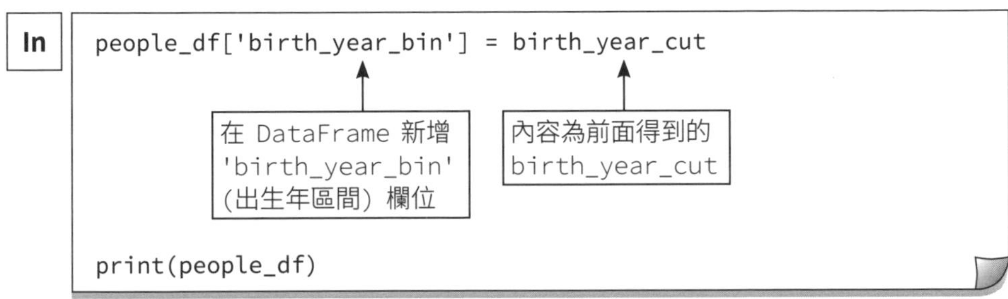

people_df['birth_year_bin'] = birth_year_cut
在 DataFrame 新增 'birth_year_bin' (出生年區間) 欄位
內容為前面得到的 birth_year_cut
print(people_df)

Out

```
    ID     name  birth_year   birth_year_bin
0  100  Hiroshi        1990    Born in 86~90
1  101   Akiko         1989    Born in 86~90
2  102    Yuki         1992    Born in 91~95
3  103   Satoru        1997    Born in 96~2000
4  104   Steeve        1982    Born in 81~85
5  106   Mituru        1991    Born in 91~95
6  108      Aoi        1988    Born in 86~90
7  110    Tarou        1990    Born in 86~90
8  111   Suguru        1995    Born in 91~95
9  113   Mitsuo        1981    Born in 81~85
```

多了這一欄的資訊

8-4 分析數據常用到的技巧 (二)

8-4-1 取頭尾列 - head()、tail()

想要檢視 DataFrame 內容時，若資料量很大，不太可能把其統統顯示出來，此時可以用 **head()** 及 **tail()** 來顯示局部內容，head() 預設會顯示開頭的前 5 列資料，tail() 則是顯示倒數 5 列，() 內可以填入想顯示的列數，預設值是 5。

範例演練

先建立一個 DataFrame 再開始做範例演練：

In

```
import numpy as np
import pandas as pd
np.random.seed(0)
columns = ["apple", "orange", "banana", "strawberry",
"kiwifruit"]

df = pd.DataFrame()  ← 先建立一個空的 DataFrame 物件
for column in columns:
    df[column] = np.random.choice(range(1, 11), 10)
df.index = [i for i in range(1,11)]
print(df)
```

也將索引名稱從 0~9 改成 1~10

各欄位的資料是用 NumPy 的亂數函式產生介於 1~100 的亂數值

Out

```
    apple  orange  banana  strawberry  kiwifruit
1       6       8       6           3         10
2       1       7      10           4         10
3       4       9       9           9          1
4       4       9      10           2          5
5       8       2       5           4          8
6      10       7       4           4          4
```

```
7      4      8      1         4        3
8      6      8      4         8        8
9      3      9      6         1        3
10     5      2      1         2        1
```

建好 DataFrame 後，底下是取出頭、尾列數的語法：

In

```
df_head = df.head(3) ◀── 取 df 的前 3 列
df_tail = df.tail() ◀── 取 df 的倒數 5 列 (沒指定數字就是預設值 5)

print('----前 3 列----\n', df_head)
print('----倒數 5 列----\n', df_tail)
```

Out

```
----前 3 列----
    apple  orange  banana  strawberry  kiwifruit
1       6       8       6           3         10
2       1       7      10           4         10
3       4       9       9           9          1

----倒數 5 列----
     apple  orange  banana  strawberry  kiwifruit
6       10       7       4           4          4
7        4       8       1           4          3
8        6       8       4           8          8
9        3       9       6           1          3
10       5       2       1           2          1
```

8-4-2 對 DataFrame 的值做運算

想對 DataFrame 做基本的四則運算、取平方值、平方根…等非常簡單，方法跟操作 NumPy 陣列沒什麼兩樣，只要利用相關算符就可一次對 DataFrame 所有的元素同時做操作，甚至也可以用 NumPy 的運算函式來處理 DataFrame，非常方便。

範例演練

我們先建立一個 DataFrame 來做處理：

In

```
import numpy as np
import pandas as pd
np.random.seed(0)
columns = ["apple", "orange", "banana", "strawberry",
"kiwifruit"]

df = pd.DataFrame()
for column in columns:
    df[column] = np.random.choice(range(1, 11), 10)
df.index = [i for i in range(1,11)]
print(df)
```

建立一個空的 DataFrame 物件

各欄位的資料是用 NumPy 的亂數函式產生介於 1~100 的亂數值

將索引名稱從 0~9 改成 1~10

Out

```
    apple  orange  banana  strawberry  kiwifruit
1       6       8       6           3         10
2       1       7      10           4         10
3       4       9       9           9          1
4       4       9      10           2          5
5       8       2       5           4          8
6      10       7       4           4          4
7       4       8       1           4          3
8       6       8       4           8          8
9       3       9       6           1          3
10      5       2       1           2          1
```

建立的資料

In

```
double_df = df * 2

square_df = df * df

sqrt_df = np.sqrt(df)

print('----double_df----\n', double_df)
print('----square_df----\n', square_df)
print('----sqrt_df----\n', sqrt_df)
```

各元素乘 2 倍

各元素取平方

各元素開根號，注意這裡直接用了 NumPy 的 sqrt() 來計算

Out

```
----double_df----
      apple  orange  banana  strawberry  kiwifruit
1        12      16      12           6         20
2         2      14      20           8         20
(略)…
9         6      18      12           2          6
10       10       4       2           4          2


----square_df----
      apple  orange  banana  strawberry  kiwifruit
1        36      64      36           9        100
2         1      49     100          16        100
(略)…
9         9      81      36           1          9
10       25       4       1           4          1


----sqrt_df----
         apple    orange    banana  strawberry  kiwifruit
1     2.449490  2.828427  2.449490    1.732051   3.162278
2     1.000000  2.645751  3.162278    2.000000   3.162278
(略)…
9     1.732051  3.000000  2.449490    1.000000   1.732051
10    2.236068  1.414214  1.000000    1.414214   1.000000
```


8-4-3 快速取得 DataFrame 各種統計數據

當我們初接觸一筆資料時，可以利用各項統計數據（例如：資料筆數、平均值、最大值、最小值、標準差…等）快速認識這筆資料。Pandas 提供一個超方便的 **describe()** method 可以做到這件事情：

```
df.describe()
```

範例演練

我們繼續使用前一小節的 DataFrame 資料，總共有 5 個欄位，各欄位的資料是用 NumPy 的亂數函式產生的 10 個 1~10 的亂數值：

Out
```
    apple  orange  banana  strawberry  kiwifruit
1       6       8       6           3         10
2       1       7      10           4         10
3       4       9       9           9          1
4       4       9      10           2          5
5       8       2       5           4          8
6      10       7       4           4          4
7       4       8       1           4          3
8       6       8       4           8          8
9       3       9       6           1          3
10      5       2       1           2          1
```

要操作的 DataFrame

直接使用 describe() method 可取得這個 DataFrame 的各項統計數據：

In
```
print(df.describe())
```

Out
```
           apple     orange     banana  strawberry  kiwifruit
count  10.000000  10.000000  10.000000   10.000000  10.000000
mean    5.100000   6.900000   5.600000    4.100000   5.300000
std     2.558211   2.685351   3.306559    2.558211   3.465705
min     1.000000   2.000000   1.000000    1.000000   1.000000
25%     4.000000   7.000000   4.000000    2.250000   3.000000
50%     4.500000   8.000000   5.500000    4.000000   4.500000
75%     6.000000   8.750000   8.250000    4.000000   8.000000
max    10.000000   9.000000  10.000000    9.000000  10.000000
```

各列依序顯示各欄位的個數、平均值、標準差、最小值、25%~75% 三種四分位數、最大值等

若想取得當中某幾列就好，可以運用 6-3-5 節所介紹的 df.loc[] 語法：

In
```
df_des = df.describe().loc[["mean", "max", "min"]]
print(df_des)
```
取出 "mean"、"max"、"min" 這幾列

Out
```
      apple  orange  banana  strawberry  kiwifruit
mean    5.1     6.9     5.6         4.1        5.3
max    10.0     9.0    10.0         9.0       10.0
min     1.0     2.0     1.0         1.0        1.0
```

8-4-4 計算行 (列) 之間的差 (diff)

當想了解數據之間的變化值時，可以對行或列彼此之間的值做差異比較，此時 diff() 這個 method 就可以派上用場：

```
df.diff(行或列的間隔值, axis="方向")
```

第一個間隔值參數如果為「正」值，表示各數值去跟「上」幾行 (列) 的數值做比較。如果為「負」值，則是去跟下幾行 (列) 的數值做比較。間隔值可以自行設定。至於 axis 參數應該很熟悉了，axis=0 表示比較上下列的值，axis=1 表示比較左右欄的值。

範例演練

延續前一小節的範例，我們來計算各行的數值與「下 2 行」的差距：

Out

	apple	orange	banana	strawberry	kiwifruit
1	6	8	6	3	10
2	1	7	10	4	10
3	4	9	9	9	1
4	4	9	10	2	5
5	8	2	5	4	8
6	10	7	4	4	4
7	4	8	1	4	3
8	6	8	4	8	8
9	3	9	6	1	3
10	5	2	1	2	1

要操作的 DataFrame

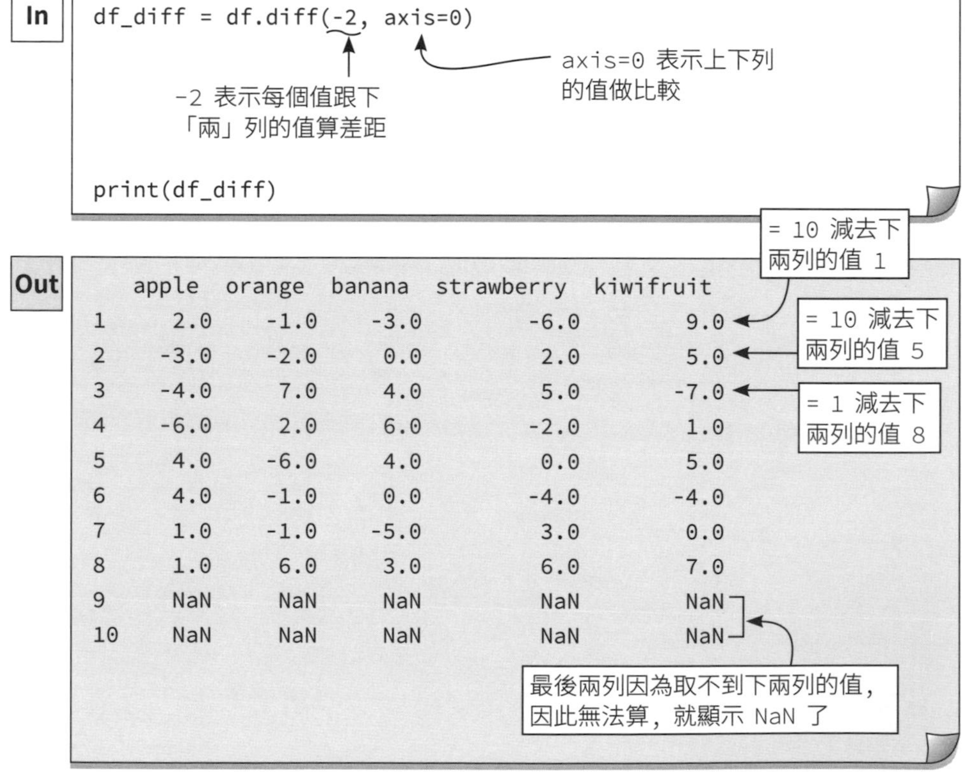

In

```
df_diff = df.diff(-2, axis=0)

print(df_diff)
```

-2 表示每個值跟下「兩」列的值算差距
axis=0 表示上下列的值做比較
= 10 減去下兩列的值 1
= 10 減去下兩列的值 5
= 1 減去下兩列的值 8
最後兩列因為取不到下兩列的值，因此無法算，就顯示 NaN 了

Out

	apple	orange	banana	strawberry	kiwifruit
1	2.0	-1.0	-3.0	-6.0	9.0
2	-3.0	-2.0	0.0	2.0	5.0
3	-4.0	7.0	4.0	5.0	-7.0
4	-6.0	2.0	6.0	-2.0	1.0
5	4.0	-6.0	4.0	0.0	5.0
6	4.0	-1.0	0.0	-4.0	-4.0
7	1.0	-1.0	-5.0	3.0	0.0
8	1.0	6.0	3.0	6.0	7.0
9	NaN	NaN	NaN	NaN	NaN
10	NaN	NaN	NaN	NaN	NaN

8-4-5 用 groupy() 做分組統計

在 Excel 中，我們可以把 100 個測試者根據性別欄位劃分成男、女兩組，然後統計男性、女性的各項差異，這樣的操作在 pandas 中也很常見，我們可以先對 DataFrame 依某些欄位做分組，再對分組後的資料做處理。

要對 Dataframe 做分組可以利用 **groupy()** method, 語法如下：

```
df.groupy("欄位")
```

經 .groupy() 計算不會有傳回值，會得到一個特殊的 groupy 物件，一般會在物件後面套上 .mean() 或 .sum() 等 method 來求出平均、總和 .. 等統計結果。

範例演練

這裡所要示範的 DataFrame, 各欄位是縣市名稱、面積、人口數，最後一欄則是地區 (Region), 我們就要利用「地區 (Region)」來做分組。首先建立這個 DataFrame：

In

```
import pandas as pd

prefecture_df = pd.DataFrame([["Tokyo", 2190, 13636, "Kanto"],
                              ["Kanagawa", 2415, 9145, "Kanto"],
                              ["Osaka", 1904, 8837, "Kinki"],
                              ["Kyoto", 4610, 2605, "Kinki"],
                              ["Aichi", 5172, 7505, "Chubu"]],
                             columns=["Prefecture", "Area",
                                      "Population", "Region"])
print(prefecture_df)
```

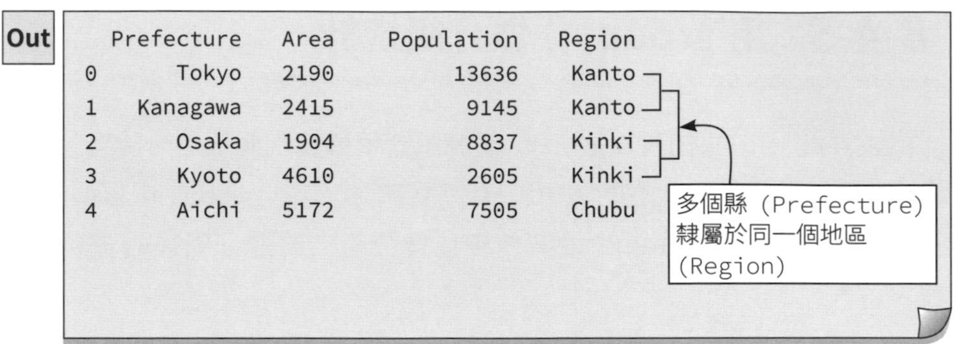

```
Out
   Prefecture   Area   Population   Region
0       Tokyo   2190        13636    Kanto
1    Kanagawa   2415         9145    Kanto
2       Osaka   1904         8837    Kinki
3       Kyoto   4610         2605    Kinki
4       Aichi   5172         7505    Chubu
```

多個縣 (Prefecture)
隸屬於同一個地區
(Region)

建立好 DataFrame 後，接著利用 "Region" 進行分組，再用 .mean() 算出各地區當中，Area 和 Population 這兩個欄位的平均值：

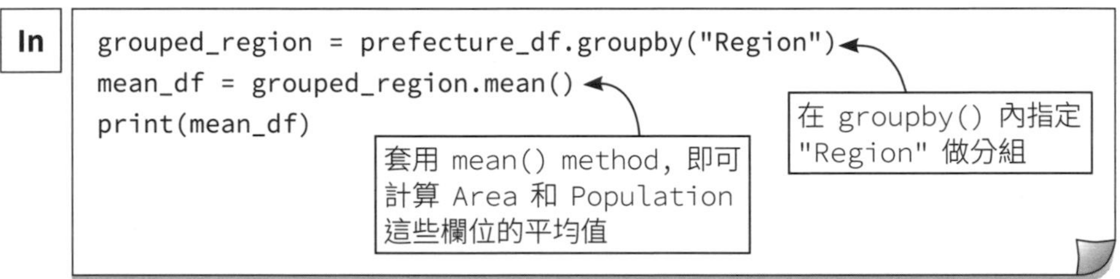

```
In
grouped_region = prefecture_df.groupby("Region")
mean_df = grouped_region.mean()
print(mean_df)
```

在 groupby() 內指定
"Region" 做分組
套用 mean() method，即可
計算 Area 和 Population
這些欄位的平均值

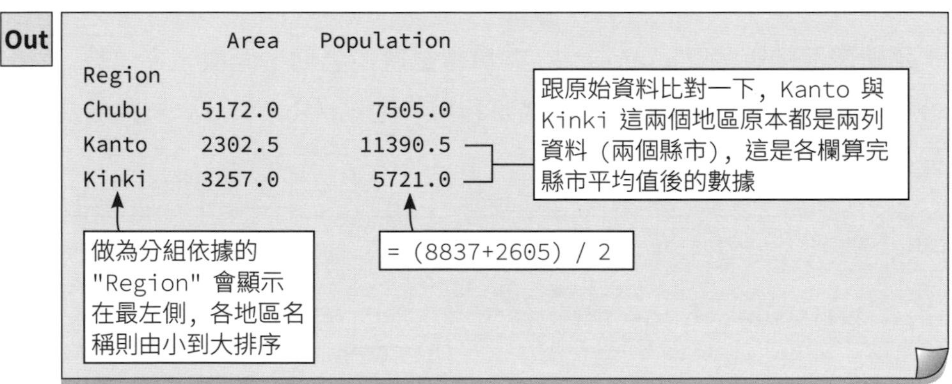

```
Out
         Area  Population
Region
Chubu  5172.0      7505.0
Kanto  2302.5     11390.5
Kinki  3257.0      5721.0
```

跟原始資料比對一下，Kanto 與
Kinki 這兩個地區原本都是兩列
資料 (兩個縣市)，這是各欄算完
縣市平均值後的數據
做為分組依據的
"Region" 會顯示
在最左側，各地區名
稱則由小到大排序
= (8837+2605) / 2

CHAPTER

9

Matplotlib 資料視覺化套件的基礎

9-1 常見的圖表類型

- 9-1-1 折線圖
- 9-1-2 散佈圖
- 9-1-3 長條圖
- 9-1-4 直方圖
- 9-1-5 圓餅圖

9-2 單一筆資料的視覺化

- 9-2-1 繪製折線圖
- 9-2-2 指定圖表的座標軸範圍 – xlim()、ylim()
- 9-2-3 設定圖表標題與兩軸名稱 – title()、xlabel()、ylabel()
- 9-2-4 在圖表上顯示網格 – grid()
- 9-2-5 自訂座標軸的刻度及標籤 – xticks()、yticks()

9-3 多筆資料的視覺化

- 9-3-1 在同一張圖表繪製多筆資料並指定不同顏色
- 9-3-2 設定圖例 – legend()

9-4 繪製內含多張子圖的圖表

- 9-4-1 設定整張圖表的尺寸 – figure()
- 9-4-2 在畫布切出子圖區，並繪製內容 – add_subplot()
- 9-4-3 調整子圖間距 – subplots_adjust()
- 9-4-4 設定子圖的座標範圍 - set_xlim() / 座標說明文字 - set_xlabel() / 子圖標題 - set_title()
- 9-4-5 設定子圖是否顯示網格 - grid() / 設定子圖的兩軸刻度 set_xticks()、set_xticklabels()

前幾章我們利用 NumPy 及 Pandas 來處理、分析資料，但有時光看密密麻麻的數據資料還是不夠直覺，這時就可以將資料繪製更易懂的圖表。很多人可能也聽過**資料視覺化** (Data visualization) 這個名詞，做的正是這件事情，本章就來介紹 Python 上著名的資料視覺化套件 - Matplotlib。

9-1 常見的圖表類型

介紹如何將數據資料繪製成圖表之前，當然要先了解有哪些常見的圖表類型，本節就帶您簡單認識。

9-1-1 折線圖

折線圖 (plot chart) 是將各 (x, y) 資料點 (data point) 用線連起來的圖，適合拿來呈現**連續性資料**，例如隨著時間或距離變化的趨勢圖。

▲ 台灣 1997 至 2019 年的人口成長率

9-1-2 散佈圖

散佈圖 (scatter chart) 是將兩個變數分別作為圖表的 X 與 Y 軸，在平面上呈現這兩個變數的關係。例如下圖呈現的是美元匯率與黃金價格的關係。通常還可以進一步用不同顏色、深淺、或大小的點來表示不同時間的資料：

▲ 2020 年 4 ～ 8 月美元匯率對金價的關係圖

9-1-3 長條圖

長條圖 (bar chart) 也可用來呈現多筆資料，例如將各國家沿著 X 軸排列，看它們在 Y 軸（人口密度）的差異。長條圖所呈現的以離散資料 (discrete data) 為主，簡單說 X 軸各長條之間彼此不相關，也沒有一定的排列順序，例如將國家由 a~z 排序，或是由 z~a 排序都可以。儘管如此，常可以看到依 Y 軸數值高低來排序的長條圖，如下圖：

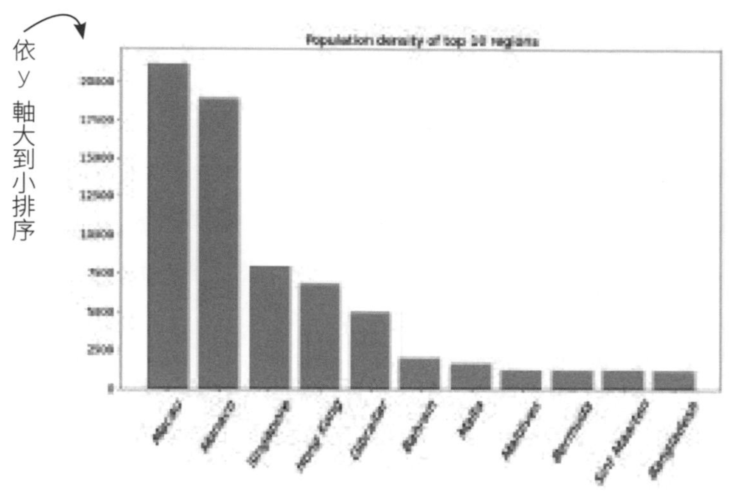

▲ 全球人口密度前 10 大地區

9-1-4 直方圖

直方圖 (histogram chart) 看起來很像長條圖，但可別把兩者搞混了！直方圖主要是呈現一組連續資料 (continuous data) 各區間的「次數」，簡單的識別方法就是 X 軸各區間是有順序性的 (例如 0~10~20~…~99 歲、或 0 元～ 50000 元～ 100000 元)，而 Y 軸則記錄各區間 (0~10 歲、10~20 歲…) 的次數。整體來說，利用直方圖我們便能一眼看出資料的分散範圍有多大，又集中在什麼區域等等，了解這群資料的分布 (distribution) 狀況。

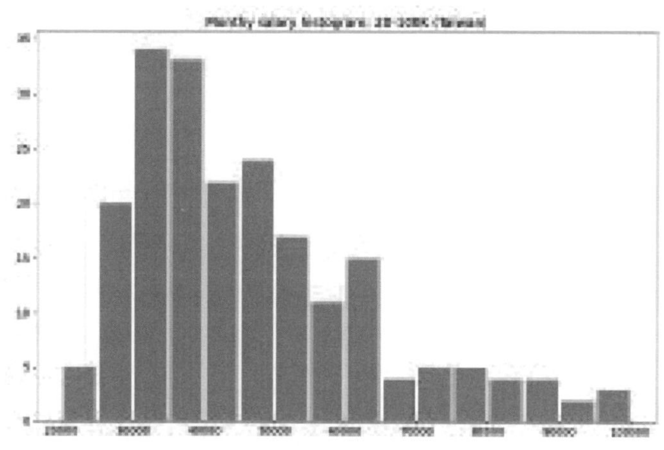

▲ 台灣 108 年度各職業月薪在 20-100K 範圍內的分布情形

9-1-5 圓餅圖

圓餅圖 (pie chart) 和長條圖類似，只是改用圓形切割出餅狀區域，利用百分比呈現各資料所占的比例：

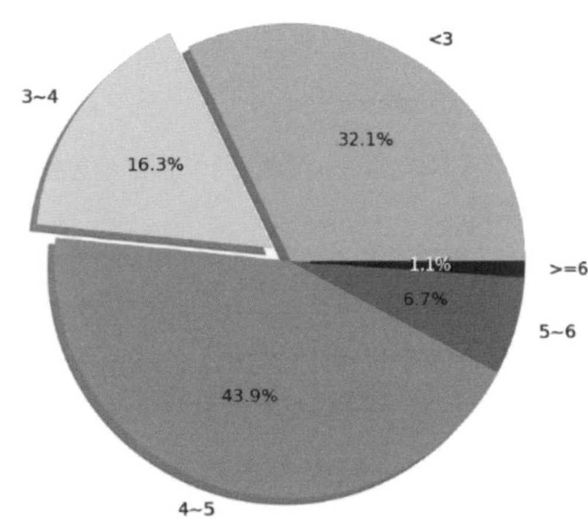

▲ 2020 年 9 月底，全球過去 30 天的地震規模統計

9-2 單一筆資料的視覺化

9-2-1 繪製折線圖

利用 Matplotlib 只要幾個指令就能繪製出各種圖表，首先要匯入此套件：

```
import matplotlib.pyplot as plt ←── 匯入 Matplotlib, 取名為 plt
```

這一章我們先從常見的折線圖 (plot chart) 看起，使用的是 plot(), 其語法如下：

```
plt.plot(x, y)
plt.show()
```

plt.plot(x, y) ← 傳入 x (通常為 1D 陣列) 做為 X 軸的資料，y 做為 Y 軸的資料

plt.show() ← 全畫好了就輸入這行顯示出來

小編補充： 由於 (x, y) 代表各資料點，因此 x 和 y 的長度 (即元素數量) 必須一樣，否則就不匹配了，執行後會錯誤。

此外，如果對上面 1D 陣列 (向量)、2D 陣列 (矩陣) 等名詞還不熟悉，請先閱讀第 5 章 (NumPy) 的說明。

範例演練

首先用 NumPy 建一些模擬數據來繪製看看，此例是畫出數學三角函數 sin() 的曲線：

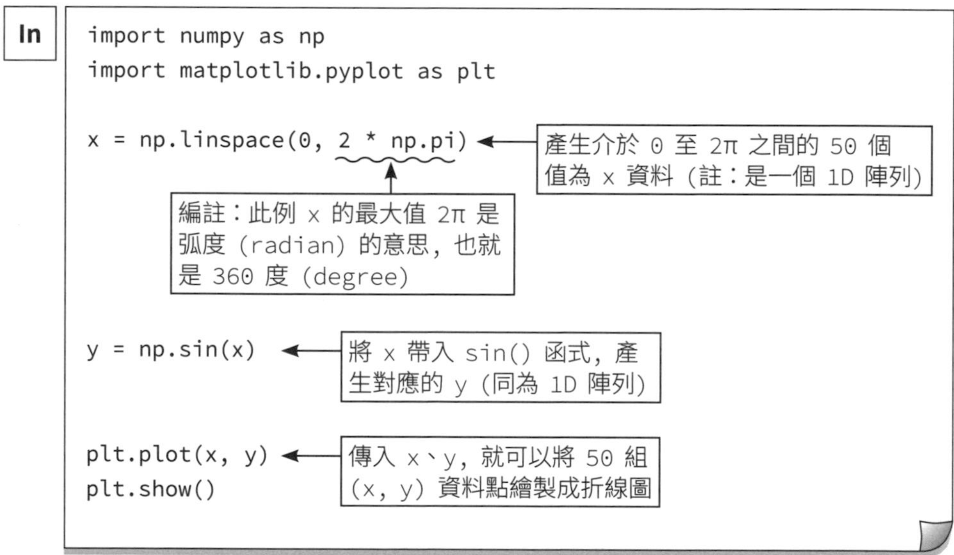

In

```
import numpy as np
import matplotlib.pyplot as plt

x = np.linspace(0, 2 * np.pi)

y = np.sin(x)

plt.plot(x, y)
plt.show()
```

產生介於 0 至 2π 之間的 50 個值為 x 資料 (註：是一個 1D 陣列)
編註：此例 x 的最大值 2π 是弧度 (radian) 的意思，也就是 360 度 (degree)
將 x 帶入 sin() 函式，產生對應的 y (同為 1D 陣列)
傳入 x、y，就可以將 50 組 (x, y) 資料點繪製成折線圖

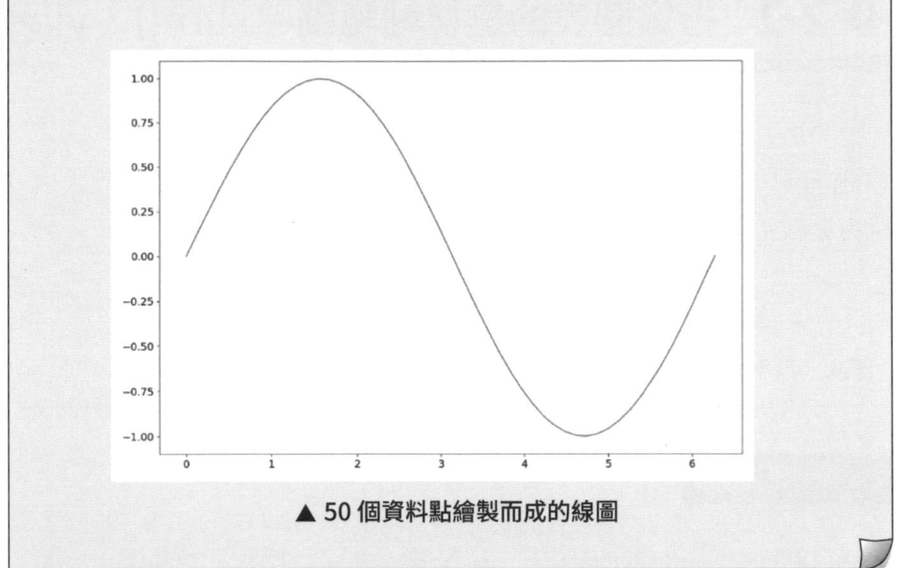

▲ 50 個資料點繪製而成的線圖

小編補充： 由於資料點夠多，通通連起來就會呈現上圖平滑的曲線，也就是說若想畫曲線也是用 plot() 來處理。當然，如果此例只有 10 個 (x, y) 資料點，畫出來的線就會像下圖這樣有稜角：

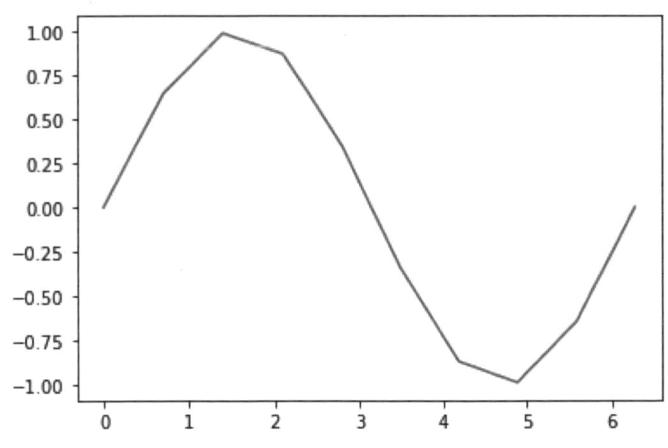

9-2-2 指定圖表的座標軸範圍 – xlim()、ylim()

用 Matplotlib 繪製圖表時，會根據資料的最大和最小值自動決定 X 與 Y 軸的顯示範圍，不過，需要時還是可以利用以下語法自行指定 X 或 Y 軸的範圍：

```
plt.xlim(left, right)  ← 指定 X 軸顯示範圍
plt.ylim(left, right)  ← 指定 Y 軸顯示範圍
```

範例演練

沿用前面的 sin() 曲線例子，但 Y 軸只顯示 0 到 1 的範圍：

In

```
import numpy as np
import matplotlib.pyplot as plt

x = np.linspace(0, 2 * np.pi)
y = np.sin(x)

plt.ylim(0, 1)  ← Y 軸只顯示 0 到 1 的範圍
plt.plot(x, y)
plt.show()
```

Out

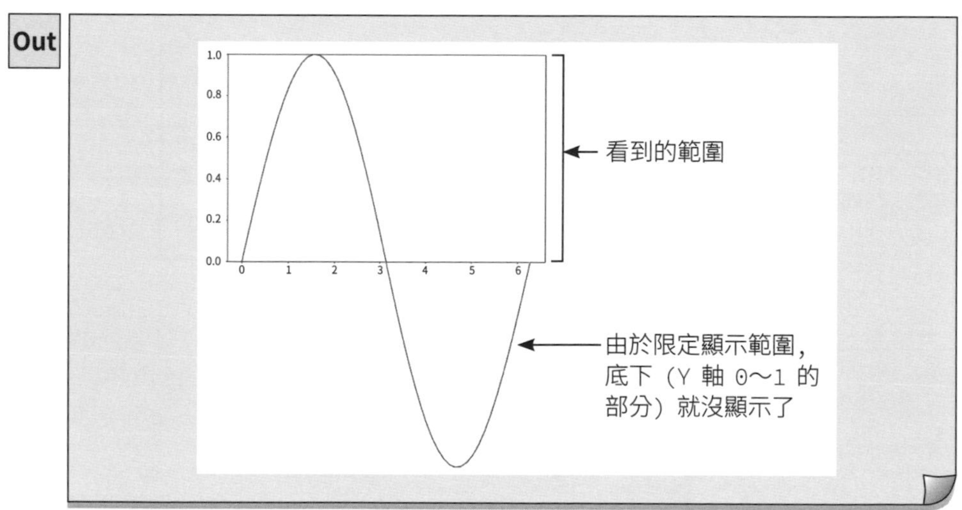

9-2-3 設定圖表標題與兩軸名稱 – title()、xlabel()、ylabel()

光繪製出圖表還不夠，再加上圖表標題跟兩軸的說明文字，可讓圖表更清楚。加文字說明可分別使用以下語法來處理：

```
plt.title(label)      ← 設定圖表標題
plt.xlabel(label)     ← 設定 X 軸說明文字
plt.ylabel(label)     ← 設定 Y 軸說明文字
```

範例演練

繼續沿用繪製 sin() 曲線的範例，但加上標題與兩軸文字：

In

```
import numpy as np
import matplotlib.pyplot as plt

x = np.linspace(0, 2 * np.pi)
y = np.sin(x)

plt.title('y = sin(x) (0<y<1)')
plt.xlabel('X-axis')
plt.ylabel('Y-axis')
plt.ylim(0, 1)
plt.plot(x, y)
plt.show()
```

← 加上這些語法

Out

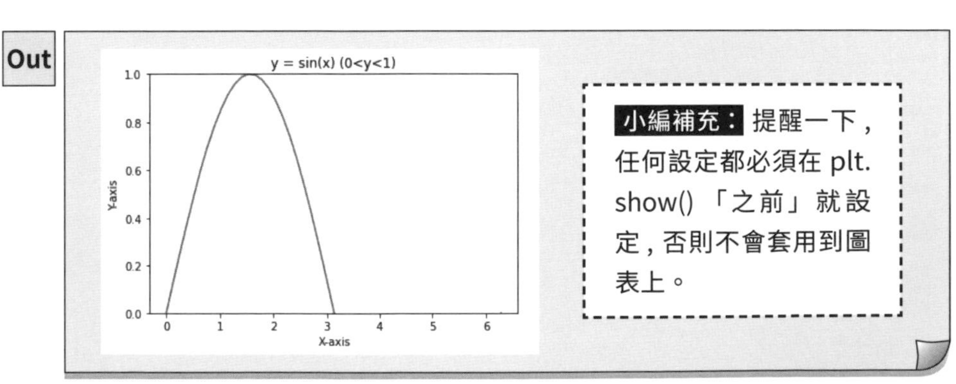

小編補充： 提醒一下，任何設定都必須在 plt.show()「之前」就設定，否則不會套用到圖表上。

9 Matplotlib 資料視覺化套件的基礎

9-2-4 在圖表上顯示網格 – grid()

如果想更清楚看出圖表各處所對應到的值，可以在圖表上畫出格線，語法如下：

```
plt.grid(True)
```

用法很簡單，參數設為 True 時就會開啟格線（預設為 False，即不開啟）

範例演練

現在將 sin() 曲線畫成帶有格線的圖表，但取消之前 0<y<1 的範圍限制：

In

```
import numpy as np
import matplotlib.pyplot as plt

x = np.linspace(0, 2 * np.pi)
y = np.sin(x)

plt.title('y = sin(x)')
plt.xlabel('X-axis')
plt.ylabel('Y-axis')
plt.grid(True)    ← 顯示格線

plt.plot(x, y)
plt.show()
```

Out

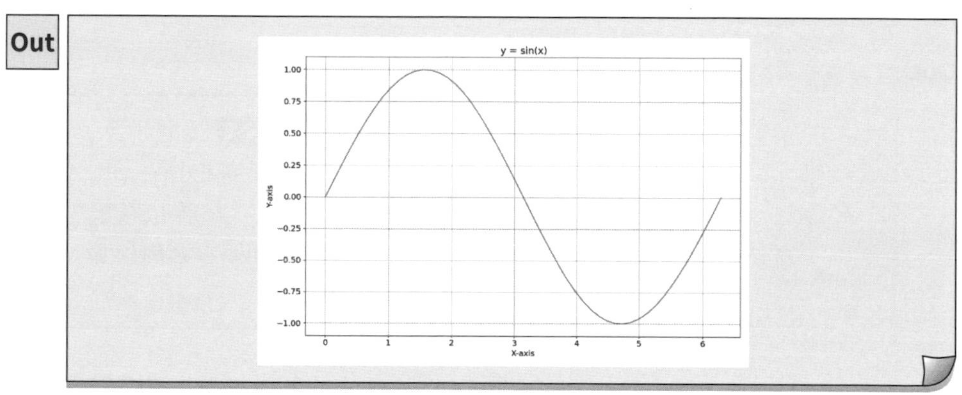

9-2-5 自訂座標軸的刻度及標籤 – xticks()、yticks()

接著我們聚焦在 X 軸、Y 軸上頭的刻度，兩軸的刻度線一般來說是依最大和最小值平均劃分而成，如上一小節的例子，X 軸的值為 0 到 6, 自動劃分的刻度值就是 0、1、2、3、4、5、6；而 Y 軸由於最大最小值的範圍較小，就是以 0.25 來劃分刻度值，這是函式自動產生的，並沒太大意義。

如果你希望在特定位置顯示刻度線，以及特定標籤名稱，就可使用 plt.xticks() 和 plt.yticks() 來處理：

```
plt.xticks(ticks, labels)
plt.yticks(ticks, labels)
```

↑ 刻度線的位置（陣列容器）　↑ 刻度標籤名稱（陣列容器）

範例演練

延續前面 sin() 函數的例子，我們在 X 軸標出 sin 0 度、90 度、180 度、270 度及 360 度的刻度位置與標籤。

In

```
import numpy as np
import matplotlib.pyplot as plt

x = np.linspace(0, 2 * np.pi)
y = np.sin(x)

plt.title('y = sin(x)')
plt.xlabel('X-axis')
plt.ylabel('Y-axis')
plt.grid(True)
```

在 X 軸的這些位置顯示刻度線

```
ticks = [0, np.pi * 0.5, np.pi, np.pi * 1.5, np.pi * 2]
```

0.5π= 90度　π= 180度　1.5π= 270 度　2π= 360 度

```
labels = ['0°', '90°', '180°', '270°', '360°']
plt.xticks(ticks, labels)
plt.plot(x, y)
plt.show()
```

各刻度線要顯示的名稱

執行 xticks()

Out

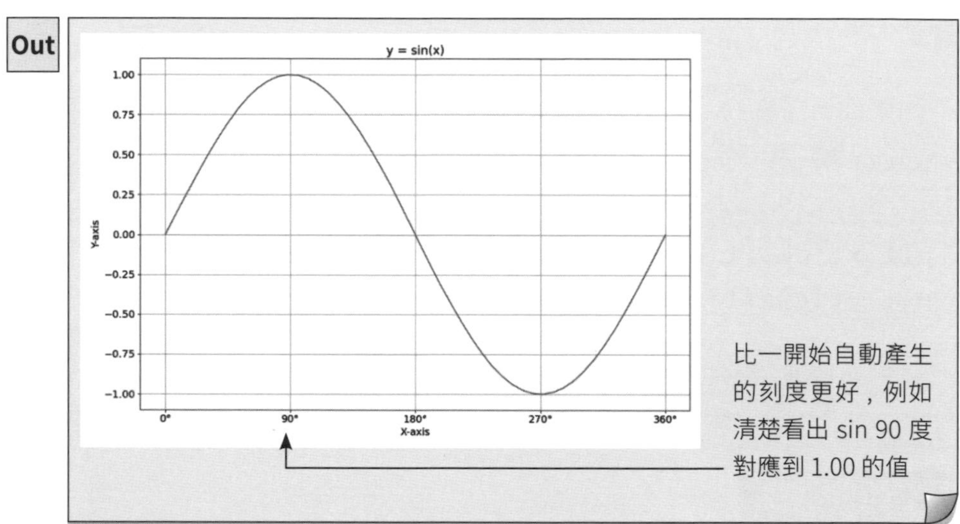

比一開始自動產生的刻度更好，例如清楚看出 sin 90 度對應到 1.00 的值

9-3 多筆資料的視覺化

9-3-1 在同一張圖表繪製多筆資料並指定不同顏色

用 Matplotlib 在同一張圖表繪製多筆資料 (亦即畫出多個線條), 可以清楚比較兩者的差異。做法很簡單 , 只要使用多次 plot() 函式即可：

```
plt.plot(x1, y1) ← 畫線條 1
plt.plot(x2, y2) ← 畫線條 2
plt.show()
```

Matplotlib 會給這些線套上不同色彩做為區別 (預設第 1 條為藍色 , 第 2 條為橘色 ...)。如果想自行指定顏色 , 可使用參數 color 或 c 來指定：

```
plt.plot(x1, y1, color='green')  ← 設為綠色
plt.plot(x2, y2, c='red')  ← 設為紅色
plt.show()
```

常用的顏色如下 , 有些顏色可使用簡寫：

簡寫	全名
'b'	'blue'
'g'	'green'
'r'	'red'
'c'	'cyan'
'm'	'magenta'
'y'	'yellow'
'k'	'black'
'w'	'white'

雖然也可以用十六進位的顏色代碼 , 如 '#0000ff' 代表藍色 , '#ffff00' 代表黃色 ... 等等 , 但還是直接指定名稱比較省事。

小編補充： 需要的話 , 可以到 https://matplotlib.org/gallery/color/named_colors.html 查詢有哪些顏色名稱可以指定。

範例演練

現在就來演練看看 , 我們要在同一張圖表上繪製 sin(x) 與 cos(x) 的曲線 , 並指定不同的顏色：

In

```
import numpy as np
import matplotlib.pyplot as plt

x = np.linspace(0, 2 * np.pi) ←── X 軸的 1D 陣列資料是共用的

y1 = np.sin(x) ←── 代入 NumPy 的 sin() 函式產生對應的 y1 值

y2 = np.cos(x) ←── 代入 cos() 函式產生對應的 y2 值

plt.title('sin(x) and cos(x)')
plt.xlabel('X-axis')
plt.ylabel('Y-axis')
plt.grid(True)

ticks = [0, np.pi * 0.5, np.pi, np.pi * 1.5, np.pi * 2]
labels = ['0°', '90°', '180°', '270°', '360°']
plt.xticks(ticks, labels)
```

也利用前一小節介紹的 xticks() 自訂 X 軸的刻度

```
plt.plot(x, y1, color='orange') ←── 繪製 sin 曲線，設為橘色

plt.plot(x, y2, color='purple') ←── 繪製 cos 曲線，設為紫色
plt.show()
```

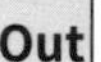

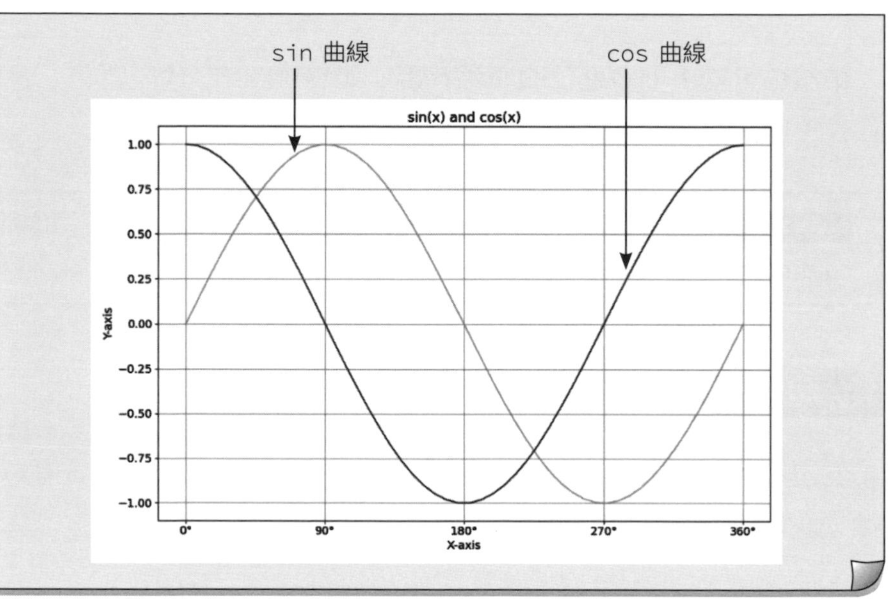

9-3-2 設定圖例 – legend()

前面雖然已經用顏色來區分不同的曲線，如果再附上圖例 (legend) 一也就是曲線本身的說明文字做為對照，就更容易區分哪條是哪條。

做法上只要在 plt.plot() 加上 label 參數，並使用 plt.legend() 讓圖例生效：

```
plt.plot(x1, y1, label='圖例說明 1')
plt.plot(x2, y2, label='圖例說明 2')
plt.legend()
plt.show()
```

小編補充： 注意！若 plt.legend() 上面沒有加上 label 參數的 plot() 的話，執行時會顯示警告『No handles with labels found to put in legend.』

範例演練

legend() 函式很單純，直接來看範例：

In
```
import numpy as np
import matplotlib.pyplot as plt

x = np.linspace(0, 2 * np.pi)
y1 = np.sin(x)
y2 = np.cos(x)

plt.title('sin(x) and cos(x)')
plt.xlabel('X-axis')
plt.ylabel('Y-axis')
plt.grid(True)

ticks = [0, np.pi * 0.5, np.pi, np.pi * 1.5, np.pi * 2]
labels = ['0°', '90°', '180°', '270°', '360°']
plt.xticks(ticks, labels)
```

```
plt.plot(x, y1, color='orange', label='y=sin(x)')
plt.plot(x, y2, color='purple', label='y=cos(x)')

plt.legend()
plt.show()
```

設定圖例文字

顯示圖例

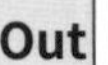

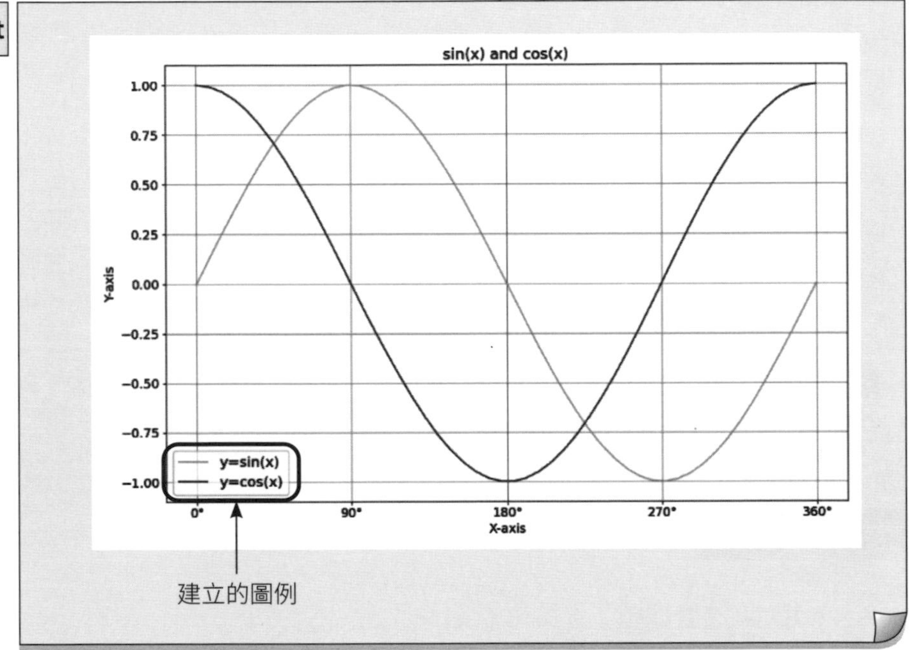

設定圖例的另一個方式

你也可以不在 plt.plot() 使用 label 參數，而以下面的方式設定圖例：

In

```
plt.plot(x, y1, color='orange')
plt.plot(x, y2, color='purple')
plt.legend(['y=sin(x)', 'y=cos(x)'])
plt.show()
```

依 plot() 的順序，依序將第 1 條、第 2 條...的圖例放在 list 傳入 legend() 就可以了

9-4 繪製內含多張子圖的圖表

有時候你可能希望將多筆資料所繪製的圖表放在一起做比較，亦即整體來看是一張大圖，其中內含數張小圖。這小圖在 Matplotlib 中稱為**子圖** (subplot)，本節就來說明如何在一張大圖中繪製一小張、一小張…子圖，也可以調整各子圖的大小與彼此的間距。

9-4-1 設定整張圖表的尺寸 – figure()

在繪製各子圖之前，一開始必須先設定這一整張大圖的尺寸（**編註：**可視為一張大「畫布」，以下就以「畫布」來稱呼比較直覺），使用的是 figure() 函式，語法如下：

```
plt.figure(figsize=(12, 8))
```

例：設成 12 x 8 英吋

小編補充：如果不設定尺寸，預設會是 6.4 x 4.8 英吋。

範例演練

我們先試著針對先前的 sin 曲線範例，改一下畫布的尺寸，刻意將尺寸指定成寬小於高：

In

```
import numpy as np
import matplotlib.pyplot as plt

x = np.linspace(0, 2 * np.pi)
y = np.sin(x)

plt.figure(figsize=(6, 8))
plt.plot(x, y)
plt.show()
```

設為寬 6 英吋，高 8 英吋

Out

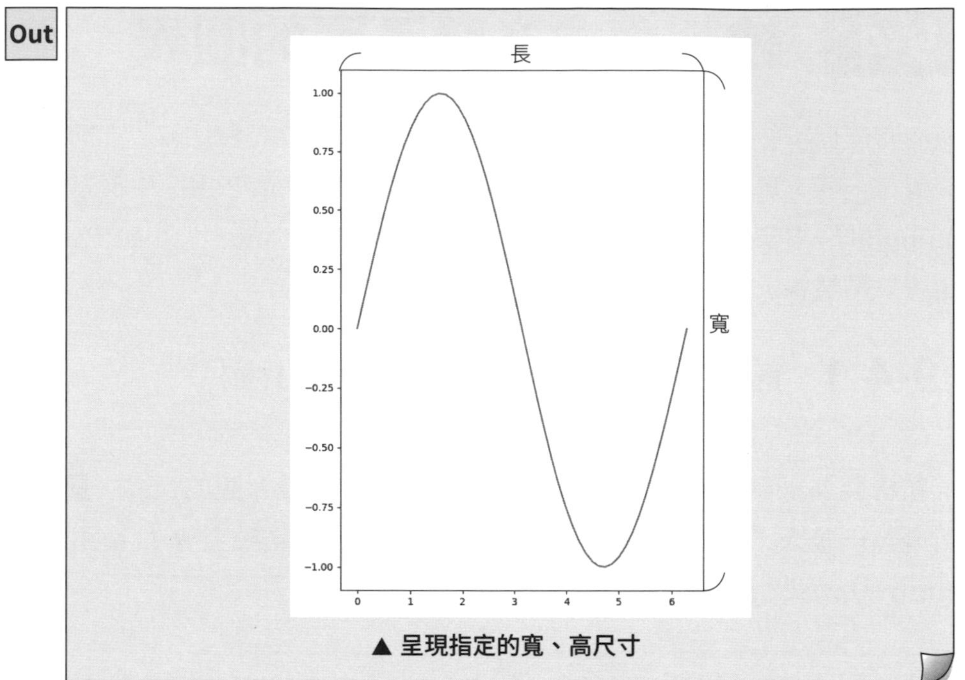

▲ 呈現指定的寬、高尺寸

9-4-2 在畫布切出子圖區，並繪製內容 – add_subplot()

前例這張畫布是由一張圖佈滿，如果想改為多張子圖組成，首先要在畫布上切割出各子圖區域，使用的是 **add_subplot()** method：

```
fig = plt.figure() ←— 先建立畫布物件
ax = fig.add_subplot(縱軸子圖數量 n, 橫軸子圖數量 m, 子圖編號 n)
ax.plot(...)

plt.show() ←— 畫完各子圖後顯示整張畫布
```

- ax.plot(...)：選定要繪製的 ax 子圖物件（繪圖區），就可利用 plot() 來繪圖
- add_subplot(...)：利用畫布物件新增子圖，每用一次 add_subplot() 就代表建立一個子圖物件，例如：「畫布左上」物件、「畫布右下」物件..

上面第 2 行 add_subplot() 中，前 2 個參數是將畫布切割成 n 列 ×m 行，而子圖編號是從 1 開始 (註：留意一下不是從 0 開始)，子圖編號會以由左至右、然後由上往下排列。

舉個例子：假如一張畫布想繪製 2×3 共 6 張子圖，那麼最左上角第一張子圖物件就可用 ax1 = fig.add_subplot(2, 3, 1) 來建立，最後一張圖則用 ax6 = fig.add_subplot(2, 3, 6) 建立：

子圖的編號順序

(2, 3, 1)	(2, 3, 2)	(2, 3, 3)
(2, 3, 4)	(2, 3, 5)	(2, 3, 6)

小編補充： fig.add_subplot(2, 3, 1) 也可以簡寫成 fig.add_subplot(231)。請注意子圖編號不可超出範圍，例如設定 (2, 3, 7) 就會產生錯誤。

要注意的是，若您沒有在特定的子圖位置用 add_subplot() 建立子圖物件，則那一整塊子圖區就會是「空白」的。而若有用 add_subplot() 建立子圖物件，只是沒有用 plot() 實際繪製內容，則該子圖區會有東西，不過就只有 X 和 Y 軸的刻度而已。

範例演練

下面來規劃一個 2 X 3，具備 6 個子圖的畫布，但只在其中 4 張子圖畫圖：

In

```
import numpy as np
import matplotlib.pyplot as plt

x = np.linspace(0, 2 * np.pi)
y1 = np.sin(x)
y5 = np.cos(x)
y6 = np.tan(x)
```

← 準備資料

```
fig = plt.figure(figsize=(8, 6))   ← 整個畫布大小設 8 x 6 英吋

ax1 = fig.add_subplot(2, 3, 1)   ┐
ax1.plot(x, y1)                  ┘← 編號 1 的子圖繪製 sin 曲線

ax5 = fig.add_subplot(2, 3, 5)   ┐
ax5.plot(x, y5)                  ┘← 編號 5 的子圖繪製 cos 曲線

ax6 = fig.add_subplot(2, 3, 6)   ┐
ax6.plot(x, y6)                  ┘← 編號 6 的子圖繪製 tan 曲線

ax3 = fig.add_subplot(2, 3, 3)   ← 編號 3 的子圖，只建立子圖物件，
                                   未實際畫圖，觀察有何差異

plt.show()
```

Out

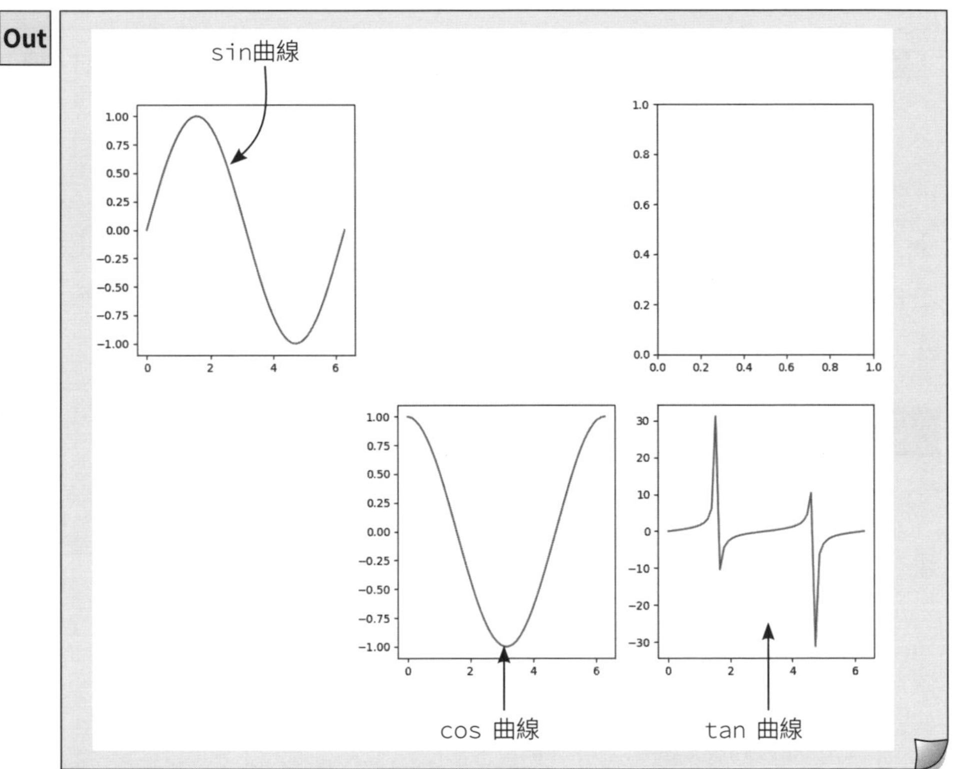

小編補充：看到了吧！沒有建立子圖物件的位置 (第 2、4 區) 就會是完全空白的，而第 3 區就只有 X、Y 軸刻度出現。

9-4-3 調整子圖間距 – subplots_adjust()

繪圖各子圖時，如果並排的兩個子圖，兩軸有加上標籤文字，而且文字又有點多的話，文字有可能會相疊而影響閱讀，這時你可以視情況調整子圖之間的水平與垂直間距：

```
fig.subplots_adjust(wspace=水平間距, hspace=垂直間距)
```

間距的參數值為 0 到 1 之間的數字。比如設為 0.5, 就等於使用子圖寬度或高度的 50% 當作間距。

範例演練

延續上一頁例子，第 5、6 張子圖之間稍微擠了點，就可以調整一下間距：

In

```
import numpy as np
import matplotlib.pyplot as plt

x = np.linspace(0, 2 * np.pi)
y1 = np.sin(x)
y5 = np.cos(x)
y6 = np.tan(x)

fig = plt.figure(figsize=(8, 6))
fig.subplots_adjust(wspace=0.5, hspace=0.75)
```

水平間距設為子圖寬度 50%,
垂直間距為子圖高度 75%

Matplotlib 資料視覺化套件的基礎

額外示範用 for 迴圈依序繪製各子圖，這個技巧很常看到喔！

```
for i in range(6):
    ax = fig.add_subplot(2, 3, i + 1)
    if i == 0:
        ax.plot(x, y1)      ← 繪製子圖 1
    elif i == 4:
        ax.plot(x, y5)      ← 繪製子圖 5
    elif i == 5:
        ax.plot(x, y6)      ← 繪製子圖 6

plt.show()
```

Out

小編補充： 由於迴圈會將 add_subplot() 從 (2, 3, 1) 到 (2, 3, 6) 全跑過一遍，因此子圖 2、3、4 這三區也建立了子圖物件，只是沒有用 piott() 實際繪圖，僅會顯示 X、Y 軸而已

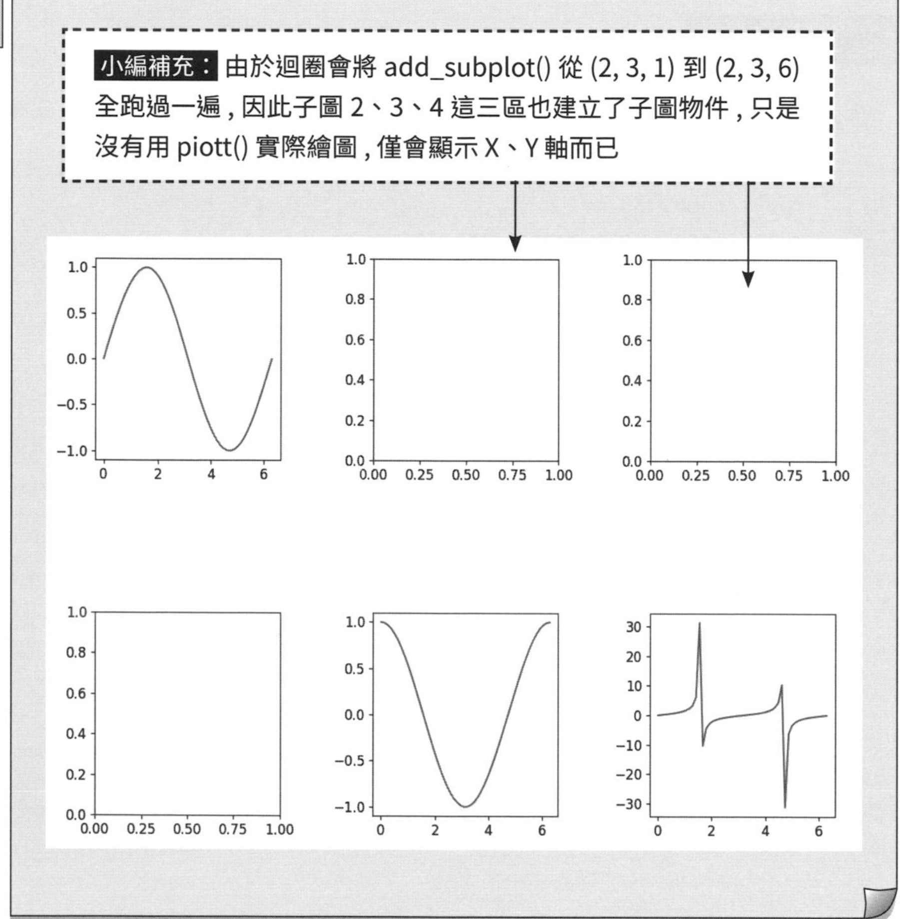

9-4-4 設定子圖的座標範圍 - set_xlim() / 座標說明文字 - set_xlabel() / 子圖標題 - set_title()

和單張圖表一樣，每張子圖的座標顯示範圍、座標說明文字和標題也都可以設定，只要在各子圖物件設定以下語法即可：

```
ax.set_xlim(left, right) ←── 子圖 X 軸顯示範圍
ax.set_ylim(left, right) ←── 子圖 Y 軸顯示範圍
ax.set_xlabel(label)     ←── 子圖 X 軸說明文字
ax.set_ylabel(label)     ←── 子圖 Y 軸說明文字
ax.set_title(label)      ←── 子圖標題
```

小編補充： 注意！這邊的函式與 9-2-2、9-2-3 小節並不相同，該兩節是分別使用 xlim()、x_label()、title(), 函式名稱有點小差異，可別誤用了。

範例演練

延續前例，我們來用一個 for 迴圈，將顯示範圍、X、Y 軸的標籤名稱套用到每一張子圖，只差在各子圖的標題不同：

In

```
import numpy as np
import matplotlib.pyplot as plt

x = np.linspace(0, 2 * np.pi)
y1 = np.sin(x)
y5 = np.cos(x)
y6 = np.tan(x)

fig = plt.figure(figsize=(8, 6))
fig.subplots_adjust(wspace=0.5, hspace=0.75)
```

```
for i in range(6):
    ax = fig.add_subplot(2, 3, i + 1)
    ax.set_xlim(0, 1)
    ax.set_ylim(0, 1)
    ax.set_xlabel('x-axis')
    ax.set_ylabel('y-axis')
    if i == 0:
        ax.set_title('y=sin(x)')
        ax.plot(x, y1)
    elif i == 4:
        ax.set_title('y=cos(x)')
        ax.plot(x, y5)
    elif i == 5:
        ax.set_title('y=tan(x)')
        ax.plot(x, y6)

plt.show()
```

設定顯示範圍、X、Y 軸的標籤名稱

設定 3 張子圖的標題並繪製內容

Out

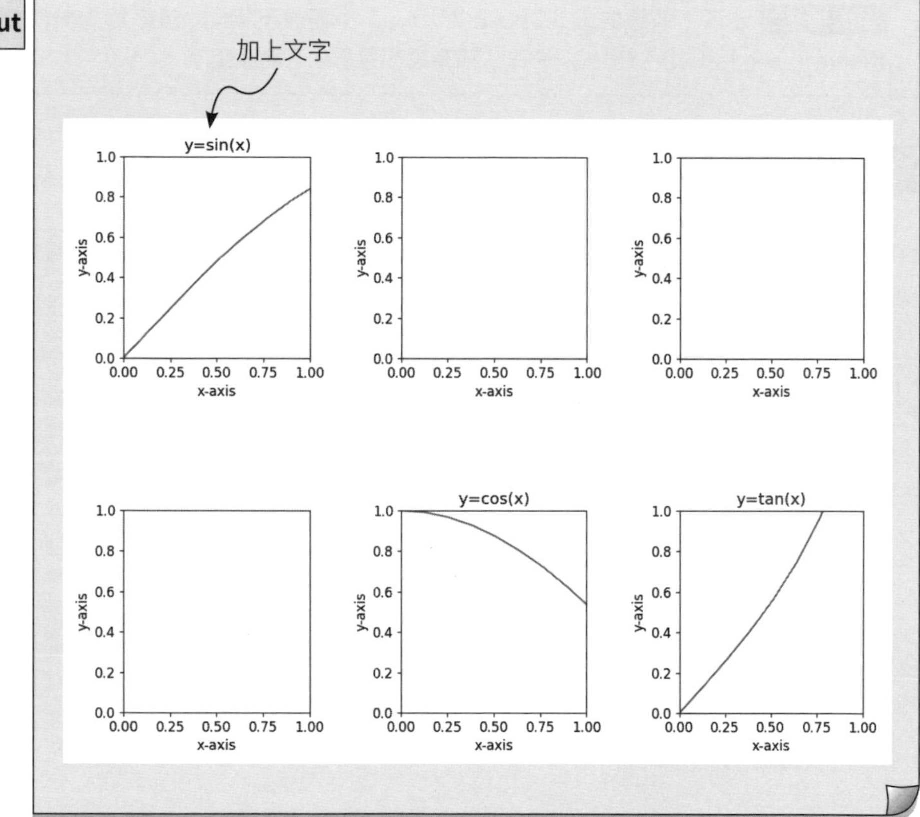

9-4-5 設定子圖是否顯示網格 - grid() / 設定子圖的兩軸刻度 set_xticks()、set_xticklabels()

子圖上面也可以設定是否顯示網格、自訂刻度值等等，其做法與 9-2-4 節、9-2-5 節完全相同，只差改在各子圖物件上頭設定語法而已。

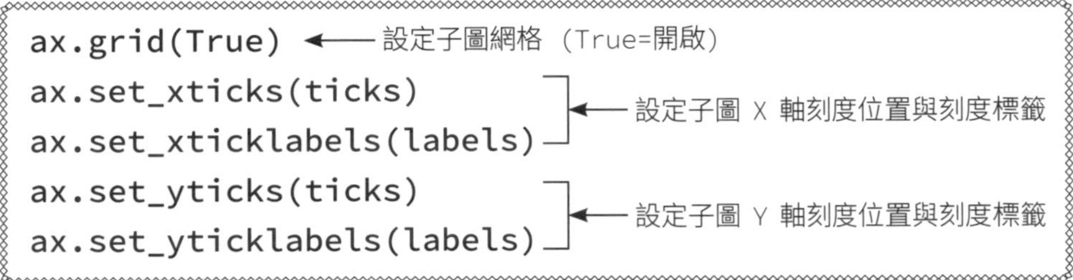

ax.grid(True)
設定子圖網格 (True=開啟)
ax.set_xticks(ticks)
ax.set_xticklabels(labels)
設定子圖 X 軸刻度位置與刻度標籤
ax.set_yticks(ticks)
ax.set_yticklabels(labels)
設定子圖 Y 軸刻度位置與刻度標籤

小編補充： 注意！這邊自訂子圖刻度值及刻度標籤所使用的語法與 9-2-5 節並不相同，該節是使用 xticks(ticks, labels) 一次設定，而子圖這邊則要用 set_xticks()、set_xticklabels () 分別設，函式名稱有點小差異。

函式的演練就留給讀者做練習，基本上都跟 9-2-4、9-2-5 節大同小異。

MEMO

CHAPTER

10

用 Matplotlib 繪製各類圖表

10-1 再探折線圖 (plot chart)

在第 9 章中我們初步認識了各種圖表，並學習了折線圖的繪製方式，這裡我們再來看看如何進一步調整折線圖的樣式。

10-1-1 設定資料點的樣式及色彩

上一章我們都是專注在折線圖的線條上，我們也可以進一步將構成折線圖的各「資料點」畫出來，並指定這些點的樣式及色彩：

```
plt.plot(x, y, marker=資料點的樣式, markerfacecolor=顏色)
```

'.'	小點
'o'	正常圓點
'S'	方形
'^'	三角形
'D'	菱形
'*'	星號
'X'	叉號

▲ marker 參數可設定的資料點樣式

小編補充： 你可以到 https://matplotlib.org/api/markers_api.html 查看完整的資料點樣式列表。顏色名稱則可到 https://matplotlib.org/gallery/color/named_colors.html 查詢。

範例演練

底下建立一些 (days, weights) 資料點來畫一條折線，然後將每個資料點都標出來：

In

```
import numpy as np
import matplotlib.pyplot as plt

days = np.arange(1, 11)   ← X 軸資料，為 1~10 這 10 個值
weight = np.array([10, 14, 18, 20, 18, 16, 17, 18, 20, 17])   ← Y 軸資料

plt.ylim([0, weight.max()+1])   ← 用 9-2-2 節介紹的 ylim() 設定 Y 軸顯示範圍上限，設為 Y軸 (weight) 的最大值 +1
plt.xlabel('days')
plt.ylabel('weight')


plt.plot(days, weight, marker='o', markerfacecolor='black')
plt.show()
```

marker='o', markerfacecolor='black'：資料點以黑色圓點顯示

Out

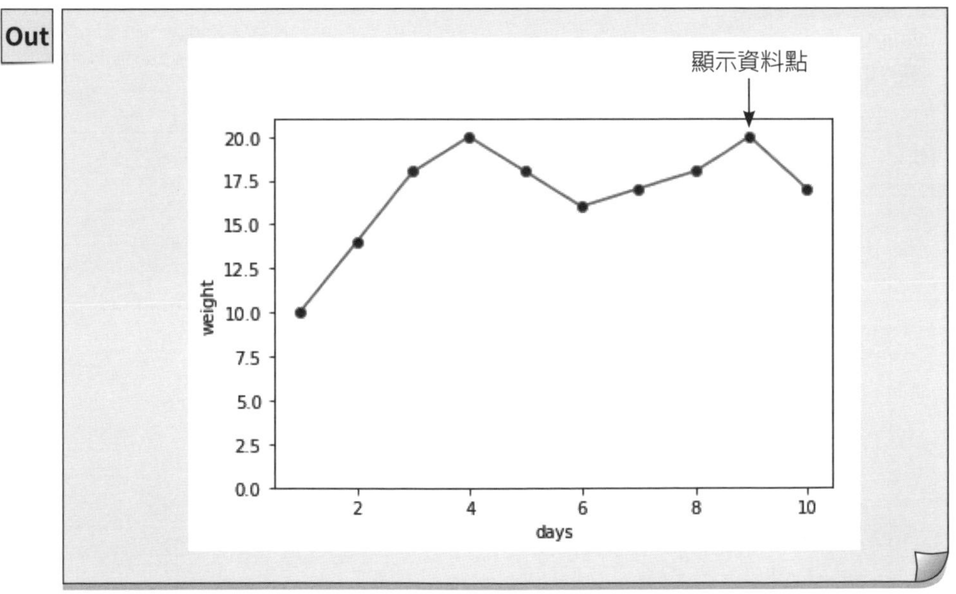

10-1-2 設定折線的樣式、寬度及顏色

除了資料點以外，折線線條本身的樣式也可以調整：

```
plt.plot(x, y, linestyle=線條樣式, linewidth=線條寬度)
```

'-' 或 'solid'	實心線
'--'或 'dashed'	短虛線
'-.'或 'dashdot'	點線虛線
':'或 'dotted'	點虛線
'None'或 ' ' (空格) 或 ''	不畫線條

▲ linestyle 參數可設定的線條樣式

linewidth 參數的寬度值一般設為浮點數，代表線條要加寬到預設寬度的幾倍 (1.0 = 1 倍)。

範例演練

延續前面的範例，我們來更換折線的樣式：

In

```
import numpy as np
import matplotlib.pyplot as plt

days = np.arange(1, 11)
weight = np.array([10, 14, 18, 20, 18, 16, 17, 18, 20, 17])

plt.ylim([0, weight.max()+1])
plt.xlabel('days')
plt.ylabel('weight')

plt.plot(days, weight, marker='o', markerfacecolor='red',
         linestyle='--', linewidth=2.5, color='green')

plt.show()
```

設定綠色、寬度 2.5 倍的短虛線

Out

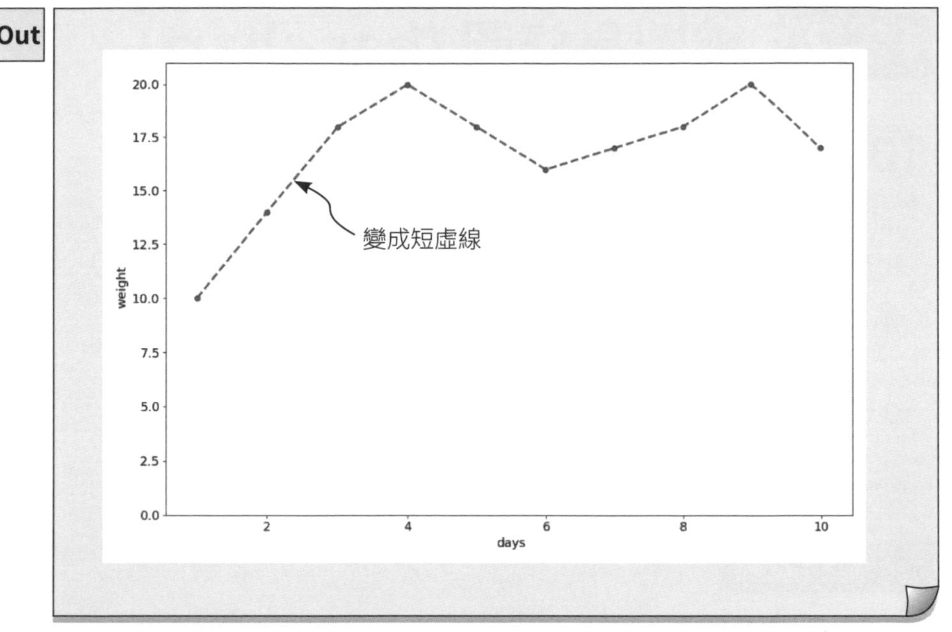

小編補充：同時設定標記點與線條的簡寫法

除了使用 linestyle 與 color 參數來設定折線的樣式與顏色，以及用 marker 參數設定標記點外，設定時還可以用非常簡潔的寫法：

In

```
plt.plot(days, weight, ' --go')
```

這同樣會畫出『綠色 (g) 的虛線 (--) 並以圓點表示標記點 (o)』。'--go' 這個字串前面不用加任何關鍵字，字串中的三個符號順序也可以任意變換，例如 'o--g'、'og--' 都可以 (但是你必須使用合法的顏色簡稱)。此外，資料點的顏色不在簡寫範圍內，仍必須使用 markerfacecolor 參數來設定。

10-2 繪製長條圖 (bar chart)

10-2-1 長條圖的繪製語法 – bar()

使用 Matplotlib 繪製長條圖跟畫折線圖一樣容易，改用 **bar()** 並傳入 X 軸與 Y 軸資料即可：

```
plt.bar(x, y) ←── 傳入 x 做為 X 軸的資料，y 做為 Y 軸的資料。
                  x、y 通常均為 1D 陣列
```

範例演練

下面來產生一些資料，並把它們繪製成長條圖：

In

```
import numpy as np
import matplotlib.pyplot as plt

x = [1, 2, 3, 4, 5, 6]            ←── X 軸資料
y = [12, 41, 32, 36, 21, 17]      ←── Y 軸資料
plt.bar(x, y)
plt.show()
```

Out

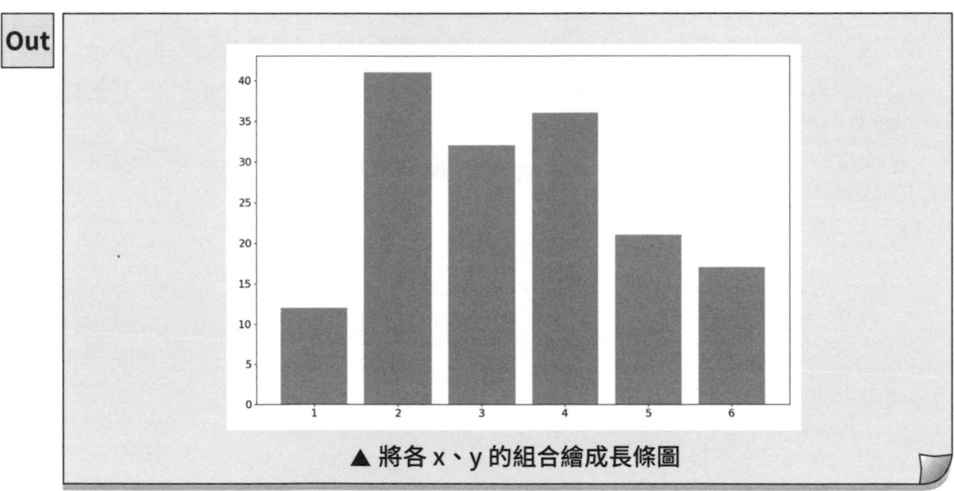

▲ 將各 x、y 的組合繪成長條圖

10-2-2 設定長條圖橫軸標籤

如果想替長條圖的各筆資料 (每個長條) 加上說明文字 (即 X 軸刻度標籤), 可用 tick_label 參數來設定：

```
plt.bar(x, y, tick_label = 內含標籤名稱的 list)
```

範例演練

來將前一個範例的各長條加上說明文字，增加資料的可讀性：

In

```
import numpy as np
import matplotlib.pyplot as plt

x = [1, 2, 3, 4, 5, 6]
y = [12, 41, 32, 36, 21, 17]
labels = ['Apple', 'Orange', 'Banana', 'Pineapple', 'Kiwifruit',
'Strawberry'] ← 設定 X 軸的 Label 名稱

plt.bar(x, y, tick_label=labels) ← 套用標籤
plt.show()
```

Out

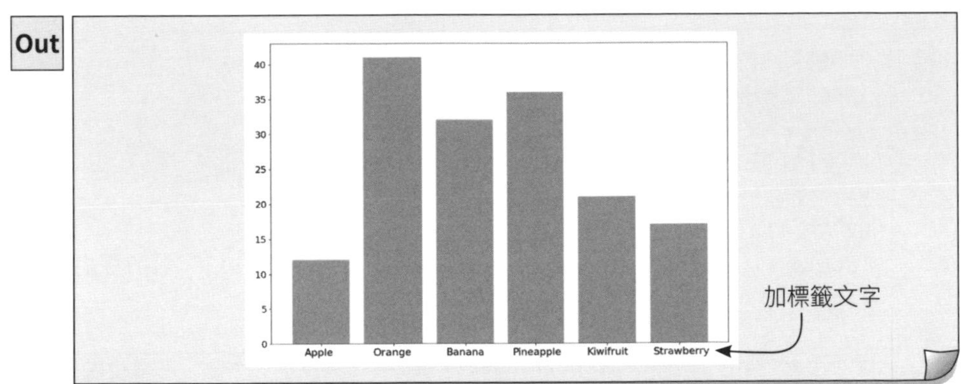

小編補充： 還有個更快的做法，就是繪製時直接用 labels 取代 X 軸資料—— plt.bar(labels, y) ——這樣畫出來會得到相同的結果。附帶一提，Matplotlib 的預設顯示字型不支援中文，所以本書範例只會輸入英文。

10-2-3 繪製堆疊長條圖

單一條長條圖上也可以呈現不同的資料，這就是所謂的**堆疊長條圖** (stacked bar chart), 例如標籤為 Apple 的這個長條上有 y1 (12 顆)、y2 (43 顆) 兩筆數值的呈現，這樣從這一條長條可以顯示資料總量 (y1+y2)，也可以看出兩者的比例 (y1:y2)。

繪製堆疊長條圖的語法如下，首先要先繪製好 y1 的資料，然後再繪製 y2, 此處是讓 y2 資料疊在 y1 資料上面，繪製 y2 的語法如下：

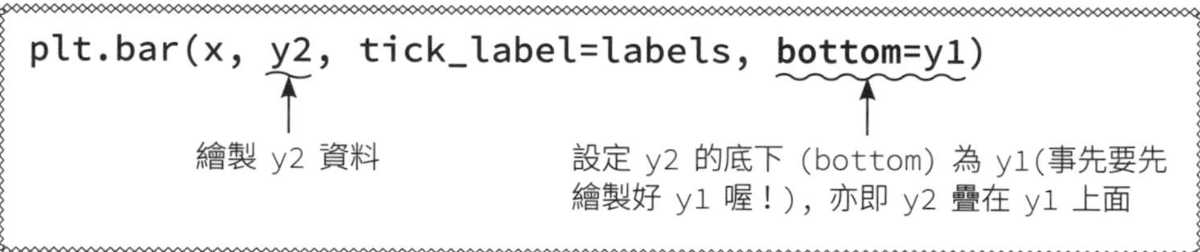

plt.bar(x, y2, tick_label=labels, bottom=y1)
繪製 y2 資料
設定 y2 的底下 (bottom) 為 y1(事先要先繪製好 y1 喔！), 亦即 y2 疊在 y1 上面

範例演練

底下我們建立兩組資料，(x, y1) 有 5 筆，(x, y2) 也有 5 筆，我們要讓 y2 的長條圖疊在 y1 上面一塊顯示：

In

```
import numpy as np
import matplotlib.pyplot as plt

x = [1, 2, 3, 4, 5, 6]
y1 = [12, 41, 32, 36, 21, 17]
y2 = [43, 1, 6, 17, 17, 9]
labels = ['Apple', 'Orange', 'Banana', 'Pineapple', 'Kiwifruit',
'Strawberry']

plt.bar(x, y1, tick_label=labels)  ← 先繪製最底下的 y1 長條圖

plt.bar(x, y2, tick_label=labels, bottom=y1)  ← 接著繪製 y2 長條圖，底下 (bottom) 接 y1
plt.legend(('y1', 'y2'))  ← 顯示圖例來識別 y1 與 y2
plt.show()
```

Out

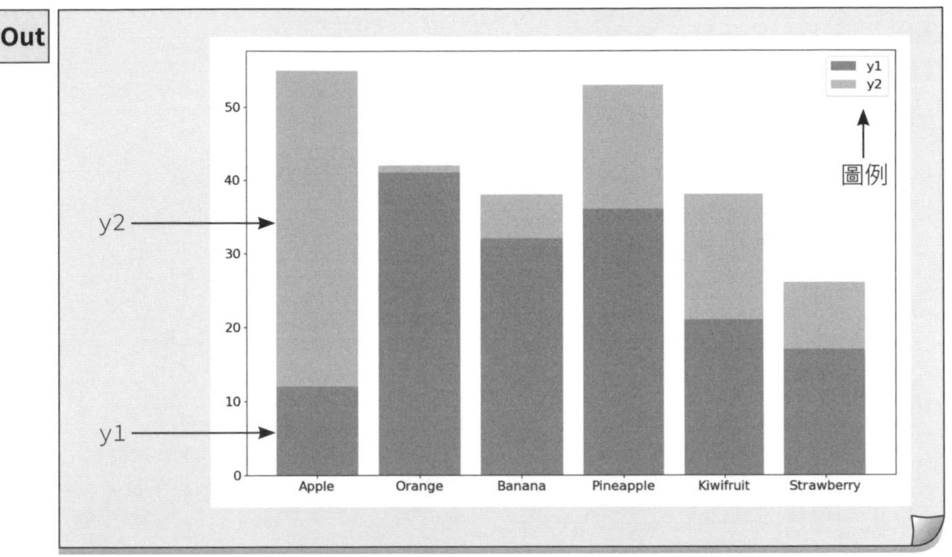

10-3 繪製直方圖 (histogram chart)

10-3-1 直方圖的繪製語法 – hist()

之前提到，直方圖主要是用來呈現連續資料各區間的次數，可以看出資料的分布情況。直方圖的繪製語法如下：

```
plt.hist(x, bins)
```

x：輸入的資料

bins：設定橫軸的組距數量，簡單說就是畫出來會有幾條長條。若指定為 'auto' 代表自動決定

範例演練

來演練看看吧！下面使用 NumPy 的 random.randn() 產生 10000 個符合標準常態分佈 (standard normal distribution) 的亂數，我們利用直方圖看看產生出來的這 10000 個數字是否確實符合標準常態分佈：

In

```
import numpy as np
import matplotlib.pyplot as plt

np.random.seed(0)
data = np.random.randn(10000)   ← 產生 10000 個亂數

plt.hist(data, bins='auto')
plt.show()
                    ↑ 組距設為自動
```

Out

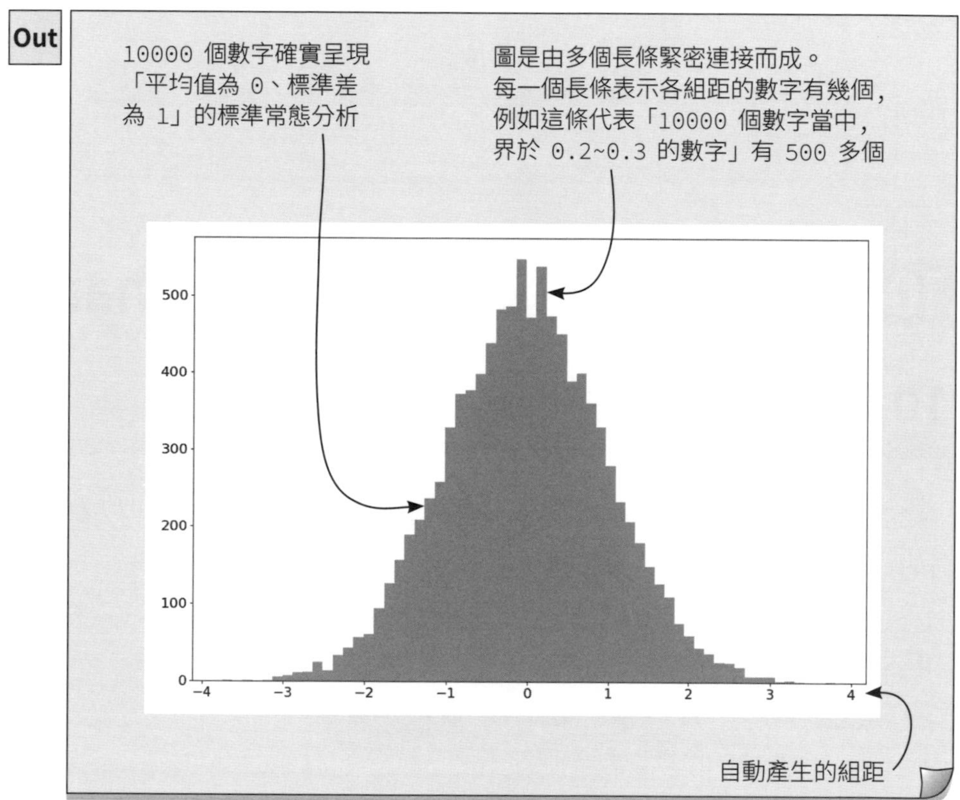
10000 個數字確實呈現「平均值為 0、標準差為 1」的標準常態分析
圖是由多個長條緊密連接而成。每一個長條表示各組距的數字有幾個，例如這條代表「10000 個數字當中，界於 0.2~0.3 的數字」有 500 多個
500
400
300
200
100
0
−4
−3
−2
−1
0
1
2
3
4
自動產生的組距

10-3-2 讓直方圖的 y 軸改顯示機率密度

繪製直方圖時，y 軸的單位預設是「次數」，如果在 plt.hist() 加上 **density=True**，可以讓 y 軸的單位改為機率密度 (probability density)，

機率密度的數學概念這裡就不多說，但簡單來說視為「機率」就可以了。在這種情況下，每一個長條的面積就代表此組距（例如 0~0.2 之間）的機率，而所有長條的面積總和為 1（機率總和為 100%）。

```
plt.hist(data,density=True)
```

範例演練

延續上一小節的例子，這裡利用 density 參數改變 y 軸的單位：

In

```
import numpy as np
import matplotlib.pyplot as plt

np.random.seed(0)
data = np.random.randn(10000)

plt.hist(data, bins='auto', density=True)
plt.show()
```

設定 density 參數

Out

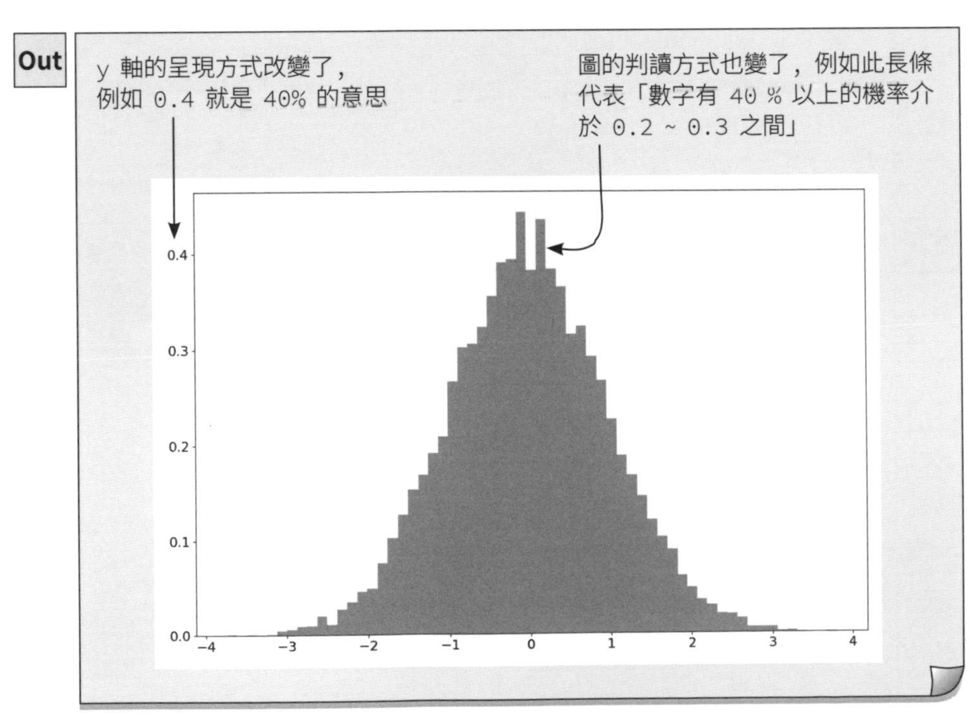

y 軸的呈現方式改變了，
例如 0.4 就是 40% 的意思
圖的判讀方式也變了，例如此長條代表「數字有 40 % 以上的機率介於 0.2 ~ 0.3 之間」
0.4
0.3
0.2
0.1
0.0
−4
−3
−2
−1
0
1
2
3
4

10-3-3 繪製累積直方圖

若在 plt.hist() 當中設定 **cumulative=True**, 就可以畫出累積直方圖 (cumulative histogram)。顧名思義, 就是每個長條的值會往右一直累加上去, 到了最右邊盡頭 y 軸所對應的就是所有資料 (不論是次數或機率值) 的總和。

```
plt.hist(data, cumulative=True)
```

範例演練

延續前例, 我們同樣讓 y 軸顯示機率密度, 然後改繪製累積直方圖:

In

```
import numpy as np
import matplotlib.pyplot as plt

np.random.seed(0)
data = np.random.randn(10000)

plt.hist(data, bins='auto', density=True, cumulative=True)

plt.show()
```

↑ 繪製累積直方圖

Out

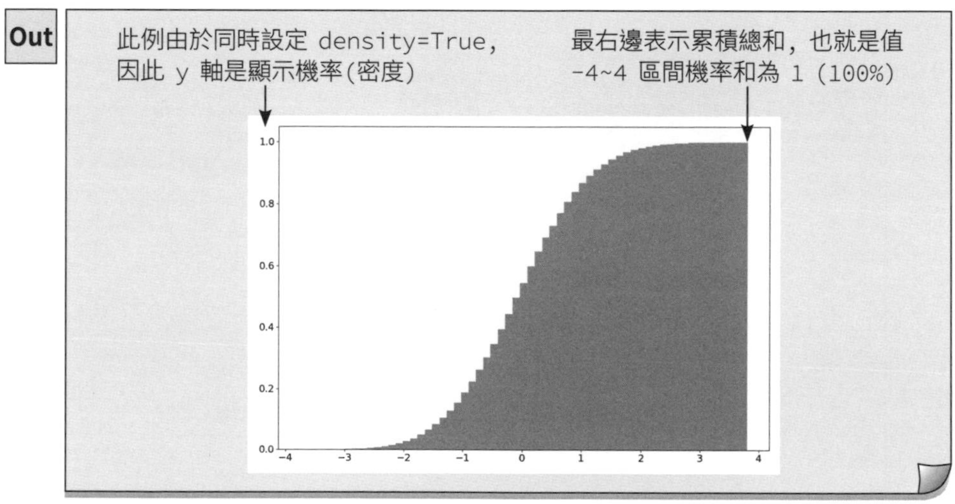
此例由於同時設定 density=True,
因此 y 軸是顯示機率(密度)
最右邊表示累積總和, 也就是值
-4~4 區間機率和為 1 (100%)
1.0
0.8
0.6
0.4
0.2
0.0
−4
−3
−2
−1
0
1
2
3
4

10-4 散佈圖 (scatter chart)

10-4-1 散佈圖的繪製語法 – scatter()

繪製散佈圖是使用 scatter(), 語法如下：

```
plt.scatter(x, y)
```

範例演練

下面來隨機產生各 100 個數字的兩組資料，把它們當作 X 與 Y 軸，利用散佈圖來看各 (x,y) 資料點的分佈情形：

In

```
import numpy as np
import matplotlib.pyplot as plt

np.random.seed(0)
x = np.random.randn(100)   ← 隨機產生 100 個 x 與 y 值
y = np.random.randn(100)

plt.scatter(x, y)   ← 傳入 scatter()
plt.show()
```

Out

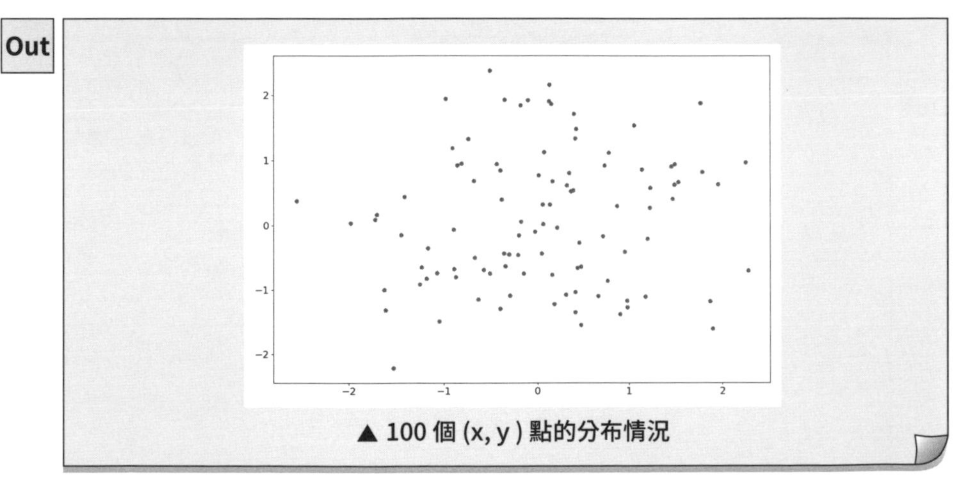

▲ 100 個 (x, y) 點的分布情況

10-4-2 設定各資料點的樣式

和折線圖一樣，散佈圖當中各資料點的樣式或顏色可以透過 marker 及 color 參數來設定：

```
plt.scatter(x, y, marker=資料點的樣式, color=顏色)
```

小編補充： 您可以到 https://matplotlib.org/api/markers_api.html 查看完整的標記點符號列表。至於顏色名稱則可到 https://matplotlib.org/gallery/color/named_colors.html 查詢。

範例演練

marker 及 color 參數的用法很簡單，直接來看範例：

In

```
import numpy as np
import matplotlib.pyplot as plt

np.random.seed(0)
x = np.random.randn(100)
y = np.random.randn(100)

plt.scatter(x, y, marker='^', color='black')  ← 設為黑色三角形
plt.show()
```

Out

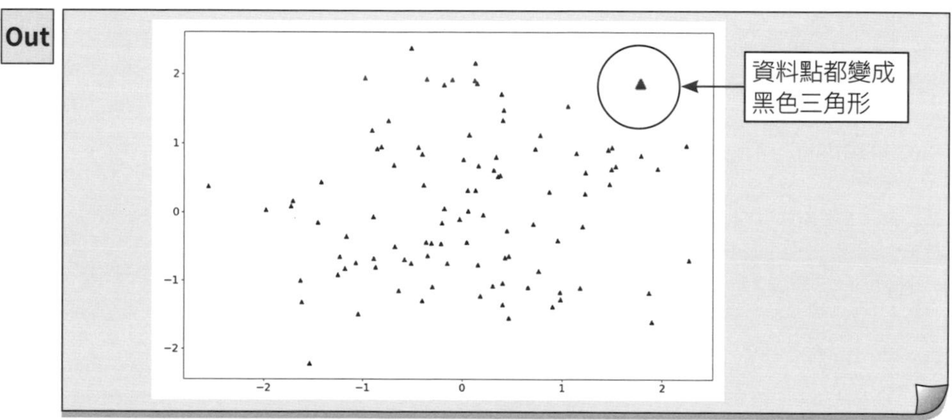

10-4-3 設定資料點的大小

散佈圖的點也可以使用參數 s 來指定尺寸大小，如果想要特別突顯某幾個點就可以加以調整：

```
plt.scatter(x, y, s=整數)
```

參數 s 若僅指定一個數值，就會將「所有」點統一設為指定的尺寸。若想個別設定每個點的大小，只要將 s 的參數值指定成一個和 x、y 一樣長度的陣列容器即可，陣列的內容則依序為各點的尺寸大小。

範例演練

In

```
import numpy as np
import matplotlib.pyplot as plt

np.random.seed(0)
x = np.random.randn(100)
y = np.random.randn(100)
size = np.random.choice(np.arange(100), 100)
plt.scatter(x, y, s=size)

plt.show()
```

建立 100 個介於 0~99 的亂數，做為各點的尺寸大小

在 scatter() 設定 s 參數

Out

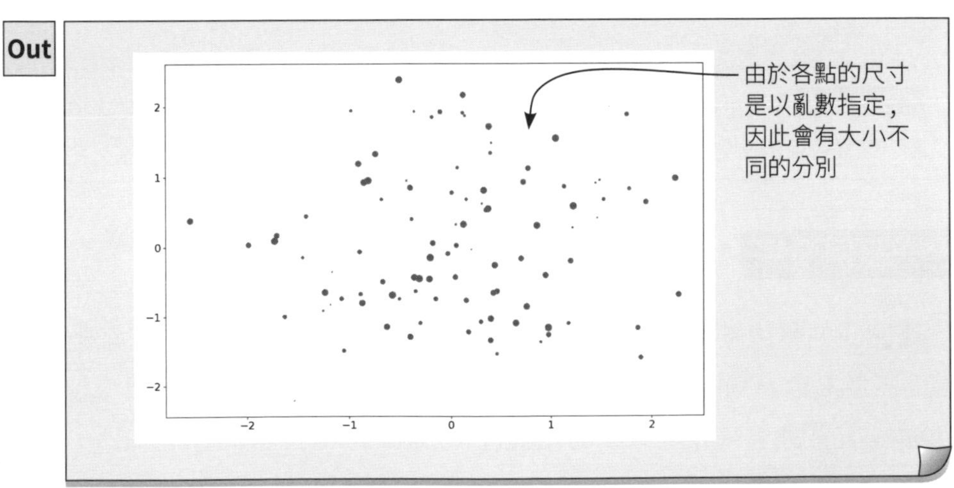

10-4-4 給散佈圖的點套上不同深淺顏色

此外，我們也可以用不同深淺的顏色來呈現各資料點，當某幾個資料的顏色、深淺都一致，就可以知道它們屬於同一類。繪製時是利用一個容器來設定哪些資料點的樣式要一樣，然後將此容器指定為參數 c 的值就可以了。此外，還可以用參數 cmap 指定整體的色系 (紅色、綠色、彩色…等):

```
plt.scatter(x, y, c=容器, cmap=色系)
```

參數 c 所指定的容器必須和 x、y 一樣長，否則會產生錯誤。而在色系方面，底下是常見的幾種，請留意大小寫需一致：

'viridis'	黃綠藍紫色系
'magna'	橘紅紫色系
'Reds'	紅色系
'Blues'	藍色系
'Greens'	綠色系
'Greys'	灰色系
'rainbow'	彩色

▲ Matplotlib 內建的色系

小編補充：Matplotlib 可用的色系名稱請參考 https://matplotlib.org/stable/gallery/color/colormap_reference.html。

範例演練

此例我們將用亂數建立 100 個資料點，然後再額外建立一個亂數陣列後，將此亂數陣列同時指定給 s 參數 (設定尺寸大小) 和 c 參數 (設定顏色深淺), 如此一來相同大小的點就會有相同的顏色：

In

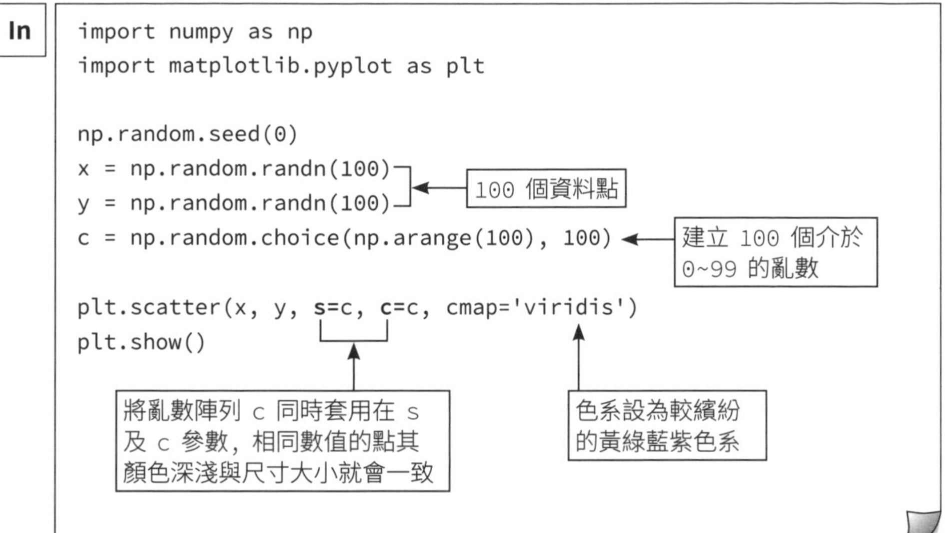

```
import numpy as np
import matplotlib.pyplot as plt

np.random.seed(0)
x = np.random.randn(100)
y = np.random.randn(100)
c = np.random.choice(np.arange(100), 100)

plt.scatter(x, y, s=c, c=c, cmap='viridis')
plt.show()
```

100 個資料點
建立 100 個介於 0~99 的亂數
將亂數陣列 c 同時套用在 s 及 c 參數，相同數值的點其顏色深淺與尺寸大小就會一致
色系設為較繽紛的黃綠藍紫色系

Out

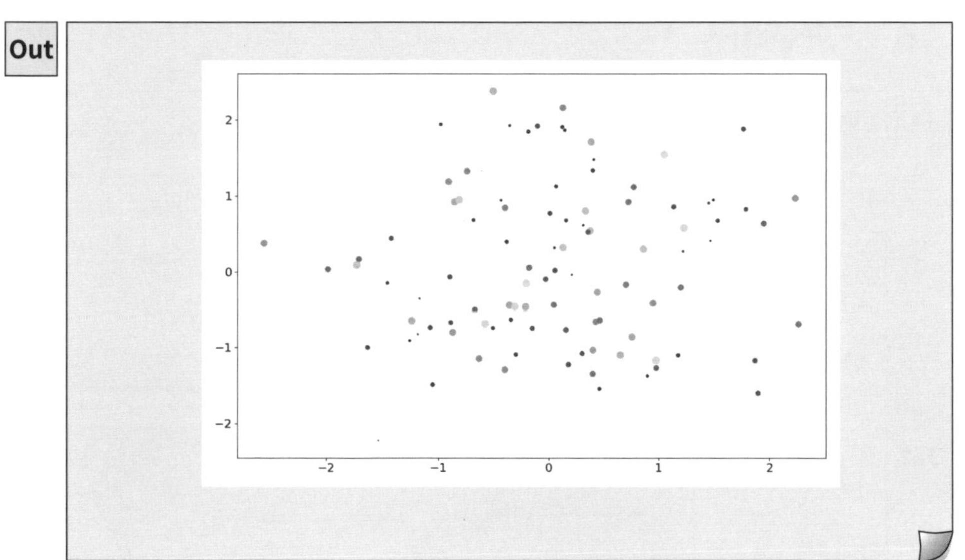
2
1
0
−1
−2
−2
−1
0
1
2

小編補充：本書為黑白印刷，讀者可實際執行範例看一下效果。

10-5 繪製圓餅圖 (pie chart)

10-5-1 圓餅圖的繪製語法 – pie()

圓餅圖 (pie chart) 和長條圖很類似，只是改用圓形切割出餅狀區域，以百分比呈現各資料所占的比例：

```
plt.pie(x)
```

範例演練

直接來看範例：

In

```
import numpy as np
import matplotlib.pyplot as plt

data = [60, 20, 10, 5, 3, 2]  ← 建立資料

plt.pie(data)  ← 傳入 pie() 繪製圓餅圖

plt.show()
```

Out

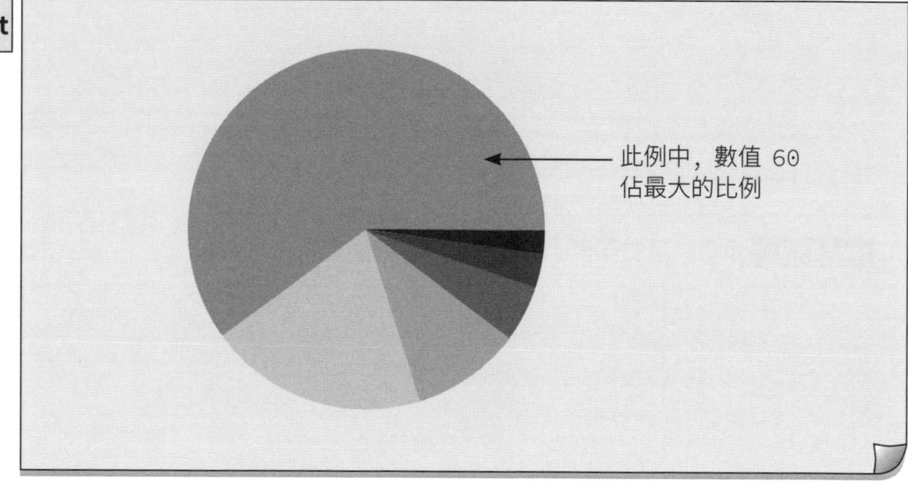

10-5-2 給圓餅圖各區域設定標籤並顯示百分比

從前面的結果可以發現，如果單純把資料畫成圓餅圖，卻沒有標籤來標示各區塊是什麼，資訊完全不夠，接著就來用 **labels** 參數指定各區塊的標籤名稱，並以 **aspect** 參數讓各區塊顯示百分比例：

plt.pie(x, labels=標籤容器, aspect = "%.2f%%")
labels 參數接收的值是個容器，
包含每個區塊對應的名稱
例：用 aspect 參數顯示百分比，
將百分比留到小數點後 2 位

範例演練

延用前一個範例，這回給圓餅加上標籤並顯示百分比：

In

```
import numpy as np
import matplotlib.pyplot as plt
data = [60, 20, 10, 5, 3, 2]
labels = ['Apple', 'Orange', 'Banana', 'Pineapple', 'Kiwifruit',
'Strawberry']  ← 建立各數值對應的標籤

plt.pie(data, labels=labels, autopct="%.2f%%" )  ← 指定標籤名稱並顯示百分比
plt.show()
```

Out

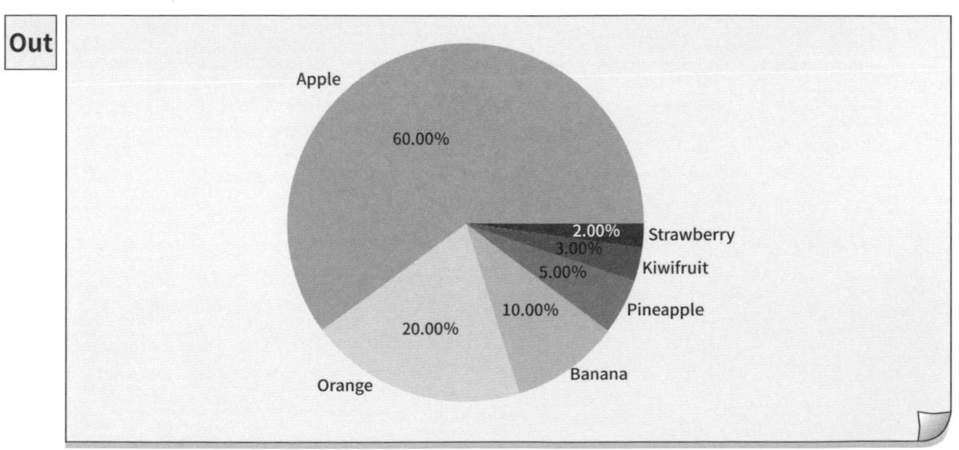

10-5-3 將圓餅圖的特定區塊向外推

有時候，你會希望特別強調圓餅圖中的某一塊區塊，讓它稍微往外推，這時使用圓餅圖的 **explode** 參數就可以做到：

```
plt.pie(x, explode=記錄各區塊外推幅度的容器)
```

explode 參數和 label 一樣，得傳入一個和 x 一樣長的容器，容器內每個值為 0 到 1 的浮點數，值越大、對應區域往外推的幅度就越大。

範例演練

我們來強調圓餅的其中兩塊：

In

```
import numpy as np
import matplotlib.pyplot as plt

data = [60, 20, 10, 5, 3, 2]
labels = ['Apple', 'Orange', 'Banana', 'Pineapple', 'Kiwifruit',
'Strawberry']
explode = [0, 0, 0.1, 0.2, 0, 0]

plt.pie(data, labels=labels, explode=explode)

plt.tight_layout()
plt.show()
```

設定『Banana』及『Pineapple』這兩塊往外推，其他不變

套用設定

Out

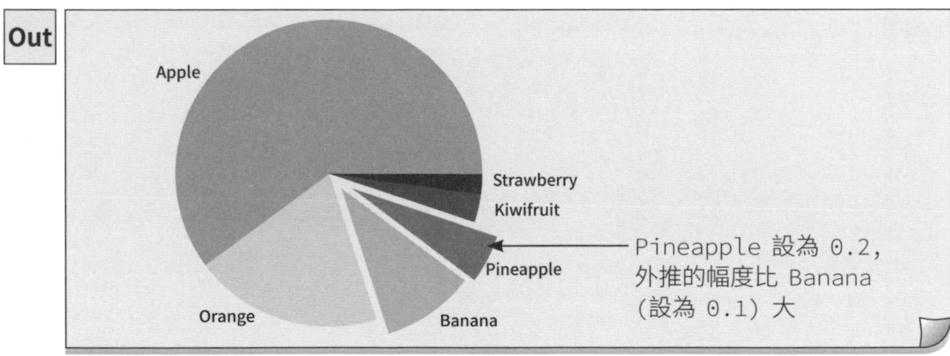

10-5-4 給圓餅圖加入立體陰影

若想增添圓餅圖的立體感，可以透過 shadow 參數在圓餅圖的邊緣加上陰影：

```
plt.pie(data, shadow=True)
```

範例演練

In

```
import numpy as np
import matplotlib.pyplot as plt

data = [60, 20, 10, 5, 3, 2]
labels = ['Apple', 'Orange', 'Banana', 'Pineapple', 'Kiwifruit',
'Strawberry']
explode = [0, 0, 0.2, 0, 0, 0]   ← 這回我們只把其中一塊圓餅往外推

plt.pie(data, labels=labels, explode=explode, shadow=True)
plt.show()                                     ↑ 啟用陰影
```

Out

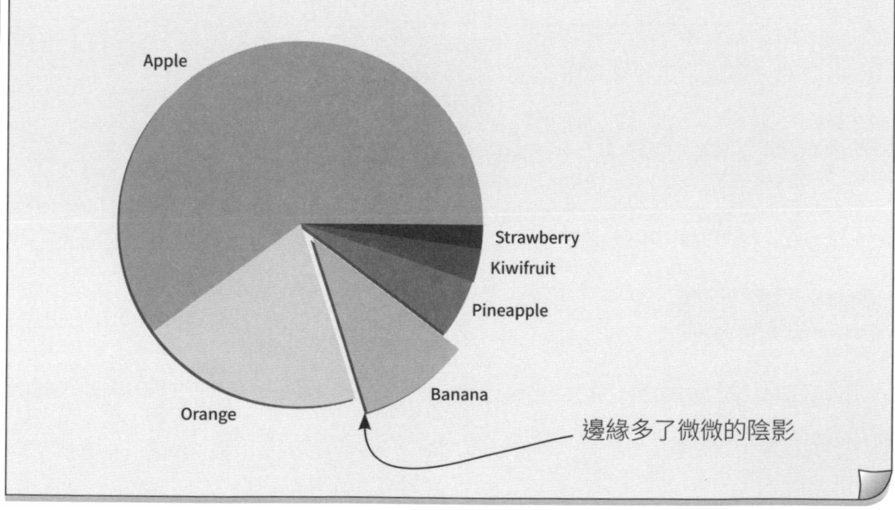

10-6 繪製 3D 圖表

前面我們都是介紹 2D 的平面圖表，Matplotlib 也能畫 3D 立體圖表，3D 圖表的使用機會相較於 2D 來的少，不過還是帶您稍微認識一下。

10-6-1 匯入 3D 套件並繪製子圖

為了繪製 3D 圖表，要多匯入一個 3D 函式庫：

In
```
from mpl_toolkits.mplot3d import Axes3D
```

小編補充： 在 Matplotlib 3.2.0 之後的版本可不必輸入這一行，套件會自動匯入。

接著，要用 plt.figure() 建立畫布，並新增一個支援 3D 繪圖功能的子圖：

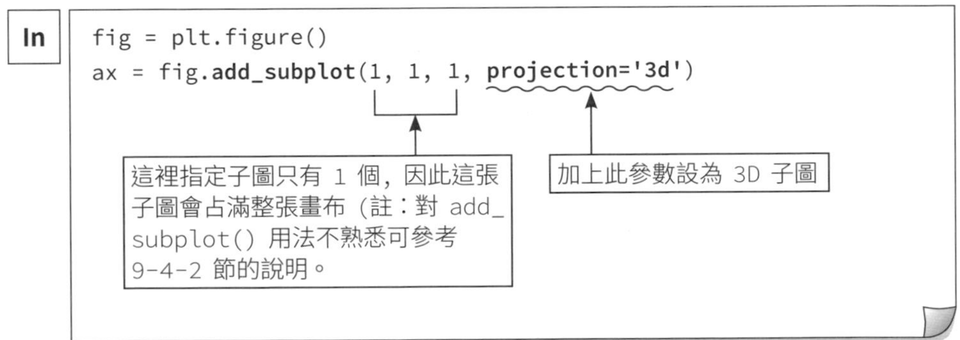
In
```
fig = plt.figure()
ax = fig.add_subplot(1, 1, 1, projection='3d')
```

這裡指定子圖只有 1 個，因此這張子圖會占滿整張畫布（註：對 add_subplot() 用法不熟悉可參考 9-4-2 節的說明。
加上此參數設為 3D 子圖

範例演練

下面讓你體驗看看 3D 曲面畫出來是什麼樣子，我們下一小節再詳加說明各語法的細節：

In

```
import numpy as np
import matplotlib.pyplot as plt
from mpl_toolkits.mplot3d import Axes3D

t = np.linspace(-2 * np.pi, 2 * np.pi)
x, y = np.meshgrid(t, t)
z = np.sin(np.sqrt(x ** 2 + y ** 2))

fig = plt.figure()
ax = fig.add_subplot(1, 1, 1, projection='3d')

ax.plot_surface(x, y, z)

plt.tight_layout()
plt.show()
```

準備 x, y, z 軸資料

建立 3D 子圖畫布

使用 plot_surface() 畫出三軸資料所構成的曲面

Out

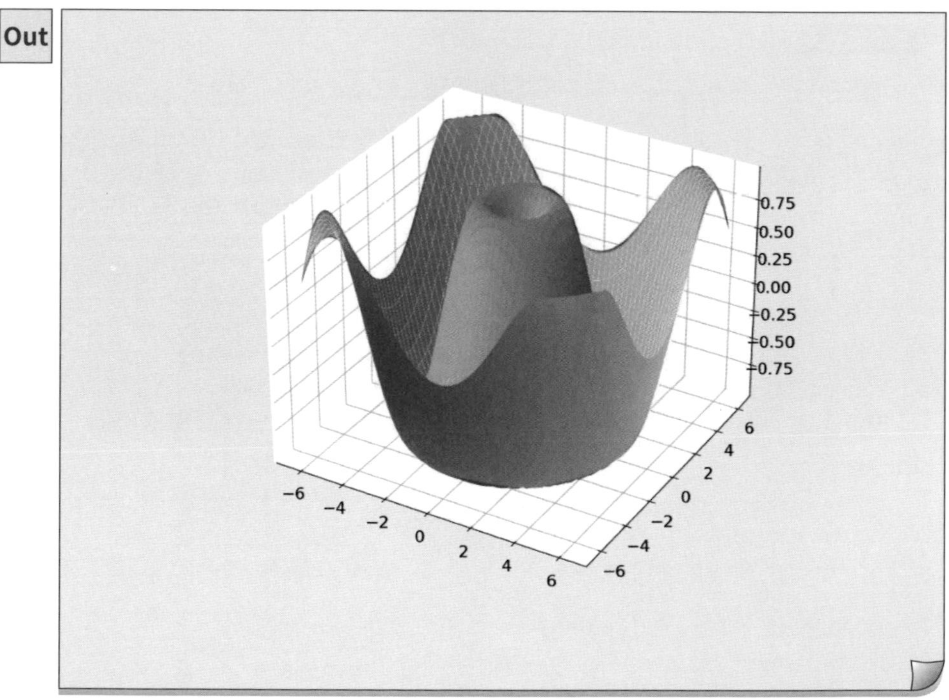

10-6-2 繪製曲面 – plot_surface()

我們來仔細看看前一小節 plot_surface() 的繪製曲面語法：

```
ax.plot_surface(X, Y, Z) ←—— 傳入 plot_surface() 的 X、Y、Z
                              參數都必須是 2D 陣列
```

在前一小節的程式中，X、Y 是利用 NumPy 的的 meshgrid() 函式產生。前例 **np.meshgrid(t1, t2)** 會根據傳入的 t1、t2 兩個 1D 陣列產生 2D 的「平面網格」。meshgrid() 在運算過程中是先用 t1、t2 的值建立多個 (t1, t2) 座標點，整體來看就會呈現網格的樣貌，而 meshgrid() 最終傳回的是網格內全部的 X 座標數值 (放在一個 2D 陣列), 以及全部的 Y 座標數值 (放在另一個 2D 陣列)。

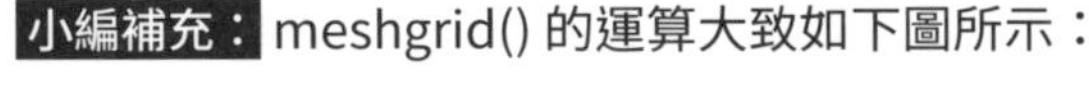

小編補充： meshgrid() 的運算大致如下圖所示：

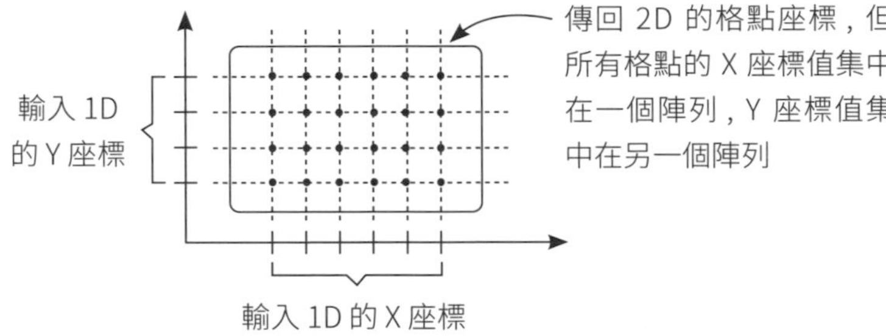
傳回 2D 的格點座標，但
所有格點的 X 座標值集中
在一個陣列，Y 座標值集
中在另一個陣列
輸入 1D
的 Y 座標
輸入 1D 的 X 座標

若想更認識 meshgrid() 的用法，可參考旗標「NumPy 高速運算徹底解說」3-9 節的說明。

有了 X、Y 構成的平面網格，再配上 Z 值 (記錄各點「高度值」的 2D 陣列), 便能在畫出立體的曲面了。

範例演練

現在我們簡化上一小節程式，單純用 X 與 Y 的乘積當成 Z 軸的值：

In

```
import numpy as np
import matplotlib.pyplot as plt
from mpl_toolkits.mplot3d import Axes3D

t = np.linspace(-5, 5, num=50)       ← 產生 1D 陣列 t，內容為 -5 到 5 之間的 50 個值

x, y = np.meshgrid(t, t)     ← 將 t 傳入 meshgrid()，建立好 x 和 y。(註：x 是 50 * 50 網格所有格點的 X 座標值，y 則是所有格點的 Y 座標值)

z = x * y     ← z 的值設為 x 乘 y，做為各格點的高度值

fig = plt.figure()
ax = fig.add_subplot(1, 1, 1, projection='3d')
ax.plot_surface(x, y, z)     ← 傳入資料來繪製曲面
plt.show()
```

Out

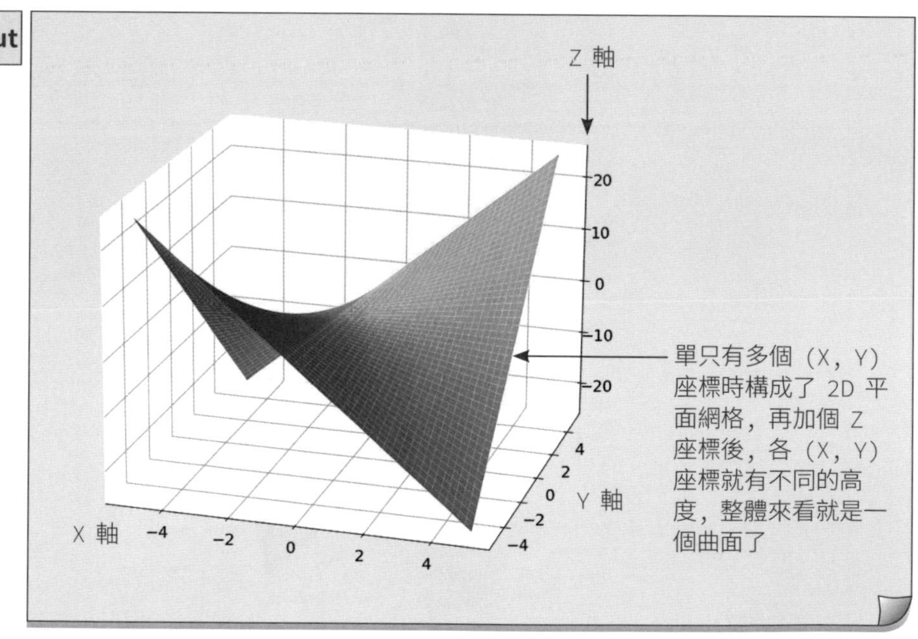
Z 軸
20
10
0
-10
-20
4
2
0
-2
-4
Y 軸
X 軸
-4
-2
0
2
4
單只有多個 (X, Y) 座標時構成了 2D 平面網格，再加個 Z 座標後，各 (X, Y) 座標就有不同的高度，整體來看就是一個曲面了

10-6-3 給曲面套上顏色

有時單色的 3D 圖形不易看清形狀，這時就能和 10-4-4 節介紹過的一樣，藉由 cmap 參數來指定色系，Matplotlib 會將曲面中相近高度位置以相同顏色顯示。

範例演練

In

```
import numpy as np
import matplotlib.pyplot as plt
from mpl_toolkits.mplot3d import Axes3D

t = np.linspace(-5, 5)
x, y = np.meshgrid(t, t)
z = x * y

fig = plt.figure()
ax = fig.add_subplot(1, 1, 1, projection='3d')
ax.plot_surface(x, y, z, cmap='viridis')
plt.show()
```

指定色系

Out

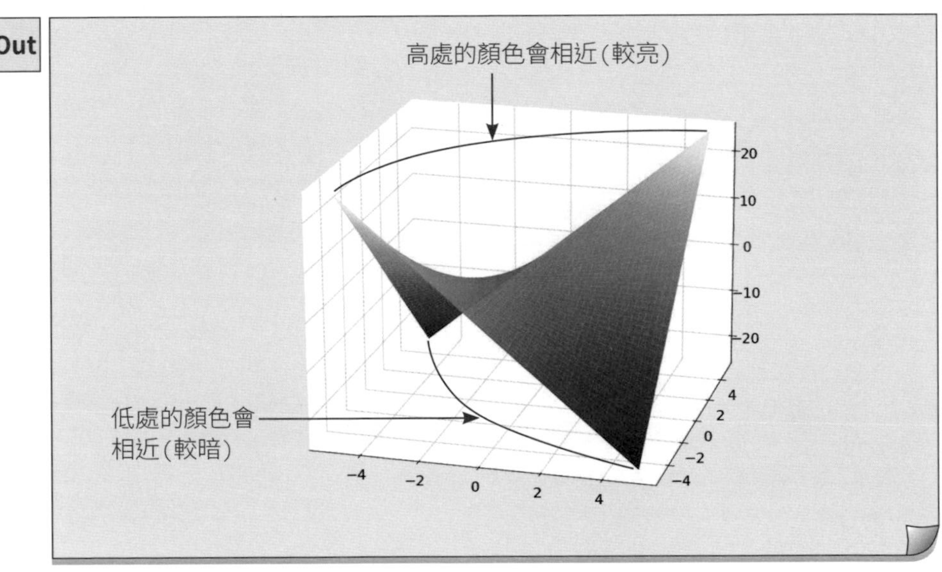

10-6-4 繪製 3D 長條圖 – bar3D()

前面介紹的是 3D 曲面，Matplotlib 也能繪製 3D 長條圖，即各立體長條圖在擺在一個立體空間，各長條的擺放位置、以及各長條本身的長、寬、高都可以彈性設定，語法如下：

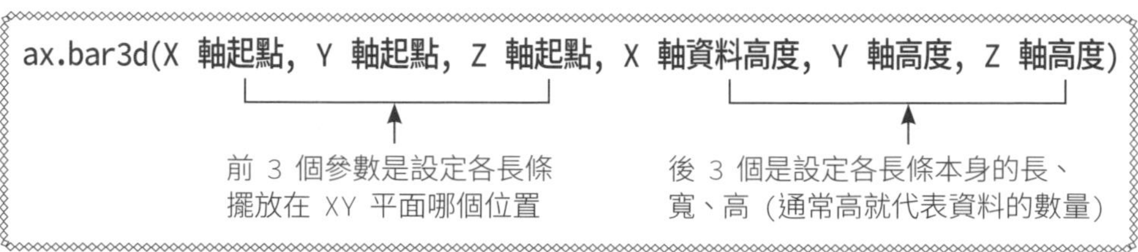

ax.bar3d(X 軸起點, Y 軸起點, Z 軸起點, X 軸資料高度, Y 軸高度, Z 軸高度)
前 3 個參數是設定各長條擺放在 XY 平面哪個位置
後 3 個是設定各長條本身的長、寬、高 (通常高就代表資料的數量)

小編補充： 這些參數光看字面不太好明白，直接看底下的範例就清楚了。

範例演練

下面來畫個有 10 筆資料的 3D 長條圖，我們要沿著 XY 平面左上到右上的「對角線」依序排列這 10 個長條，才容易看出立體的樣貌。最後再以 Z 軸的高度來代表各長條的資料多寡：

In

```
import numpy as np
import matplotlib.pyplot as plt
from mpl_toolkits.mplot3d import Axes3D

fig = plt.figure()
ax = fig.add_subplot(1, 1, 1, projection='3d')

xpos = np.arange(10)
ypos = np.arange(10)

zpos = np.zeros(10)
```

(xpos、ypos：建立兩個內容皆為 0、1、2...到 9 的 1D 陣列，各代表 X 軸、Y 軸的座標位置。搭配下來，第 0 條就會擺在 XY 平面 (0, 0) 的位置，第 1 條在 (1, 1) 的位置，…，第 9 條在 (9, 9) 的位置)

(zpos：各長條都是從 Z 軸高度 0 開始向上 (註：也就是從 XY 平面的高度 0 往上延伸))

註：以上這 3 個參數便設好了長條的擺放位置

```
dx = np.ones(10)  ←—— 10 個立體長條依序的「長」，都設為 1

dy = np.ones(10)  ←—— 10 個立體長條依序的「寬」，都設為 1

dz = np.arange(10) + 1  ←—— 10 個立體長條依序的「高」，依序為 1~10


ax.bar3d(xpos, ypos, zpos, dx, dy, dz)  ←—— 繪製 3D 長條圖
plt.show()
```

Out

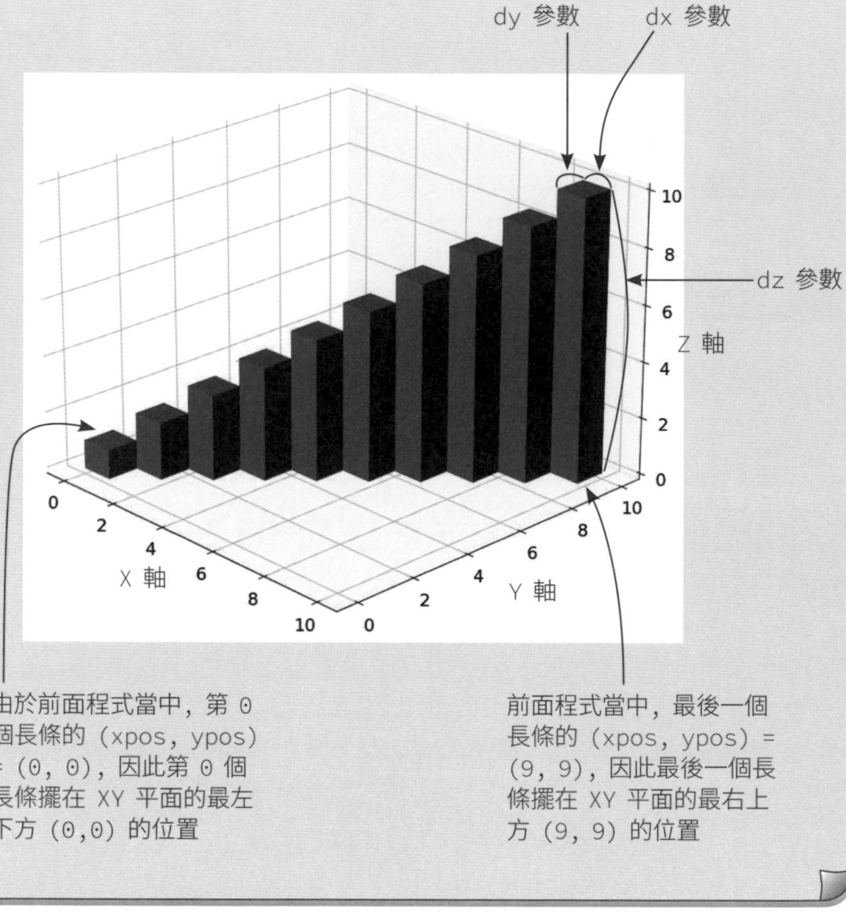

dy 參數

dx 參數

dz 參數

Z 軸

X 軸

Y 軸

由於前面程式當中，第 0 個長條的 (xpos, ypos) = (0, 0)，因此第 0 個長條擺在 XY 平面的最左下方 (0,0) 的位置

前面程式當中，最後一個長條的 (xpos, ypos) = (9, 9)，因此最後一個長條擺在 XY 平面的最右上方 (9, 9) 的位置

10-6-5 繪製 3D 散佈圖 – scatter3D()

當你有多筆 (X, Y, Z) 資料時，也能把它們畫成立體散佈圖，觀察資料之間的關係和分布狀況：

```
ax.scatter3D(X, Y, Z)
```

範例演練

In

```
import numpy as np
import matplotlib.pyplot as plt
from mpl_toolkits.mplot3d import Axes3D

fig = plt.figure()
ax = fig.add_subplot(1, 1, 1, projection='3d')

x = np.random.randn(1000)
y = np.random.randn(1000)
z = np.random.randn(1000)

ax.scatter3D(x, y, z)
plt.show()
```

三個座標的資料都是 1000 個符合標準常態分佈的隨機數字

利用 scatter3D() 繪製出來

Out

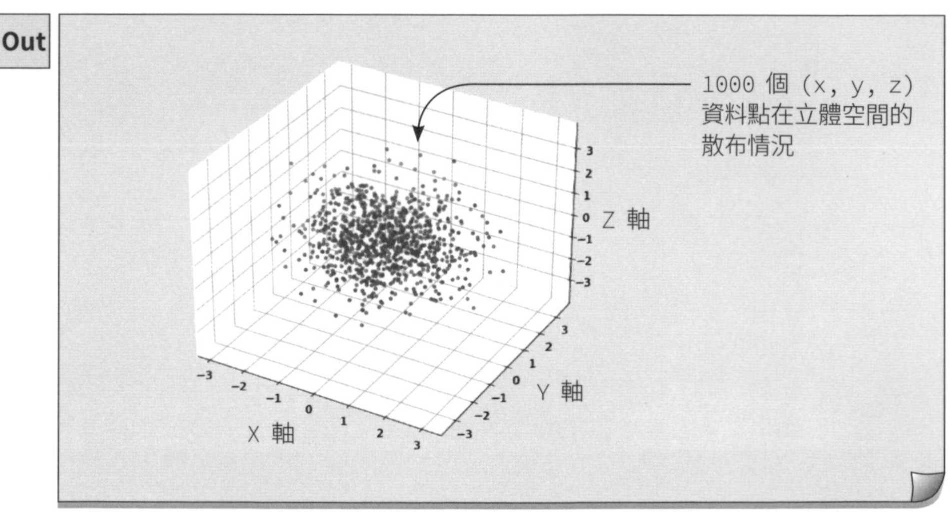

MEMO

CHAPTER

11

用 OpenCV 處理影像資料

第 6 章提過資料預處理 (Data preprocessing) 的重要，在影像辨識專案中，就經常需要對影像資料做些前置處理，以提高模型的辨識準確率。另一個常見的影像處理需求則是解決圖片量不足的問題，為了增加圖片樣本的數量，可以對既有圖片做影像平移、旋轉、反轉、調整色調…等各種調整，然後另存為新圖片來使用，這在機器學習領域稱為資料擴增 (Data Augmentation)，也是非常重要的技巧。

用 Python 處理影像資料，必學的就是本章要介紹的 OpenCV 套件，一起來熟悉此套件的使用方法吧！

11-1 認識影像資料

我們在螢幕上看到的影像 (圖片)，是由眾多像素 (pixels) 構成的，比如 1024 x 768 大小的灰階圖片就代表寬 (width) 有 1024 個像素、高 (height) 有 768 個像素。像素資料都是介於 0~255 的值，0 代表最暗 (黑)，255 代表最亮 (白)。

如果圖片是彩色的，彩色圖片是由 R、G、B 三個顏色通道 (channel) 組成，因此彩色圖片的每一個像素都有 R、G、B 三個像素值，各通道的像素值也都是介於 0~255 之間。

小編補充：重要！關於圖片寬、高的描述順序

還記得第 5 章介紹 NumPy 時提過 3D 陣列吧，我們用程式來處理全彩圖片時，就會將一張圖片轉換成 3D 陣列這樣的 3 軸形式，例如一張 1024 (寬) x 768 (高) 大小的全彩圖片，轉成 NumPy 會是一個 shape 為 (768, 1024, 3) 的 3D 陣列。

相信您已經留意到將圖片轉成陣列後，shape 會變成高 (768) 在前、寬 (1024) 在後，shape 會這樣表示是因為我們在描述陣列的形狀時，都是習慣先垂直往下看有幾列，再水平往右看有幾行，只不過這恰恰跟一般我們在描述一張 1024 (寬) x 768 (高) 的圖片相反，為了避免讀者被寬、高的表示順序搞得很頭痛，不管是圖片或是陣列，小編建議一律用「橫列」、「直行」來看，例如 shape 若為 (768, 1024), 就是代表一張 768 列 × 1024 行的「灰階」圖片；shape 若為 (768, 1024, 3), 就是一張 768 列 × 1024 行的「彩色」圖片；

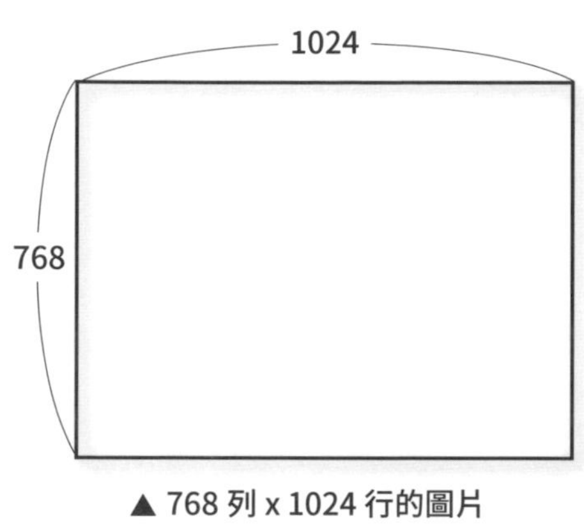

▲ 768 列 x 1024 行的圖片

11-2 OpenCV 的基礎

本節就開始介紹 OpenCV 的基礎語法，開始前請留意一點，由於 OpenCV 所使用的顏色通道順序不是一般慣用的 R → G → B, 而是反過來的 B → G → R, 為了避免後續讀取、顯示圖片時錯亂，**在執行這一章中的任何範例之前，請記得加入以下程式碼（後續範例將不再一一寫出）**。這段程式碼主要自訂了一個 aidemy_imshow() 函式來調整 OpenCV 原本的顯示圖片函式 imshow(), 除了調整顏色順序外，也加入了 matplotlib 的繪圖功能。

程式如下：

In

```
#重申！執行本章任何範例前, 請先加入以下程式碼 (後續範例將不再一一寫出)
import numpy as np
import matplotlib.pyplot as plt
import cv2 ←─ 匯入 OpenCV 套件
```

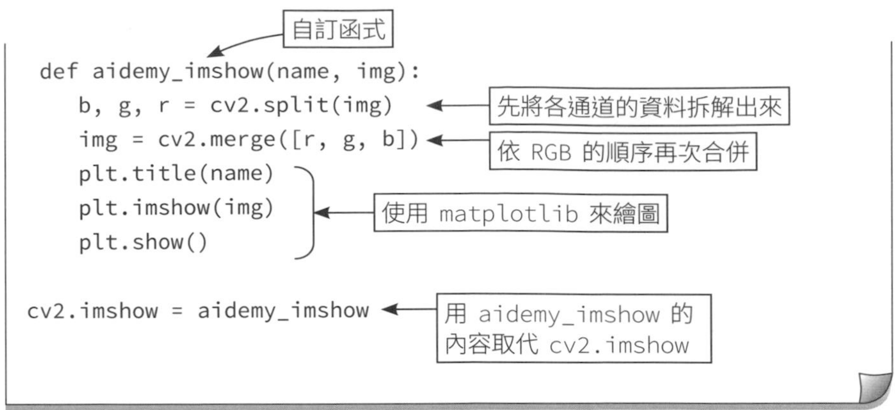

自訂函式
def aidemy_imshow(name, img):
b, g, r = cv2.split(img)
先將各通道的資料拆解出來
img = cv2.merge([r, g, b])
依 RGB 的順序再次合併
plt.title(name)
plt.imshow(img)
plt.show()
使用 matplotlib 來繪圖
cv2.imshow = aidemy_imshow
用 aidemy_imshow 的
內容取代 cv2.imshow

11-2-1 用 OpenCV 讀取並顯示圖片

首先來看 OpenCV 讀取圖片的語法，如下所示：

```
圖片物件名稱 = cv2.imread('圖片存放路徑/sample.jpg')
```

當您使用 cv2.imshow() 讀取圖片後，圖片內容會直接轉為 NumPy 的陣列格式，方便做後續操作。

而若想將資料還原成圖片的樣子，語法如下：

```
cv2.imshow('圖片上方所顯示的說明文字', 圖片物件名稱)
```

小編補充： 注意，前面我們用具備 matplotlib 繪圖功能的 aidemy_imshow() 來取代原有的 cv2.imshow()，因此上面所列的並非 cv2.imshow() 的標準語法，而是 aidemy_imshow() 的語法。

範例演練

我們以最普遍的 JPG 圖片為例來示範讀取圖片吧！首先請準備好一張 JPG 圖片，你也可使用本章提供的範例圖片，在本章範例資料夾中可看到檔名為 sample.jpg 的圖片：

▲ 本章的範例圖片 \F1378\Ch11_(OpenCV)\photo\sample.jpg

由於本書是在 Google 的 Colab 環境操作，因此必須先將範例圖片複製到 Google 的雲端硬碟，並在 Colab 中掛載雲端硬碟，才能用程式讀取到圖片。這一系列操作的步驟如下：

雲端硬碟　在雲端硬碟中搜尋

我的雲端硬碟 > Colab_Notebooks > F1378

新增
我的雲端硬碟
與我共用
近期存取
已加星號
垃圾桶
儲存空間
目前使用量：6.2 GB (儲存空間配額：19 GB)
購買儲存空間

名稱 ↓
Ch17 (CNN2)
Ch16 (CNN1)
Ch15 (DNN2)
Ch14 (DNN1)
Ch11_(OpenCV)
Ch10 (Matplotlib 2)
Ch09 (Matplotlib 1)

❶首先請自行把本章範例檔複製到您的 Google 雲端硬碟內

F1378 - Ch11.ipynb
檔案 編輯 檢視畫面 插入 執行階段 工具 說明
檔案
+ 程式碼 + 文字
..
sample_data

❷接著進入 Google Colab 環境，點選左側的**檔案**圖示

❸再點選**掛載雲端硬碟**圖示，若已經登入 Google 帳號，就會直接掛載完成

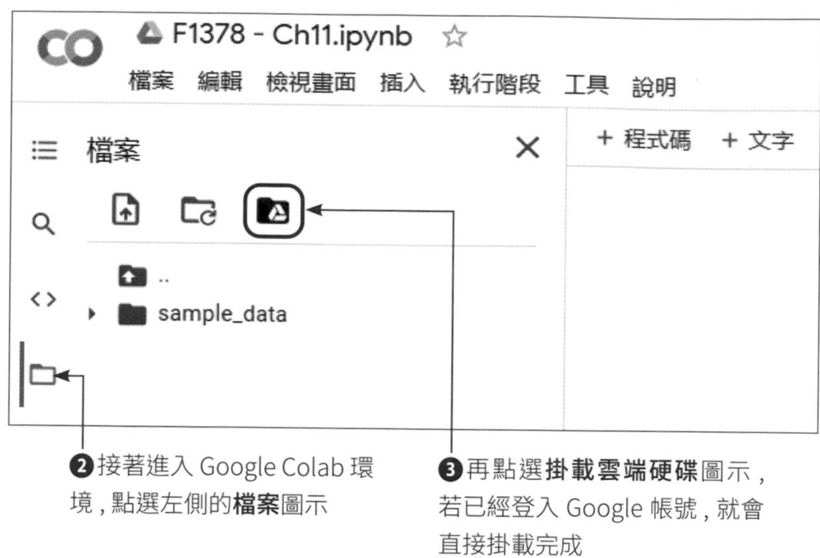

若您操作時沒有看到掛載雲端硬碟的畫面，不用擔心，請依照底下步驟進行掛載：

In

```
from google.colab import drive
drive.mount('/content/drive')
```

❶在 Colab 中執行這兩行程式

Out

```
Go to this URL in a browser: https://accounts.google.com/o/
oauth2/auth?client_id=947318989803-6bn6qk8qdgf4n4g3pfee6491hc0b
rc4i.apps.googleusercontent.com&redirect_uri=urn%3aietf%3awg%3
aoauth%3a2.0%3aoob&scope=email%20https%3a%2f%2fwww.googleapis.
com%2fauth%2fpeopleapi.readonly%20https%3a%2f%2fwww.googleapis.
com%2fauth%2fdrive.activity.readonly%20https%3a%2f%2fwww.
googleapis.com%2fauth%2fphotos.native&response_
type=code

Enter your authorization code:
4/1AY0e-g7F
```

❸將授權碼貼到此處，接著按下 Enter

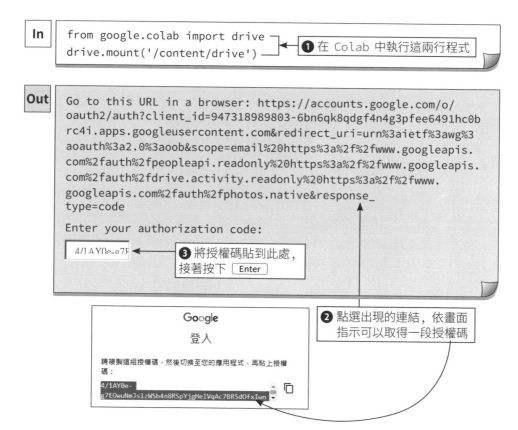

❷點選出現的連結，依畫面指示可以取得一段授權碼

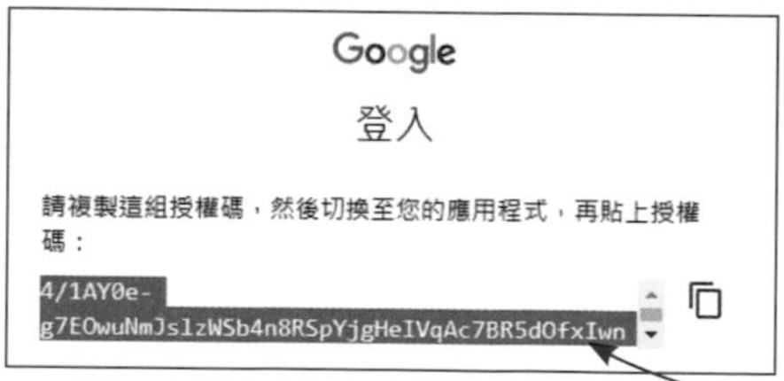

Google
登入
請複製這組授權碼，然後切換至您的應用程式，再貼上授權碼：
4/1AY0e-
g7EOwuNmJslzWSb4n8RSpYjgHeIVqAc7BR5dOfxIwn

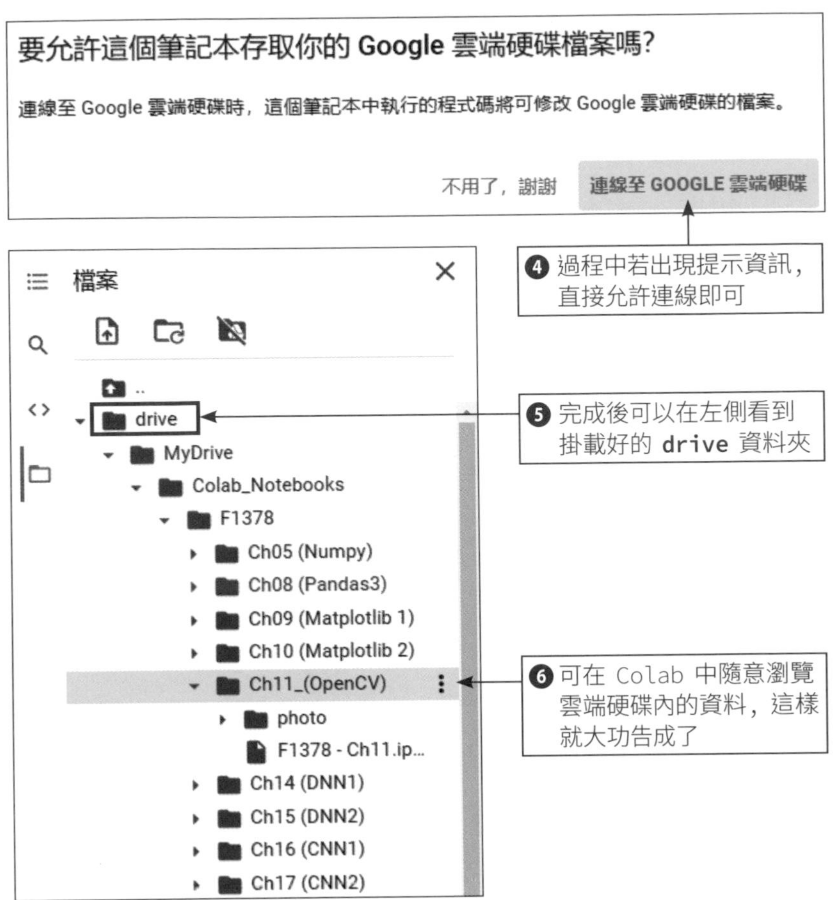
要允許這個筆記本存取你的 Google 雲端硬碟檔案嗎?
連線至 Google 雲端硬碟時，這個筆記本中執行的程式碼將可修改 Google 雲端硬碟的檔案。
不用了，謝謝
連線至 GOOGLE 雲端硬碟
❹ 過程中若出現提示資訊，直接允許連線即可
檔案
drive
MyDrive
Colab_Notebooks
F1378
Ch05 (Numpy)
Ch08 (Pandas3)
Ch09 (Matplotlib 1)
Ch10 (Matplotlib 2)
Ch11_(OpenCV)
photo
F1378 - Ch11.ip...
Ch14 (DNN1)
Ch15 (DNN2)
Ch16 (CNN1)
Ch17 (CNN2)
❺ 完成後可以在左側看到掛載好的 drive 資料夾
❻ 可在 Colab 中隨意瀏覽雲端硬碟內的資料，這樣就大功告成了

做完以上前置工作後，接著就來演練 OpenCV 的讀取 / 顯示圖片語法：

In
路徑字串前面加 r，使路徑當中的反斜線不會被解讀為特殊字元
接下行
在 imread() 內輸入路徑

```
img = cv2.imread(r'/content/drive/MyDrive/Colab_Notebooks/
F1378/Ch11_(OpenCV)/photo/sample.jpg')
```

如前面提到的，用 cv2.imshow() 讀取出來的 img 物件就是 NumPy 的陣列格式，我們來驗證一下：

小編補充： 輸入圖片路徑時，用複製的最快！不用手動輸入：

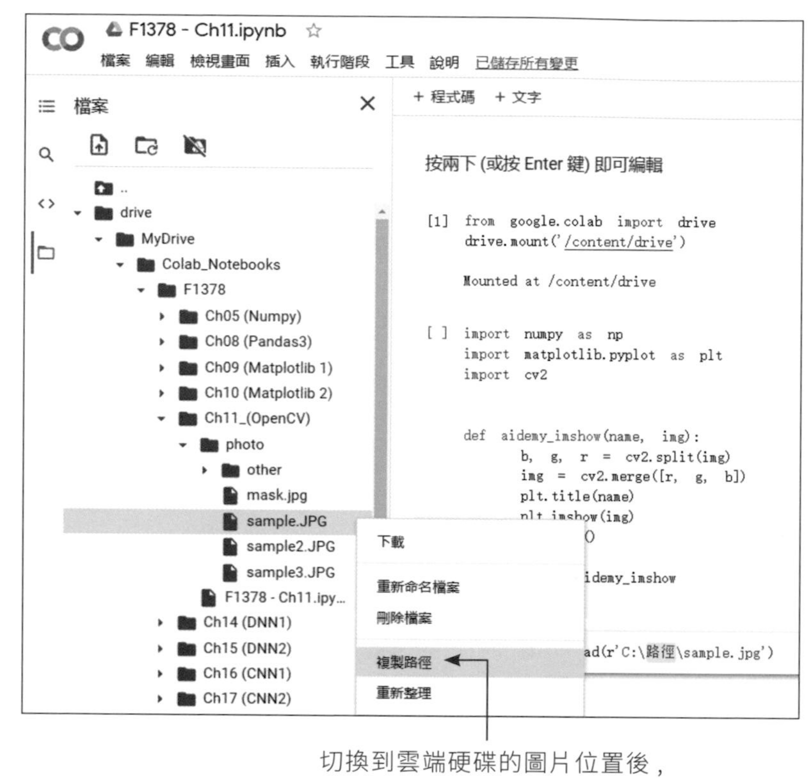

In

```
print(type(img))
print(img.shape)
```

Out

```
<class 'numpy.ndarray'>   ← 確認是 ndarray 物件
(873, 1309, 3)   ←
```

這是陣列的 shape，可以知道 sample.jpg 是一張 1309（寬）x 873（高）的彩色圖片（註：NumPy 在顯示 shape 時一律是先列出高（873 個像素），再列出寬（1309 個像素），請留意此差異）

若想在 Colab 中顯示這張圖片，執行以下程式即可：

In

```
cv2.imshow('Sample pic', img)
```

11-2-2 產生圖片資料並存成圖片檔

有時候我們可能會用 NumPy 隨機生成雜訊圖片，以供後續使用，若想要檢視圖片長什麼樣子，可以將陣列格式的圖片物件建立成一個圖片檔：

```
cv2.imwrite('要儲存的路徑與檔名', 圖片物件名稱)
```

範例演練 (一)

下面我們用 NumPy 產生一個 256 x 256 大小的彩色圖片，並把它存成檔案：

In

```
img = np.array([[(255, 255, 0) for x in range(256)]
                for x in range(256)])
```

用 Numpy 以及 4-3-4 節介紹的巢狀 list 生成式建立 256x256 的圖片，圖片每一個像素值都是 B=255, G=255, R=0

```
cv2.imwrite(r'/content/drive/MyDrive/Colab_Notebooks/F1378/Ch11_
(OpenCV)/photo/sample_2.jpg', img)
```

將圖片存在雲端硬碟中

```
cv2.imshow('Sample pic 2', img)
```

在 Colab 中看一下圖片的樣子

Out

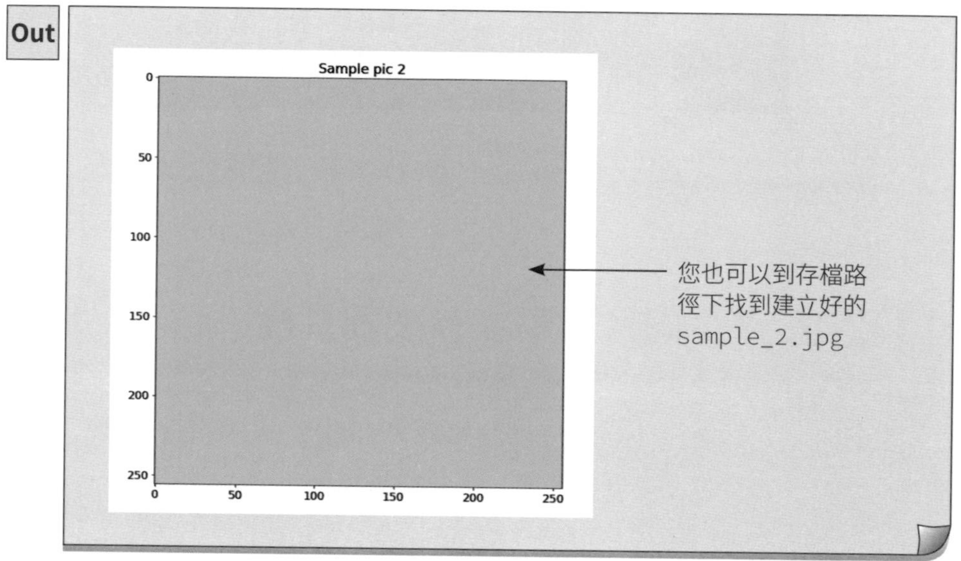

如本節開頭所提到的，OpenCV 所定義的的顏色通道順序不是 R、G、B 而是 B、G、R，因此每一格都是 (255, 255, 0) 的 img 物件會畫出青色 (R=0, G=255, B=255)，而不是黃色 (R=255, G=255, B=0)。

範例演練 (二)

接著做點變化，下面的範例會產生 256 x 256 的彩色漸層圖片：

In

```
img_size = 256
```

```
img = np.array( [[(x, int((x + y) / 2), y) for x in range(img_size)]
               for y in range(img_size)])
```

利用這個運算式讓生成圖片物件的每個像素值有點變化

```
cv2.imwrite(r'/content/drive/MyDrive/Colab_Notebooks/F1378/Ch11_
(OpenCV)/photo/sample_3.jpg', img)
```

將圖片存在雲端硬碟中

```
cv2.imshow('Sample pic 3', img)
```

在 Colab 中看一下圖片的樣子

Out

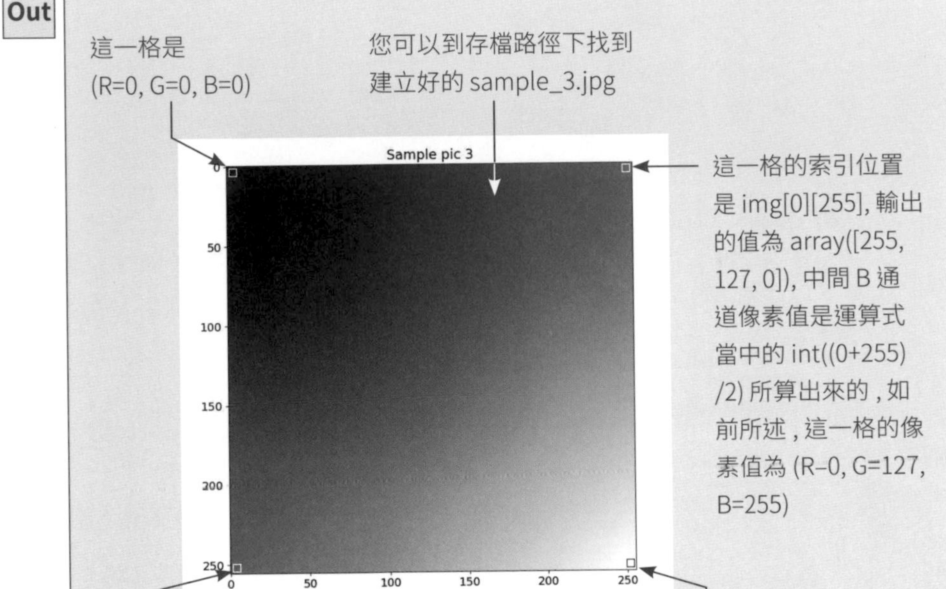
這一格是
(R=0, G=0, B=0)
您可以到存檔路徑下找到
建立好的 sample_3.jpg
Sample pic 3
0
50
100
150
200
250
0
50
100
150
200
250
這一格的索引位置是 img[0][255], 輸出的值為 array([255, 127, 0]), 中間 B 通道像素值是運算式當中的 int((0+255)/2) 所算出來的，如前所述，這一格的像素值為 (R–0, G=127, B=255)

這一格是
(R=255, G=127, B=0)

這一格是
(R=255, G=255, B=255)

11-2-3 裁切圖片

如果只想使用圖片的一部分，只要對圖片做裁切就可以了，而前面我們已經知道用 OpenCV 讀取出來的圖片物件都是 NumPy 陣列，因此對一張圖片做裁切，就等同於對陣列做切片 (slicing) 處理！ 5-3-3 節我們已經介紹過多軸陣列的切片做法，底下來複習一下：

裁切後的圖片物件 = 原圖片[列索引起點:列索引終點(不含), 接下行
行索引起點:行索引終點(不含)]
先指定第 0 軸的索引範圍
再指定第 1 軸的索引範圍

小編補充： 如同 11-1-1 節所提到的，一張灰階圖片轉換而成的 2D 陣列，其 shape 的表示法是 (列的元素數量，行的元素數量)，以 NumPy 陣列而言，沿著列來看也就是沿著第 0 軸來看，因此索引要先指定列 (第 0 軸) 的索引、再指定行 (第 1 軸) 的索引。

而若想裁切全彩圖片 (3D 陣列) 做切片時，同樣指定列 (第 0 軸)、行 (第 1 軸) 的索引就好，最後的第 2 軸 (顏色通道) 的索引不必指定，因為我們的目的是縮減尺寸，無關顏色，因此只要關注「要保留幾些列跟哪些行」就可以了。

範例演練

我們同樣用範例圖片中的 sample.jpg 來示範裁切的語法：

In

```
img = cv2.imread(r'/content/drive/MyDrive/Colab_Notebooks/ 接下行
F1378/Ch11_(OpenCV)/photo/sample.jpg')  ← 將圖片讀取成陣列物件

print(img.shape)  ← 看一下 img 陣列的 shape
```

Out

```
(873, 1309, 3)  ← sample.jpg 是一張「873 像素 x 1309 像素x 3 顏色通道」的彩色圖片
```

接著就利用切片來裁切圖片，此例我們要將原圖的列跟行裁切為原本的 2/3：

In

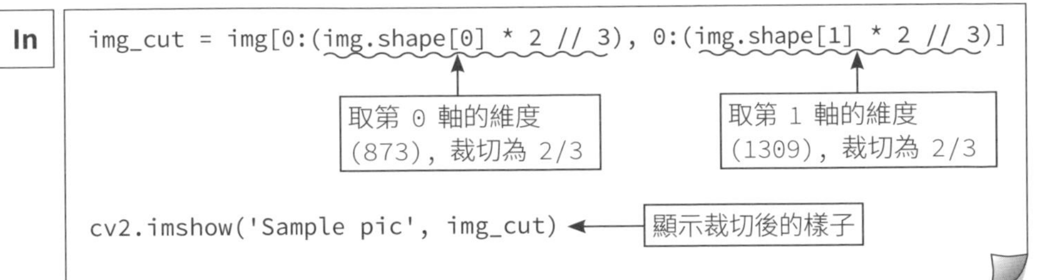

```
img_cut = img[0:(img.shape[0] * 2 // 3), 0:(img.shape[1] * 2 // 3)]

cv2.imshow('Sample pic', img_cut)
```

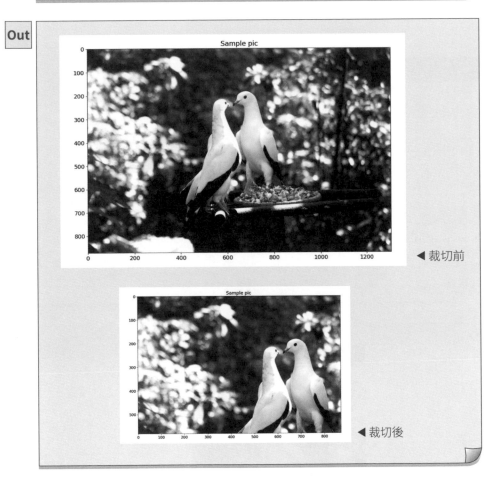

取第 0 軸的維度 (873)，裁切為 2/3
取第 1 軸的維度 (1309)，裁切為 2/3
顯示裁切後的樣子

Out

Sample pic

◀ 裁切前

Sample pic

◀ 裁切後

11-2-4 縮放圖片

除了裁切，我們也能以特定比例縮放圖片物件的列（高）與行（寬），語法如下：

```
新圖片物件 = cv2.resize(圖片物件, (新寬度, 新高度))
```

請特別留意，參數的順序是「先行（寬）、後列（高）」，跟之前操作陣列時「先列後行」相反

範例演練

下面來改變圖片的高和寬，刻意讓圖片變形：

In

```
img = cv2.imread(r'/content/drive/MyDrive/Colab_Notebooks/ 接下行
F1378/Ch11_(OpenCV)/photo/sample.jpg')

img_resize = cv2.resize(img, (img.shape[1] * 2, img.shape[0] * 3))
cv2.imshow('Sample pic', img_resize)
```

將圖片讀取成陣列物件

寬度（第 1 軸）變 2 倍，高度（第 0 軸）變 3 倍

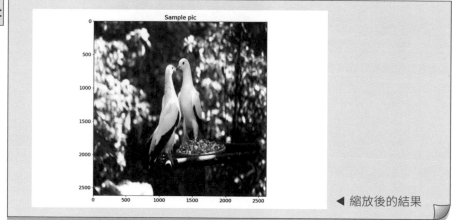

Out

Sample pic

◀ 縮放後的結果

11-2-5 翻轉圖片

若想翻轉圖片 , 可以使用 flip(), 語法如下：

```
cv2.flip(圖片物件, 翻轉方向)
```

參數值為一個數值, 設為 0 表示「垂直」翻轉, 1 表示「水平」翻轉, -1 表示「水平+垂直」翻轉

範例演練

本例我們來讓 sample.jpg 範例圖片做「水平 + 垂直」翻轉：

In

```
img = cv2.imread(r'/content/drive/MyDrive/Colab_Notebooks/ 接下行
F1378/Ch11_(OpenCV)/photo/sample.jpg')

img_flip = cv2.flip(img, -1)   ← 翻轉方向設為 -1
cv2.imshow('Sample pic', img_flip)
```

Out

▲「水平 + 垂直」翻轉的結果

11-2-6 旋轉圖片

若想要旋轉圖片到某個角度，OpenCV 的做法分成兩步驟，首先必須用 getRotationMatrix2D() 依您想旋轉的結果建立一個仿射變換 (affine transformation) 矩陣，此矩陣會記錄著要如何旋轉的資訊。

小編補充： 仿射變換 (affine transformation) 是線性代數的詞，用來表示一個 2D 平面所有可能線性變換 (平移、旋轉 .. 等) 的集合，旋轉是仿射變換的其中一種。

getRotationMatrix2D() 的語法如下：

```
變換矩陣 = cv2.getRotationMatrix2D((旋轉中心點的 接下行
X 座標, 旋轉中心點的 Y 座標), 旋轉角度, 放大倍數)
```

建立好變換矩陣後，代入 warpAffine() 函式就能產生旋轉後的新圖片物件：

```
cv2.warpAffine(圖片物件, 變換矩陣, (新圖片的寬, 新圖片的高))
```

參數的順序是「先行 (寬)、後列 (高)」，因此這裡要留意是「第 1 軸先、第 0 軸後」

範例演練

底下的語法是讓範例圖片 sample.jpg 以中心點逆時鐘旋轉 30 度：

In

```
img = cv2.imread(r'/content/drive/MyDrive/Colab_Notebooks/ 接下行
F1378/Ch11_(OpenCV)/photo/sample.jpg')  ← 載入圖片
```

```
aff_matrix = cv2.getRotationMatrix2D((img.shape[1]/2, img.shape[0]/2),
30, 0.8)
```

- 30：逆時鐘旋轉 30 度
- 0.8：放到 0.8 倍
- (img.shape[1]/2, img.shape[0]/2)：以圖片的中心點為基準來旋轉 (註：這裡是以圖片的左上角為起始點，依序指定 X 軸、Y 軸 的位置，請注意！X 軸是水平方向，因此要寫 .shape[1]，也就是延著第 1 軸 (行的方向)，而 Y 軸是垂直方向，因此要寫 .shape[0]，也就是延著第 0 軸 (列的方向)

```
img_rotate = cv2.warpAffine(img, aff_matrix, (img.shape[1], img.shape[0]))
```

- aff_matrix：代入上面產生的變換矩陣
- (img.shape[1], img.shape[0])：行 (寬) 跟列 (高) 均維持不變

```
cv2.imshow('Sample pic', img_rotate)
```

Out

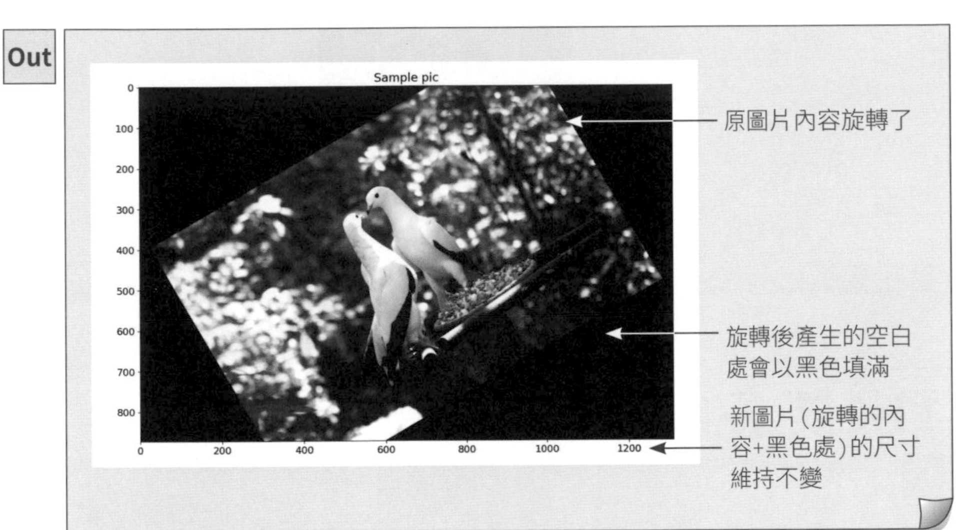

小編補充： 如果你只想將圖片旋轉 90 度或 180 度的話，可直接使用 rotate()：

```
cv2.rotate(圖片, 旋轉參數)
```

可設定的旋轉參數如下，表中的「參數名稱」以及「數值」擇一輸入即可：

參數名稱	數值	意義
cv2.ROTATE_90_CLOCKWISE	0	順時鐘轉 90 度
cv2.ROTATE_180	1	旋轉 180 度
cv2.ROTATE_90_COUNTERCLOCKWISE	2	逆時鐘轉 90 度 (順時鐘轉 270 度)

In

```
img_rotate = cv2.rotate(img, 0)
cv2.imshow('Sample pic', img_rotate)
```

（img_rotate = cv2.rotate(img, 0) ← 產生順時鐘旋轉 90 度的圖片物件）

（0 ← 這裡的 0 也可以輸入 cv2.ROTATE_90_CLOCKWISE，結果相同）

Out

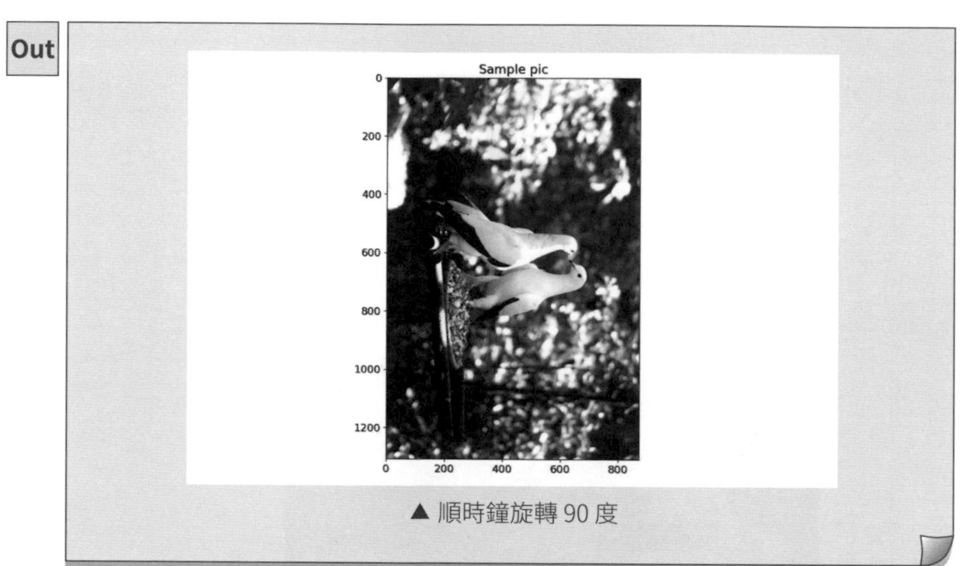

▲ 順時鐘旋轉 90 度

11-2-7 轉換圖片的色彩空間

在 OpenCV 中，圖片是採用標準的 RGB（應該說 BGR）色彩空間，需要的話也可以轉換成 HSV、L*a*b .. 等色彩空間：

```
cv2.cvtColor(圖片, 色彩空間轉換參數)
```

小編補充： 各色彩空間的意涵對需要接觸此函式的您應該不陌生才是，以下網址列出了 OpenCV 中所有可用的色彩空間轉換參數：https://docs.opencv.org/master/d8/d01/group__imgproc__color__conversions.html

範例演練

下面來將範例圖片轉換到 L*a*b 色彩空間：

In

```
img = cv2.imread(r'/content/drive/MyDrive/Colab_Notebooks/ 接下行
F1378/Ch11_(OpenCV)/photo/sample.jpg')
```

載入 sample.jpg 範例圖片

```
img_convert = cv2.cvtColor(img, cv2.COLOR_BGR2Lab)
```

將 OpenCV 使用的 BGR 轉換成 L*a*b

```
cv2.imshow('Sample pic', img_convert)
```

Out

11-2-8 將圖片顏色反轉 (負片效果)

若想反轉 (Invert) 圖片顏色，也就是黑變白、白變黑這樣的負片效果，可以使用 bitwise_not(), 此函式會反轉圖片中的像素資料，例如 0 變成 255；64 變成 191 (255 - 64 = 191)⋯, 以此產生新的圖片物件：

```
cv2.bitwise_not(圖片物件)
```

範例演練

In

```
img = cv2.imread(r'/content/drive/MyDrive/Colab_Notebooks/ 接下行
F1378/Ch11_(OpenCV)/photo/sample.jpg') ← 讀取圖片

img_invert = cv2.bitwise_not(img) ← 建立反轉顏色後的圖片物件
cv2.imshow('Sample pic', img_invert)
```

Out

▲ 反轉顏色後變成負片效果

11-3 OpenCV 的進階處理功能

11-3-1 圖片的二值化 (binarization) 處理

替圖片做二**值化** (binarization) 處理可以減少圖片的資料量，同時保有一定的影像資訊，二值化的具體做法是設定一個門檻值、或稱**閾值** (threshold), 將圖片的各像素值轉換成 0 或 255 (圖片最終只會留有這兩種值，因此稱二值化)。

想要做二值化可以使用 threshold() 函式，語法如下：

```
cv2.threshold(圖片物件, 閾值, 像素最大值, 二值化類型參數)
```

用閾值來調整像素值時，除了上述一律變成 0、255 兩種值的二值化做法外，也可以設定像素值超過閾值時則保留原值，否則就設為 0，這樣就可以保留像素值較大的部分 (即圖片中較亮的部位)。

hreshold() 當中可以設定的二值化類型參數如下：

二值化參數選項

參數	意義
cv2.THRESH_BINARY	超過閾值的像素設為最大值 (255), 否則設為 0
cv2.THRESH_BINARY_INV	超過閾值的像素設為 0, 否則設為最大值 (255)
cv2.THRESH_TRUNC	超過閾值的像素設為閾值, 否則不更改
cv2.THRESH_TOZERO	超過閾值的像素不更改, 否則設為 0
cv2.THRESH_TOZERO_INV	超過閾值的像素設為 0, 否則不更改

範例演練

下面來對範例圖片套用二值化處理，這裡我們使用上表的 cv2.THRESH_TOZERO，將低於門檻的像素值通通設為 0，超過閾值的像素則不更改，這樣高像素值的亮部區域就會保留下來：

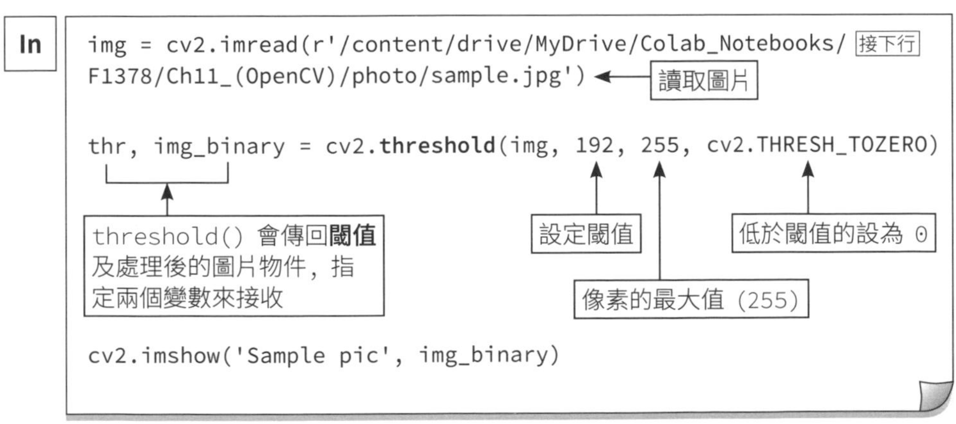
In
img = cv2.imread(r'/content/drive/MyDrive/Colab_Notebooks/ 接下行
F1378/Ch11_(OpenCV)/photo/sample.jpg')
讀取圖片
thr, img_binary = cv2.threshold(img, 192, 255, cv2.THRESH_TOZERO)
threshold() 會傳回閾值及處理後的圖片物件，指定兩個變數來接收
設定閾值
像素的最大值 (255)
低於閾值的設為 0
cv2.imshow('Sample pic', img_binary)

Out

11-3-2 套用遮罩

如果想從圖片中切割出特定範圍，其餘部分用黑色蓋掉，可以使用**遮罩**(mask) 功能來做到，我們可以設計一張中間白、周圍黑的遮罩圖片，將此圖片罩上原圖片後，就可以讓白色範圍顯示原圖片的內容，此範圍以外就都呈現黑色。

當您準備好遮罩圖片、原圖片，使用 bitwise_and() 函式就可以完成上述效果：

```
cv2.bitwise_and(圖片 1, 圖片 2, mask=遮罩圖片的路徑)
```

實際上，bitwise_and() 會拿圖片 1 和圖片 2 的像素值做逐元素交集運算；此例只是要套用遮罩，圖片 1 和圖片 2 設為同一個圖片物件即可。

範例演練 (一)：套用遮罩

先來看遮罩圖片的樣子，如本章範例中的 mask.jpg：

In

```
mask = cv2.imread(r'/content/drive/MyDrive/Colab_Notebooks/ 接下行
F1378/Ch11_(OpenCV)/photo/mask.jpg')

cv2.imshow('Mask', mask)
```

用一般（彩色）模式讀取遮罩

Out

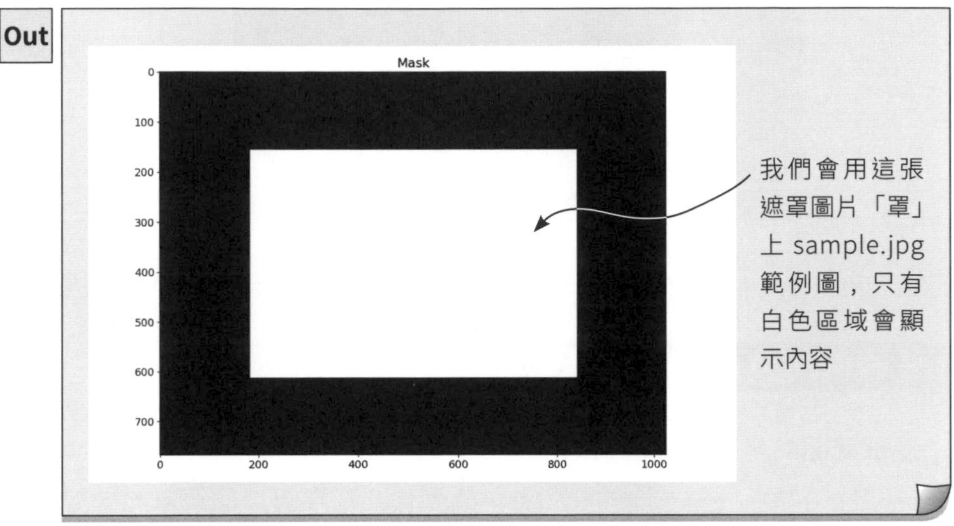

我們會用這張遮罩圖片「罩」上 sample.jpg 範例圖，只有白色區域會顯示內容

為了能對 sample.jpg 圖片套用遮罩，載入遮罩圖片時必須將之轉成灰階圖片。下面是將 mask.jpg 遮罩圖套用到 sample.jpg 範例圖的程式：

In

```
img = cv2.imread(r'/content/drive/MyDrive/Colab_Notebooks/ 接下行
F1378/Ch11_(OpenCV)/photo/sample.jpg')

mask = cv2.imread(r'C:\路徑\mask.jpg', cv2.IMREAD_GRAYSCALE)

mask = cv2.resize(mask, (img.shape[1], img.shape[0]))

img_masked = cv2.bitwise_and(img, img, mask=mask)

cv2.imshow('Sample pic', img_masked)
```

讀取範例圖片

用灰階模式讀取遮罩

把遮罩調整到 img 的大小

對 img 套用遮罩後傳回新圖片

顯示套用遮罩後的圖片物件

Out

範例演練（二）：反轉遮罩

接續前面的範例，我們也可以用 11-2-8 節介紹過的 bitwise_not() 將遮罩圖片的顏色反轉，變成中間黑、周圍白，這樣可以讓遮罩的擷取部位和原本相反，也就是改顯示周圍那一圈白色所罩住的內容，中間則呈現黑色：

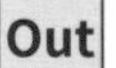

```
mask = cv2.bitwise_not(mask)  ←反轉遮罩
img_masked = cv2.bitwise_and(img, img, mask=mask)  ←套用遮罩
cv2.imshow('Sample pic', img_masked)
```

Out

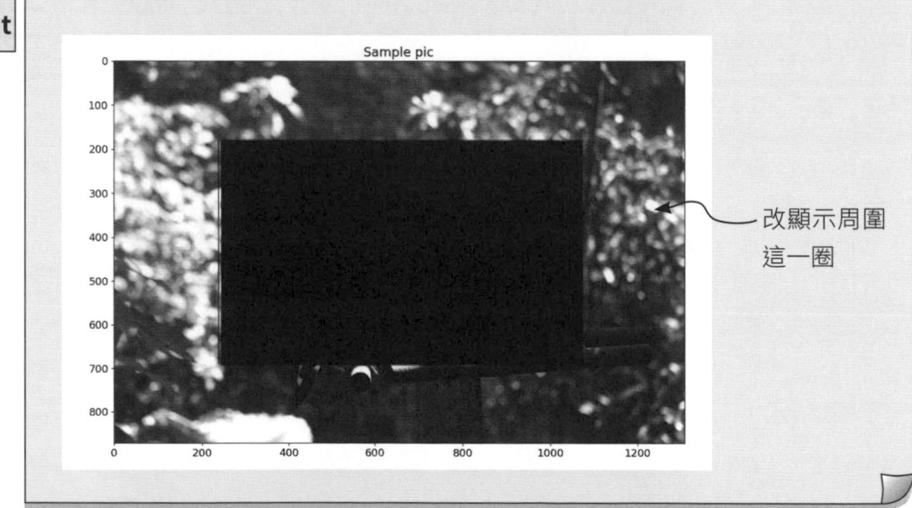

11-3-3 模糊效果

想要對圖片套用模糊效果，OpenCV 提供數個 blur() 相關函式，常用的如下：

```
cv2.blur(圖片, 過濾器尺寸)  ← 平均模糊
cv2.medianBlur(圖片, 過濾器尺寸)  ← 中位數模糊
cv2.GaussianBlur(圖片, 過濾器尺寸, X 軸高斯分布標準差, 接下行
     Y 軸高斯分布標準差)  ← 高斯模糊
```

模糊濾鏡的原理，是讓每個像素的值根據「**周圍某個範圍**」內的像素來做調整，blur()（平均模糊）是每個像素調整為周圍像素的「平均值」；medianBlur() 則是調整為周圍像素的「中位數」。這裡提到的「周圍某個範圍」是使用過濾器尺寸 (kernel size) 參數來設定，常見的尺寸為 3x3 以及 5x5。

至於用 GaussianBlur() 能做到「高斯模糊」，這是 Photoshop 編修軟體常被使用的功能，函式背後的運算細節比較複雜，簡單說是用過濾器掃描圖片時，加入了高斯分布（常態分布）的概念來調整像素值，整體來說可得到更自然的模糊效果。

GaussianBlur() 當中的高斯分布標準差參數，可以決定從中心點向外的模糊集中程度，標準差值越大分散就越廣。請注意 X 軸高斯分布標準差參數是必填的，Y 軸標準差則可不設定（不指定時會沿用 X 軸標準差）。

小編補充： 各模糊處理函式的底層運算細節非本書的重點就不花太多篇幅介紹，有興趣的讀者可自行研究，這裡簡單舉個例子讓您有點概念就好。例如底下是設 kernel size 為 3x3, 利用 blur() 來做平均模糊：

23	158	44	31	48	46
48	47	44	3	48	47
49	47	44	99	49	47
41	31	12	7	48	46
42	48	46	44	48	47
30	48	46	23	49	47
11	7	48	46	48	46
13	44	48	47	48	47

在白色這一整張假設的圖片中，這一格像素值目前是 12, 以此格為中心點，準備用 3x3 的過濾器 (灰底部分) 來調整

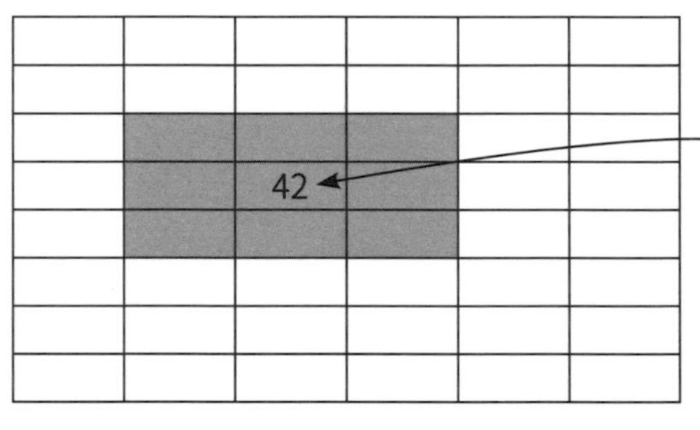

blur() 的結果是將這一格像素值套用過濾器範圍內 9 個數字的平均值 42 (註：若是 medianBlur(), 這格像素的值會改成上圖 9 個數字的中位數 44)

範例演練

下面直接來試驗高斯模糊效果：

In

```
img = cv2.imread(r'/content/drive/MyDrive/Colab_Notebooks/ 接下行
F1378/Ch11_(OpenCV)/photo/sample.jpg')

Img_blur = cv2.GaussianBlur(img, (49, 49), 0)
```

過濾器尺寸設為 49 x 49

X 軸標準差設為 0 (Y 軸未指定因此沿用 X 軸標準差)

```
cv2.imshow('Sample pic', Img_blur)
```

Out

▲ 高斯模糊的效果

11-3-4 去除圖片的雜訊

圖片中若存在很多雜訊，可以使用 fastNlMeansDenoisingColored() 將其去除：

```
cv2.fastNlMeansDenoisingColored(圖片, h=強度)
```

參數 h 代表去除雜訊的強度，值越高效果會越顯著，但圖片畫質也會下降。

範例演練

這裡要使用另一張範例圖片 sample2.jpg，此圖片是在夜間拍攝，因此雜訊有點明顯：

In

```
img2 = cv2.imread(r'/content/drive/MyDrive/Colab_Notebooks/ 接下行
F1378/Ch11_(OpenCV)/photo/sample2.jpg')
cv2.imshow('Sample pic', img2)
```

Out

接著就使用以下語法減少雜訊：

In

```
img2 = cv2.imread(r'C:\路徑\sample2.jpg')
img2_denoised = cv2.fastNlMeansDenoisingColored(img2, h=5)
cv2.imshow('Sample pic', img2_denoised)
```

產生去雜訊後的圖片物件

Out

▲ 比較之下雜訊確實減少了

CHAPTER

12

用 scikit-learn 進行監督式機器學習

12-1 監督式學習／分類

12-1-1 什麼是機器學習？什麼是分類？

簡單說，**機器學習** (machine learning) 就是讓電腦『經由對資料的反覆觀察（即訓練）來找出當中潛藏的模式 (pattern)』，藉此建立模型和對新資料做出預測。機器學習發源自統計學，但相較於統計學是在解析資料本身、透過資料來說明某些現象，機器學習更著眼於建構模型來預測未知資料。

機器學習主要分為**監督式學習** (supervised learning) 以及**非監督式學習** (unsupervised learning)。

監督式學習的意思是訓練資料會有人類事先給予的『答案』，讓機器從中學習並藉此建立預測模型（例如預測花朵類型或房價）。至於非監督式學習，則是在沒有明確解答的資料中試圖歸納出大方向（例如客戶趨勢分析）。

監督式學習是最常見的機器學習類型，其中的重要應用之一即為進行**分類** (classification)。當監督式學習模型完成訓練找出資料的模式後，只要將新資料輸入模型，它就能告訴你該資料最有可能屬於哪一類。

例如，在著名的鳶尾花 (iris) 資料集中，每一筆資料會記錄一朵鳶尾花的花萼寬度、花萼長度、花瓣寬度、花瓣長度，這些變數都是該花朵的**特徵** (feature)。（因此這個資料集總共有 4 個特徵。）同時，每筆資料也會配對一個**標籤** (label)，來指出這朵花究竟是山鳶尾、變色鳶尾還是維吉尼亞鳶尾（以 0、1、2 的數值表示）。

本章主要會介紹幾種常見的分類模型，探討如何運用機器學習套件 scikit-learn 實作各種分類器 (classifier)，並了解訓練機器學習模型的相關步驟，下一章則進一步討論各模型的參數該如何調整。

12-1-2 分類的種類

分類任務可以分為**二元分類** (binary classification) 與**多元分類** (multi-class classification) 兩種。

二元分類就是判斷資料『是』與『不是』某種分類，若將資料都繪製於圖表上，最理想的分類器就像畫一條線，可以一刀兩斷將資料區分開來，而區分的這條線稱為**決策界線**。

多元分類則是建立在二元分類上，假設有 3 個類別，就相當於做 3 次二元分類 (小編註：例如先做類別 A 的二元分類，區分出【**是**】類別 A 和【**不是**】類別 A；再做類別 B 區分出【**是**】類別 B 和【**不是**】類別 B，依此類推)。

> **小編補充：** 以上的多元分類法稱為 ovr (one-vs-rest)，另外還有一種做法是 ovo (one-vs-one)，每次會取兩個類別的作二元分類，例如：A、B 做一次，B、C 做一次，A、C 再做一次，預測分類時會統計所有分類模型的結果，決定資料屬於哪一類別。scikit-learn 預設是採用 ovr 的多元分類法。

12-1-3 分類的流程

進行監督式機器學習分類的基本流程如下：

1. 資料收集 (收集資料並賦予標籤)
2. 資料預處理 (資料清洗、整合、轉換)
3. 模型選擇 (選擇分類器)
4. 模型訓練 (調整模型超參數來產生機器學習模型)
5. 模型預測 (測試模型的預測準確度)

接下來幾節便會展示如何在 scikit-learn 中進行以上步驟。

12-2 資料集的準備

12-2-1 產生測試資料

為了能在下一節運用機器學習模型，本章我們先使用 scikit-learn 內建的隨機亂數功能來產生模擬用的資料集：

```
make_blobs(n_samples, n_features, centers, random_state)
```

make_blobs() 的參數意義如下：

n_samples	資料筆數
n_features	變數／特徵數量
centers	資料的分群數量／標籤數量
random_state	亂數種子 (指定值即可確保產生結果一致)

例如，下面會產生 10 筆資料，每筆資料有 2 個特徵並會分成 2 群 (2 種標籤)：

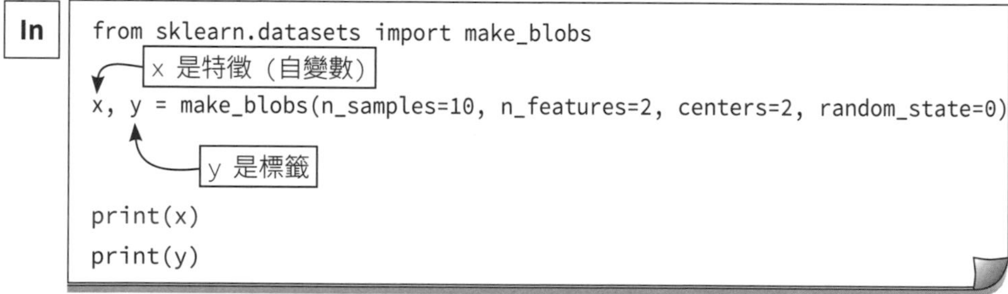
In

```
from sklearn.datasets import make_blobs

x, y = make_blobs(n_samples=10, n_features=2, centers=2, random_state=0)

print(x)
print(y)
```

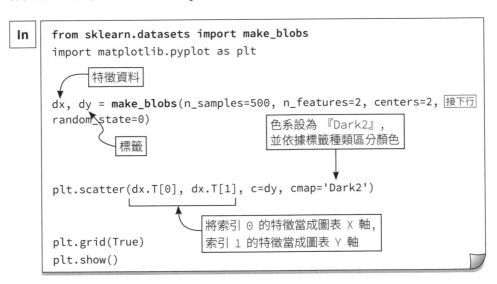

Out

```
array([[ 1.12031365,  5.75806083],
       [-0.49772229,  1.55128226],
       [ 1.9263585 ,  4.15243012],
       [ 2.49913075,  1.23133799],
       [ 3.54934659,  0.6925054 ],
       [ 1.7373078 ,  4.42546234],
       [ 2.91970372,  0.15549864],
       [ 2.84382807,  3.32650945],
       [ 0.87305123,  4.71438583],
       [ 2.36833522,  0.04356792]])
array([0, 1, 0, 1, 1, 0, 1, 0, 0, 1])
```

特徵資料（指前 10 列陣列）
標籤資料（指最後的陣列）

範例演練

下面透過 make_blobs() 產生 500 筆資料，同樣為 2 個特徵和 2 種標籤（這會成為下一節各個監督式學習模型所使用的模擬資料集）。既然特徵只有 2 個，就可以用 matplotlib 繪製成散佈圖：

In

```
from sklearn.datasets import make_blobs
import matplotlib.pyplot as plt

dx, dy = make_blobs(n_samples=500, n_features=2, centers=2, 接下行
random_state=0)

plt.scatter(dx.T[0], dx.T[1], c=dy, cmap='Dark2')

plt.grid(True)
plt.show()
```

特徵資料（指 dx）
標籤（指 dy）
色系設為『Dark2』，並依據標籤種類區分顏色
將索引 0 的特徵當成圖表 X 軸，索引 1 的特徵當成圖表 Y 軸

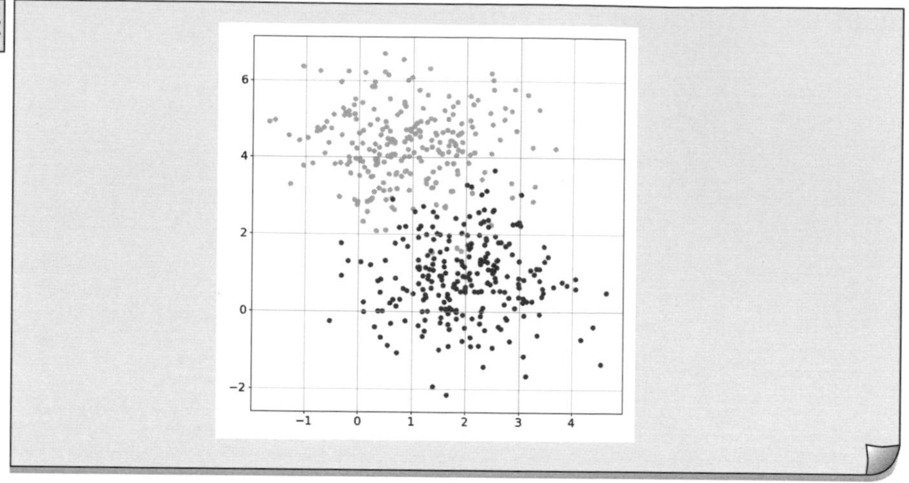

小編補充：特徵資料的標準化

有很多時候，各個特徵資料的範圍可能會差異很大，這時若能將所有特徵資料都調整到固定的範圍，不僅可加快機器學習模型的訓練速度，也有機會提高預測準確率，這個動作就稱為**標準化** (standardization)。

scikit-learn 提供了三種主要的標準化功能：

```
StandardScaler().fit_transform(data)
MinMaxScaler().fit_transform(data)
RobustScaler().fit_transform(data)
```

StandardScaler	使特徵資料的平均數 = 0, 變異數 = 1
MinMaxScaler	使特徵資料落在 0 到 1 之間
RobustScaler	類似 MinMaxScaler, 不過只有指定的某兩個分位點之間的資料會落在 0 到 1 之間, 在兩個分位點以外的數值則會是負數或大於 1 的數字

下面來將前面產生的資料做標準化 (使用 StandardScaler)：

In

```
from sklearn.datasets import make_blobs
from sklearn.preprocessing import StandardScaler
import matplotlib.pyplot as plt

dx, dy = make_blobs(n_samples=500, n_features=2, centers=2,接下行
random_state=0)
dx_std = StandardScaler().fit_transform(dx)

plt.scatter(dx_std.T[0], dx_std.T[1], c=dy, cmap='Dark2')
plt.grid(True)
plt.show()
```

傳回標準化後的特徵資料

用標準化資料畫圖

Out

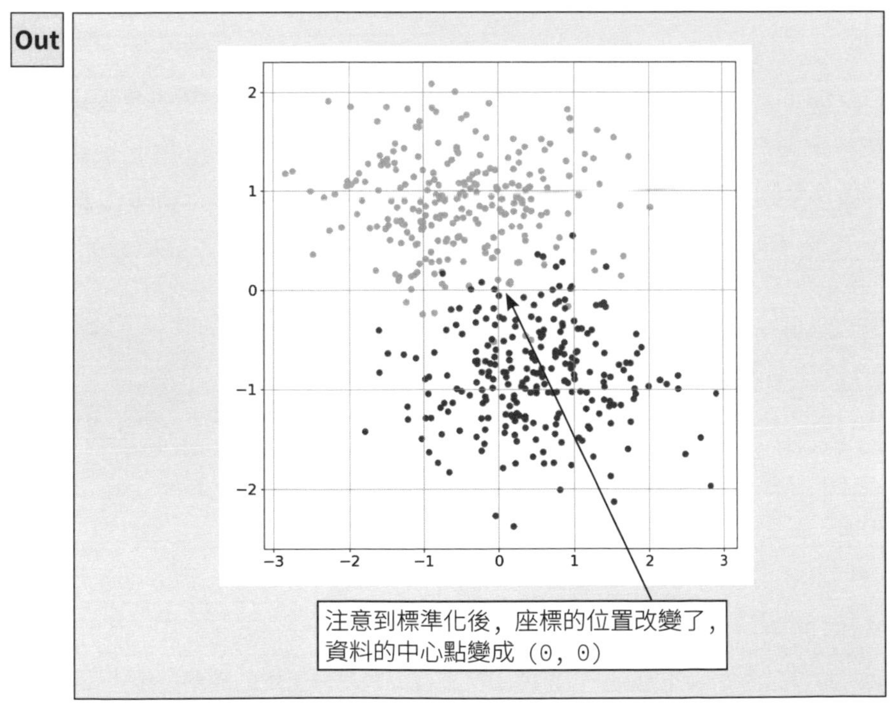
2
1
0
−1
−2
−3
−2
−1
0
1
2
3
注意到標準化後，座標的位置改變了，資料的中心點變成 (0, 0)

12-2-2 分割訓練資料集和測試資料集

在訓練好機器學習模型後，我們必須確認模型具備良好的普遍適用的能力 (generalization ability)，也就是在預測從未見過的資料時，表現能跟預測訓練資料的能力一樣好。

如果模型預測訓練資料的表現太好，預測新資料卻很差，這就表示模型發生了**過度配適** (overfitting) 問題。因此，檢視模型在預測新資料時能否達到相等的表現是很重要的。(如果訓練不足，則可能發生『低度配適』問題。)

> **小編補充：** 造成過度配適的原因有很多，例如：資料不足、特徵選擇不恰當、模型限制 ...，此處我們聚焦於 scikit-learn 套件的使用，無法深入探討，有興趣的讀者可以參考旗標出版的「**資料科學的數學模型：先別急著建模！你知道模型暗藏的陷阱嗎？**」一書。

因此模型訓練好之後，要先用模型沒看過的資料測試一下訓練成果。但是，要從哪裡找到測試用的資料呢？最簡單的做法是所謂的 **holdout 法**，也就是將原先資料集的一部分抽出來當測試集，把剩下的拿去訓練模型 (即訓練集)。等訓練完成後，再對模型套用測試集，觀察預測效果好壞即可。

在 scikit-learn 中，以下函式可用來將資料集分割成訓練集和測試集：

```
train_test_split(data, label, test_size, random_state)
```

data	完整特徵資料
label	完整標籤資料
test_size	測試集比例 (如 0.2 = 20%)
random_state	亂數種子 (指定值即可確保每次執行產生的結果一致)

範例演練

這裡就來把前面標準化後的特徵與標籤資料分割成 80% 訓練集和 20% 測試集，並檢視分割後的大小：

In

```
from sklearn.datasets import make_blobs
from sklearn.preprocessing import StandardScaler
from sklearn.model_selection import train_test_split

dx, dy = make_blobs(n_samples=500, n_features=2, centers=2, 接下行
random_state=0)
dx_std = StandardScaler().fit_transform(dx)

dx_train, dx_test, dy_train, dy_test = train_test_split 接下行
(dx_std,dy, test_size=0.2, random_state=0)
```

標準化後的資料（dx_std）

指定分割出 20% 當測試集（剩下 80% 為訓練集）（test_size=0.2）

```
print(dx.shape)          ← 原特徵資料的 shape
print(dx_train.shape)    ← 訓練集特徵資料
print(dx_test.shape)     ← 測試集特徵資料
print(dy.shape)          ← 原標籤資料的 shape
print(dy_train.shape)    ← 訓練集標籤資料
print(dy_test.shape)     ← 測試集標籤資料
```

Out

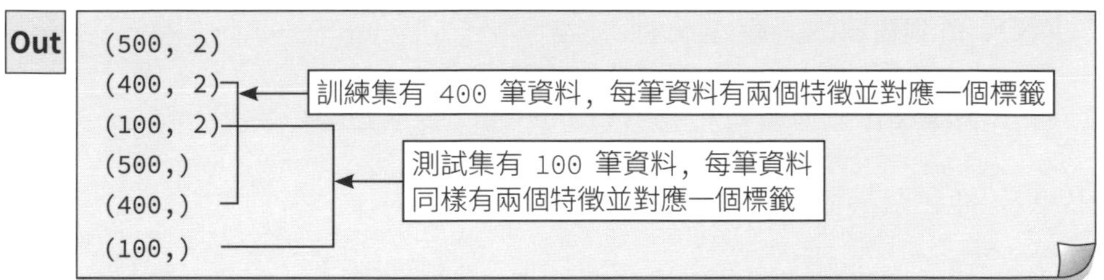
(500, 2)
(400, 2)
(100, 2)
(500,)
(400,)
(100,)
訓練集有 400 筆資料，每筆資料有兩個特徵並對應一個標籤
測試集有 100 筆資料，每筆資料
同樣有兩個特徵並對應一個標籤

train_test_split() 函式會將傳入的資料集，依照 test_size 參數指定的比例分割，並傳回兩個子資料集，依序是訓練集和測試集。值得注意的是，train_test_split() 函式並不限傳入的資料集數量，它會按順序傳回每個資料集分割的結果，指派變數時要小心不用搞混了。

上述範例中傳入了 dx_std（標準化過的特徵）和 dy（標籤）兩個資料集各有 500 筆資料，我們指派 dx_train 和 dx_test 接收 dx_std 分割後的結果，分別是 400 筆和 100 筆，做為訓練用和測試用資料；dy_train 和 dy_test 則接收 dy 分割後的結果，分別有 400 筆和 100 筆標籤。

12-3 用常見的監督式學習分類器來做預測

12-3-1 k 最近鄰演算法 (KNN)

KNN 簡介

首先要介紹的監督式學習模型叫做 KNN (k-nearest neighbors, k 最近鄰演算法), 是個原理簡單但好用的機器學習模型。

KNN 預測資料的過程如下：

1. 算出訓練集每一筆資料和新資料的相近程度或距離，並進行排序。

2. 取出前 k 筆最相近的資料。

3. 看這 k 筆資料對應的標籤（分類）哪個出現最多次，便已該標籤來當成新資料的預測結果。

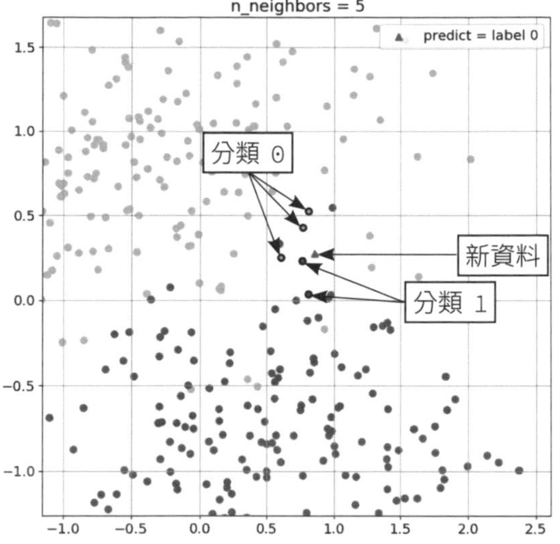

在上圖中，三角形代表新資料；若 k = 5，就代表會找出最近 5 個點 (黑圈部分)。從圖中可見當中有 3 個是分類 0 (淺色)，2 個是分類 1 (深色)，因此 KNN 判定新資料 (三角形) 屬於分類 0。

KNN 和後面其他模型的不同之處在於，它並不需要訓練 (訓練成本為 0)，而是等到預測時才去尋找 k 筆最相近的鄰居當作參考。因此，KNN 也被稱為是懶惰學習法 (lazy learning)。

KNN 儘管原理簡單，卻能很容易得到良好的預測準確率。不過，k 值的選擇會影響預測效果，且若 k 值設得太大，也會增加預測時的計算時間。

建立並使用 KNN 模型

為了使用 KNN 模型，你必須先建立它：

```
from sklearn.neighbors import KNeighborsClassifier
        匯入 KNeighborsClassifier 模型功能
模型 = KNeighborsClassifier(n_neighbors=k 值)
```

n_neighbors 參數若不設定，預設 = 5。

得到 KNN 模型後，便可呼叫 fit() method 對訓練集做訓練，接著對測試集的特徵資料做出預測：

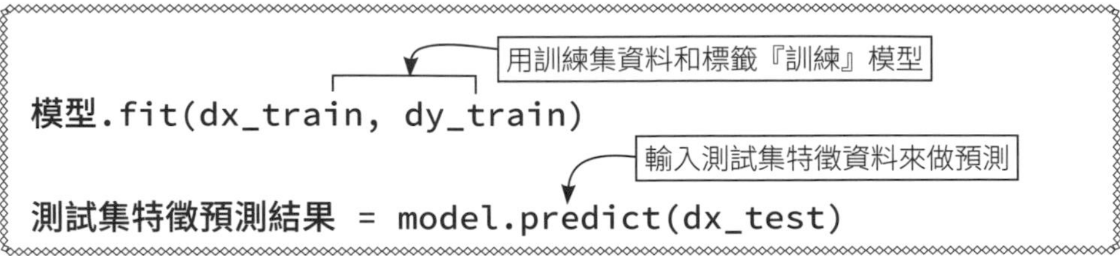

用訓練集資料和標籤『訓練』模型
模型.fit(dx_train, dy_train)
輸入測試集特徵資料來做預測
測試集特徵預測結果 = model.predict(dx_test)

做出預測後，便可檢視模型對訓練集跟測試集的預測準確性 (百分比)：

```
model.score(特徵資料, 標籤資料)
```

範例演練

現在我們依照 12-2 節的方法來分割資料集，然後輸入 KNN 模型並對測試集資料做預測，好評估模型的預測能力：

In

```
from sklearn.datasets import make_blobs
from sklearn.preprocessing import StandardScaler
from sklearn.model_selection import train_test_split
from sklearn.neighbors import KNeighborsClassifier

dx, dy = make_blobs(n_samples=500, n_features=2, centers=2, 接下行
random_state=0)
dx_std = StandardScaler().fit_transform(dx)
dx_train, dx_test, dy_train, dy_test = train_test_split 接下行
(dx_std, dy, test_size=0.2, random_state=0)

knn = KNeighborsClassifier(n_neighbors=5) ← 建立 KNN 模型

knn.fit(dx_train, dy_train) ← 輸入訓練集資料

predictions = knn.predict(dx_test) ← 對測試集資料做預測
```

```
print(dy_test)  ◄── 印出實際的測試集標籤資料
print(predictions)  ◄── 印出預測的測試集標籤資料
print(knn.score(dx_train, dy_train))  ◄── 模型對訓練集的預測準確率
print(knn.score(dx_test, dy_test))  ◄── 模型對測試集的預測準確率
```

Out

```
[1 0 1 1 0 1 0 0 1 1 0 1 1 0 0 0 1 1 0 0 1 1 1 1 0 1 1 1 0 1 0 0
 0 1 1 0 1 0 0 0 1 1 0 0 1 1 0 1 0 1 1 1 0 1 0 0 0 1 0 1 1 1 0 0 0
 1 0 0 0 0 1 1 0 1 0 0 0 1 1 1 0 1 1 1 1 1 1 0 0 0 1 1 0 0 0 1 0 1
 1 1]
[0 0 1 1 0 0 0 0 1 1 0 1 1 0 0 0 1 1 0 0 1 0 1 1 0 0 0 1 0 0 0 0
 0 0 1 0 1 0 0 0 1 1 0 0 1 1 0 1 0 1 1 1 0 1 0 0 0 1 0 1 1 1 0 0 0
 1 0 0 0 0 1 1 0 1 0 0 0 1 1 1 0 1 1 1 1 1 1 0 0 0 1 1 0 0 0 1 0 1
 1 1]
0.9725
0.93
```

上面顯示 KNN 模型對訓練集達到 97.2% 的預測準確率，測試集預測準確率 (也就是 predictions 陣列符合 dy_test 內容的比例) 則為 93%。

若這兩個數字接近 100% 差距也沒有太大，便表示模型沒有過度配適或訓練不足的問題。你也可以試著改變 k 值，來看看能否提升兩個訓練集的預測準確率。

12-3-2 邏輯斯迴歸 (logistic regression)

邏輯斯迴歸簡介

接著介紹的第二個分類器模型叫做『邏輯斯迴歸』。這種分類器的原理，是使用**邏輯斯函數** (logistic function) 將特徵資料換算成一個介於 0 到 1 之間的值，藉此來預測該資料屬於某一標籤或分類的機率：

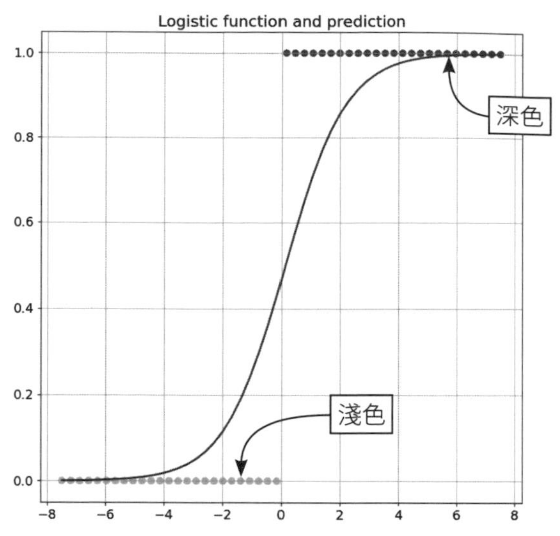

在上面這張圖中，資料用邏輯斯函數換算後，會落在中間 S 形曲線上；若該點的 Y 軸值大於等於 0.5 （機率 >= 50%），就會被視為**屬於該標籤**（即 Y = 1），也就是上方深色圓點。反之若低於 0.5，則會被視為否（Y = 0），也就是下方淺色圓點。

由此可見，邏輯斯迴歸本質上是一種二元分類器，因此就實際分類效果而言，邏輯斯迴歸會在各標籤之間畫出一條線性的分界線或**決策邊界 (decision boundary)**：

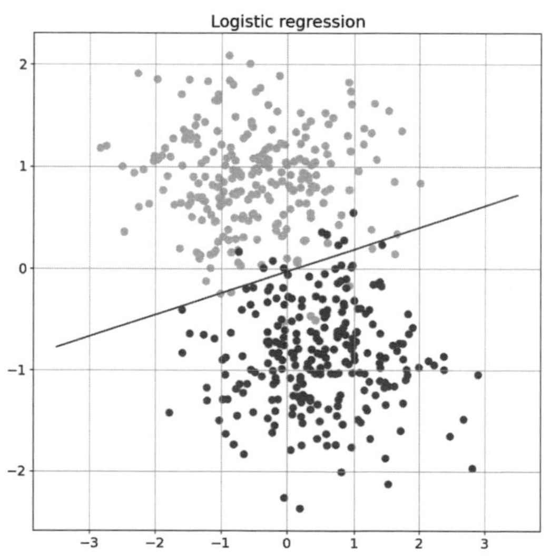

要注意的是，若資料之間很難一分為二（即『線性不可分』），使用邏輯斯迴歸的分類效果就會打折扣。

建立並使用邏輯斯迴歸模型

建立邏輯斯迴歸模型的方式，和前面建立 KNN 模型的方式很像：

```
from sklearn.linear_model import LogisticRegression
模型 = LogisticRegression()
```

建立邏輯斯迴歸模型後，訓練與預測的過程和前面使用 KNN 的語法也完全一樣，因此我們直接看以下範例。

範例演練

此範例將前面的程式改成使用邏輯斯迴歸來訓練及預測，並同樣評估模型的預測能力：

In

```
from sklearn.datasets import make_blobs
from sklearn.preprocessing import StandardScaler
from sklearn.model_selection import train_test_split
from sklearn.linear_model import LogisticRegression

dx, dy = make_blobs(n_samples=500, n_features=2, centers=2, 接下行
random_state=0)
dx_std = StandardScaler().fit_transform(dx)
dx_train, dx_test, dy_train, dy_test = train_test_split 接下行
(dx_std, dy, test_size=0.2, random_state=0)

log_reg = LogisticRegression() ◀— 建立邏輯斯迴歸模型

log_reg.fit(dx_train, dy_train) ◀— 用訓練集資料做訓練

predictions = log_reg.predict(dx_test) ◀— 對測試集資料做預測

print(log_reg.score(dx_train, dy_train))
print(log_reg.score(dx_test, dy_test))
```

scikit-learn 的邏輯斯迴歸模型預設會用 ovr 一對多的方法進行多元分類，會分別對各個標籤做預測，然後將可能性最高的那個標籤當作最終預測結果，因此建好的模型也適用有多種標籤的資料集。

Out
0.9675
0.96
訓練集和測試集預測準確率皆為 96%

12-3-3 線性支援向量機 (Linear SVM)

SVM 簡介

除了邏輯斯迴歸以外，另一種很常見的分類器叫做**支援向量機** (support vector machine, SVM)。

SVM 會將資料投射到更高維度的空間中 (例如從平面二維變成立體三維)，藉此讓資料分開和找出**超平面** (hyperplane)；這使得在二維看似無法分類的資料，也有辦法找出分界線。

> **小編補充：** 想像排隊的隊伍，正面看人潮都重疊在一起，看不出有多少人排隊，但轉換不同視角，從上方或側面一看就一清二楚了，這和 SVM 的概念很像。

為了尋找最合適的超平面，SVM 會盡量拉大超平面兩側的**決策邊界**，也就是超平面到某分類的資料的大致最近距離。而用來定義邊界位置的那些資料點便稱為『支援向量』。

scikit_learn 的 SVM 模型分為線性與非線性兩類，本小節先介紹線性 SVM：

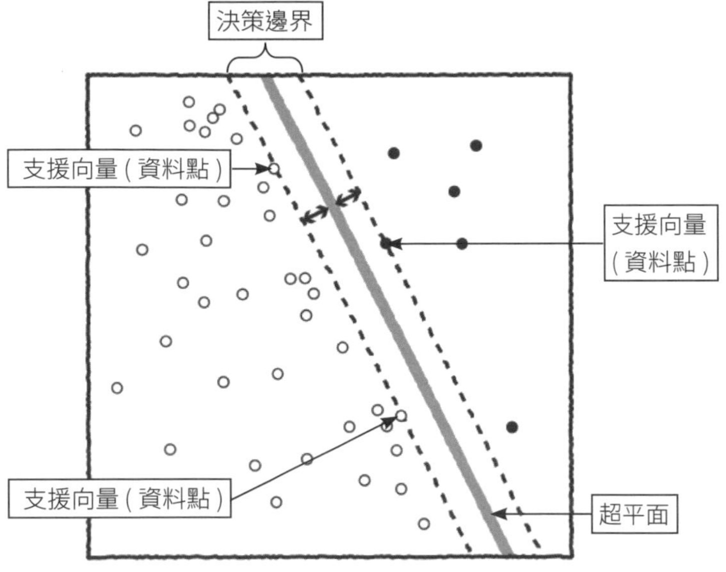

> **小編補充：** 像上圖這樣兩個類別分隔的一清二楚，稱為**硬邊界** (hard margin), 不過實務上資料很難區分的這麼清楚，因此也有一種**軟邊界** (soft margin) 的 SVM, 可以容許資料點出現在決策邊界之中 (視為誤差), scikit-learn 的 SVM 模型就屬於此類。

儘管 SVM 比起邏輯斯迴歸的分類效果有可能更好，但計算上也更費時，因此在訓練和預測數量大的樣本時會變得很慢。相對的，邏輯斯迴歸訓練起來比較簡單，反而比 SVM 更適合處理大型資料集。

建立並使用 SVM 模型

拜 scikit-learn 的統一界面設計之賜，建立線性 SVM 分類器的方式和前面很像：

```
from sklearn.svm import LinearSVC
模型 = LinearSVC()
```

SVC 的 C 代表分類器 (classifier)

> **小編補充：** 還有一種 SVR 模型，R 代表迴歸 (regression), 用來處理迴歸任務。

範例演練

接著我們改用線性 SVM 模型，試試將前面的資料集做分類：

In

```
from sklearn.datasets import make_blobs
from sklearn.preprocessing import StandardScaler
from sklearn.model_selection import train_test_split
from sklearn.svm import LinearSVC

dx, dy = make_blobs(n_samples=500, n_features=2, centers=2, 接下行
random_state=0)
dx_std = StandardScaler().fit_transform(dx)
dx_train, dx_test, dy_train, dy_test = train_test_split 接下行
(dx_std, dy, test_size=0.2, random_state=0)

linear_svm = LinearSVC()
linear_svm.fit(dx_train, dy_train)
predictions = linear_svm.predict(dx_test)

print(linear_svm.score(dx_train, dy_train))
print(linear_svm.score(dx_test, dy_test))
```

Out

```
0.9675
0.96
```

12-3-4 非線性 SVM

非線性 SVM 簡介

雖然前面線性 SVM 就能獲得不錯的預測效果，但若資料的組成是線性不可分，效果還是會變得很差。例如，下圖的資料使用 LinearSVC 模型時，就無法找出合適的超平面：

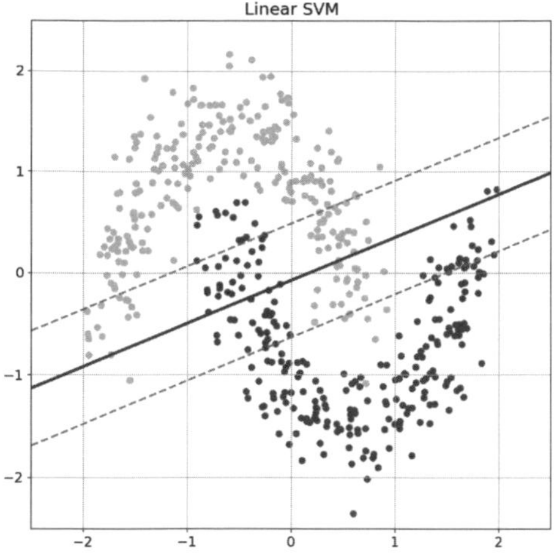

因此遇到這類線性不可分的資料，就可以改用非線性 SVM, 或許可以找到合適的決策邊界 (超平面)：

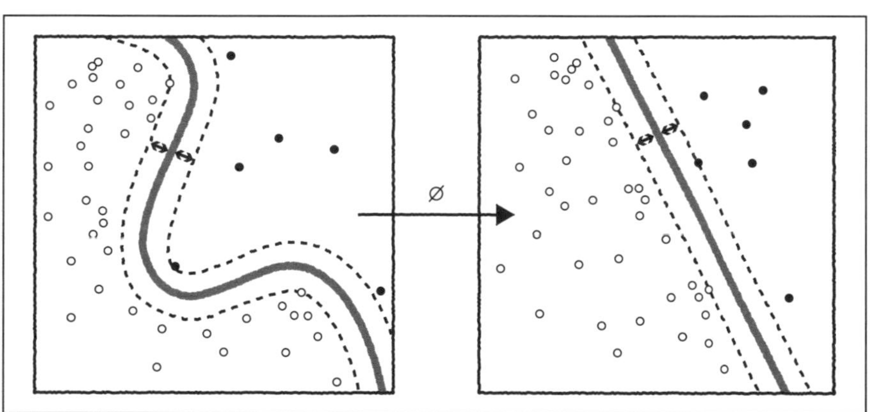

上圖展示了非線性 SVM 的分類效果，左邊是原始資料分布，經過核函數 (kernel function) 進行維度轉換成右邊的分布後，就可以輕易找到區分資料的超平面了。

小編補充： 上圖左是一般常見在原始資料分布上畫出非線性 SVM 的分類結果，看起來超平面和決策邊界似乎是非線性的，這只是空間維度上的視覺落差，從數學的角度來看超平面和決策邊界都是線性的。另外，非線性 SVM 也不是萬能的，還是會有無法用 SVM 分類的資料。

使用 SVM

Scikit-learn 的非線性 SVM 模型名稱為 SVC (**編註：** 不是 nonlinear SVC 喔！), 建立模型的方法都一樣, 只要改成匯入 SVC 模型即可：

```
from sklearn.svm import SVC
model = SVC()
```

非線性 SVM 會使用**核函數 (kernel function)** 來將資料轉換到更高維度；在 scikit-learn 中, SVC() 預設的核函式為 **RBF (radial basis function**, 徑向基底函數)。下一章會再提到還有哪些其他核函數可以選擇。

繪製新月形分布的隨機資料

為了示範非線性 SVM 的分類效果, 我們同樣需要一個模擬的資料集, 此處我們會生成如前面圖片中的資料, 請用以下函式來產生 2 組 (2 種標籤) 新月形分布的資料：

```
make_moons(n_samples, noise, random_state)
```

n_samples	資料筆數
noise	資料雜訊 (值越大資料分布越廣)
random_state	亂數種子

範例演練

為了比較線性與非線性 SVM 在預測非線性資料時的成效，下面我們同時對兩種模型做訓練並做預測：

In

```
from sklearn.datasets import make_moons
from sklearn.preprocessing import StandardScaler
from sklearn.model_selection import train_test_split
from sklearn.svm import LinearSVC, SVC

dx, dy = make_moons(n_samples=500, noise=0.15, random_state=0)

dx_train, dx_test, dy_train, dy_test = \
        train_test_split(StandardScaler().fit_transform(dx), 接下行
            dy, test_size=0.2, random_state=0)

linear_svm = LinearSVC()
linear_svm.fit(dx_train, dy_train)
predictions = linear_svm.predict(dx_test)

svm = SVC()
svm.fit(dx_train, dy_train)
predictions = svm.predict(dx_test)

print(linear_svm.score(dx_train, dy_train))
print(linear_svm.score(dx_test, dy_test))
print(svm.score(dx_train, dy_train))
print(svm.score(dx_test, dy_test))
```

直接在這裡做資料標準化

訓練線性 SVM 並做預測

訓練非線性 SVM 並做預測

線性 SVM 預測準確率

非線性 SVM 預測準確率

Out

```
0.8775
0.85
0.9825
0.99
```

可見對於新月形分布的資料，線性 SVM 預測準確率僅達 85~88%，非線性 SVM 卻達到 98~99%。

12-3-5 決策樹 (decision tree)

決策樹簡介

除了前面的分類器模型以外，這裡來看一種更特別但同樣有效的分類器：**決策樹**。

決策樹的原理，是在訓練時產生一個樹狀的決策結構，該結構由多個**節點** (node) 組成。當它預測資料時，會將特徵資料輸入根結點，然後根據每個岔路的節點（內部節點）提供的規則決定該往哪走，直到在最終某個節點（葉節點）得到預測標籤。

使用鳶尾花資料集

為了說明決策樹如何運作，這裡我們不使用隨機資料，而改用 scikit-learn 內建的『鳶尾花』資料集 (iris dataset)。我們先匯入鳶尾花資料集，順便印出一筆資料來看看：

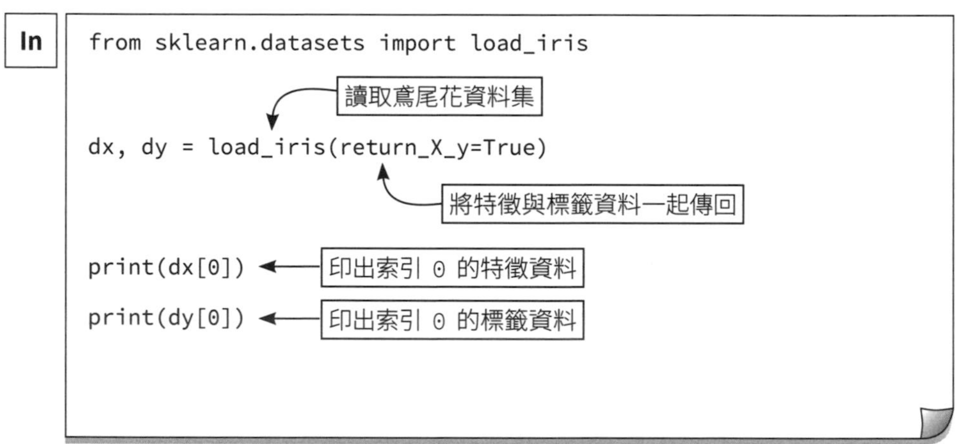

```
from sklearn.datasets import load_iris

dx, dy = load_iris(return_X_y=True)

print(dx[0])
print(dy[0])
```

In
讀取鳶尾花資料集
將特徵與標籤資料一起傳回
印出索引 0 的特徵資料
印出索引 0 的標籤資料

```
[5.1 3.5 1.4 0.2]
0
```

Out
分別代表花萼長度，花萼寬度，花瓣長度，花瓣寬度
分類為山鳶尾

鳶尾花資料集每筆資料會有 4 個特徵，分別為：

特徵	意義
sepal length	花萼長度 (cm)
sepal width	花萼寬度 (cm)
petal length	花瓣長度 (cm)
petal width	花瓣寬度 (cm)

資料集的標籤資料為：

分類	意義
0	setosa (山鳶尾)
1	versicolor (變色鳶尾)
2	virginica (維吉尼亞鳶尾)

決策樹的分類方式

下面我們就以鳶尾花資料集為例，用簡單的示意圖說明決策樹如何辨識出 3 種鳶尾花：

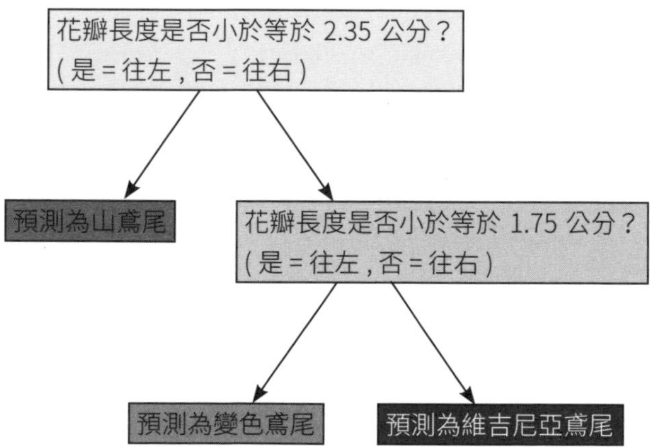

上圖是個 2 層的決策樹，可以很容易看出其分類的規則，這就是決策樹的優點簡單易懂，但缺點是訓練時對資料的變動十分敏感，也很容易產生過度配適問題，導致對於新資料的預測準確率可能不佳。這可以用下一小節的隨機森林模型（由一群決策樹模型構成）就能解決這個問題，或是參考下一章調整決策樹的參數，也能有所改善。

使用決策樹

在 scikit-learn 匯入和建立決策樹模型的語法如下：

```
from sklearn.tree import DecisionTreeClassifier
模型 = DecisionTreeClassifier()
```

範例演練

下面就改用決策樹來預測鳶尾花資料集，除了資料和模型跟之前不同外，你能發現基本流程是一模一樣的：

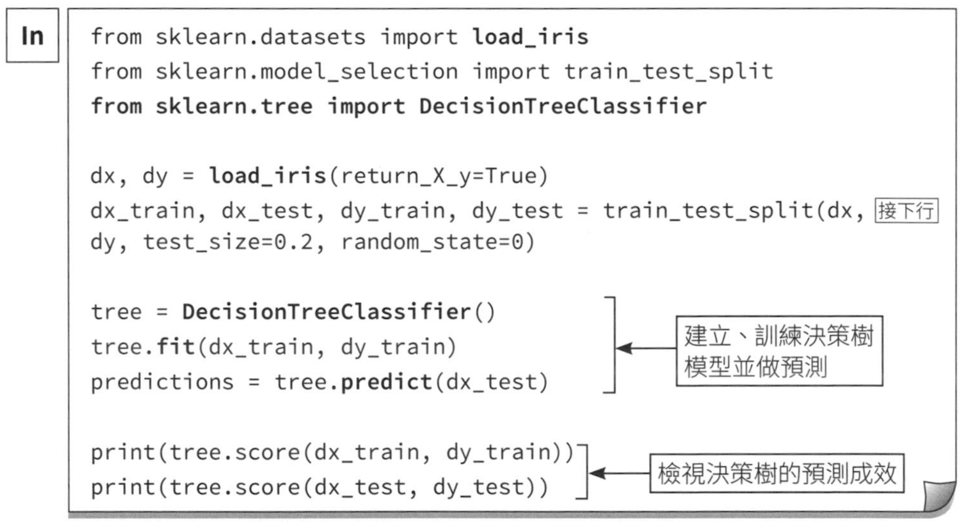

In

```
from sklearn.datasets import load_iris
from sklearn.model_selection import train_test_split
from sklearn.tree import DecisionTreeClassifier

dx, dy = load_iris(return_X_y=True)
dx_train, dx_test, dy_train, dy_test = train_test_split(dx, 接下行
dy, test_size=0.2, random_state=0)

tree = DecisionTreeClassifier()
tree.fit(dx_train, dy_train)
predictions = tree.predict(dx_test)

print(tree.score(dx_train, dy_train))
print(tree.score(dx_test, dy_test))
```


Out

```
1.0
1.0
```

決策樹的參數是隨機產生的，故每次執行的結果會略有不同

12-3-6 隨機森林 (random forest)

隨機森林簡介

如前面所提，決策樹簡單易懂，但也很容易受到資料變動而影響預測效果。不過，若將一大群決策樹模型集結起來、統計其預測結果，就能神奇地提高準確率了。這就好比針對一群人做的民調或賭盤預測（發揮所謂的『群眾智慧』），通常會比單獨幾個人的意見更貼近實際結果。

隨機森林 (random forest) 就是由一群決策樹組成的，藉此抵銷單獨決策樹容易過度配適的問題。由於它會隨機分配不同的資料給各個決策樹，因此便被稱為『隨機』森林。

小編補充： 在機器學習中，將這種結合多個機器學習模型（可是是同一類或不同類）的力量做預測的訓練手法稱為**集成學習** (ensemble learning)。

使用隨機森林

```
from sklearn.ensemble import RandomForestClassifier
模型= RandomForestClassifier()
```

小編補充： 從 scikit-learn 0.22 版後，RandomForestClassifier() 預設會建立 100 個決策樹模型，在更早版本中則為 10 個。

範例演練

和之前一樣，我們會用隨機森林模型來預測鳶尾花資料集：

In

```
from sklearn.datasets import load_iris
from sklearn.model_selection import train_test_split
from sklearn.ensemble import RandomForestClassifier
dx, dy = load_iris(return_X_y=True)
dx_train, dx_test, dy_train, dy_test = train_test_split(dx, dy,
test_size=0.2, random_state=0)

forest = RandomForestClassifier()
forest.fit(dx_train, dy_train)
predictions = forest.predict(dx_test)

print(forest.score(dx_train, dy_train))
print(forest.score(dx_test, dy_test))
```

建立、訓練隨機森林模型並做預測

Out

```
1.0
1.0
```

執行上述程式，你應該能明顯感受到訓練時間比決策樹更久，這是因為隨機森林得訓練它底下的 100 個決策樹，下一章會介紹如何透過參數調整隨機森林模型的決策樹數量。

12-4 k-fold 交叉驗證及模型的預測性能

12-4-1 k-fold 交叉驗證法

除了訓練集和測試集外，在訓練過程中更嚴謹的做法還要再分割出**驗證資料集** (validation dataset), 用來修正訓練模型的超參數。機器學習的訓練往往需要好幾回合，驗證資料集用於訓練過程，每一回合訓練完會先用驗證資料集查看準確度，以確認模型調整的方向或停止訓練。經過好幾回合模型訓練完成之後，再用測試資料集確認模型的性能如何。

我們可以使用前面提過的 holdout 法，從訓練集中再切割出一部分當驗證集，然而這樣做可用於訓練的資料自然就更少了。因此還有一種 **k-fold 交叉驗證 (k-fold cross-validation)** 的做法，可以有效運用到原有的訓練資料，又能做到驗證集的功能。其運作流程如下：

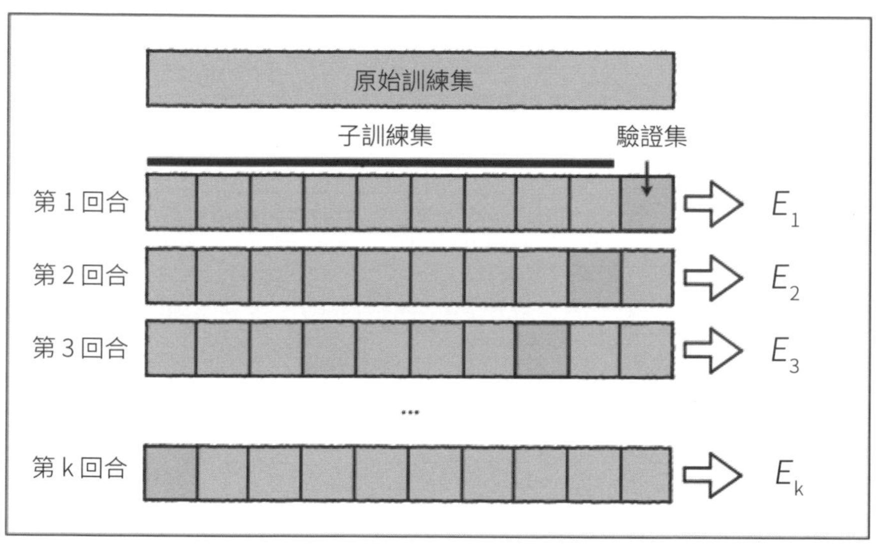

1. 先將訓練集切成 k 等分 (比如 5 或 10 等分)。
2. 把 1 等分獨立出來當成驗證集 (圖中深色部分), 剩下的子訓練集輸入模型。
3. 訓練完一個回合，用驗證集進行預測並計算驗證準確率。
4. 重複以上過程，依序把第 2、3、4... 等分抽出來當驗證集，會重複執行 k 個回合。
5. 把以上 k 個驗證準確率算出平均數，這即為交叉驗證的準確率。

你可以看到雖然每次只有使用 k-1 等分的資料做訓練，但由於會跑 k 個回合，因此其實所有的訓練資料都會用到。當然也可以很明顯看出，這個方法由於要多跑好幾回合，因此模型訓練的時間會比較久。

上面這個繁複的過程，在 scikit-learn 中只要使用 cross_val_score() 函式，即可進行 **k-fold 交叉驗證法 (k-fold cross-validation)**：

```
from sklearn.model_selection import cross_val_score
交叉驗證準確率 = cross_val_score (model, dx_train, 接下行
dy_train, cv)
```

model	要訓練的機器學習模型
dx_train, dy_train	訓練集的特徵/標籤資料
cv	要切成幾等分 (即 k 值), 若未指定則採預設值為 5

cross_val_score() 會傳回一個 ndarray 陣列，裡面每個值是每一回合交叉驗證得到的準確率。用該物件的 mean() 方法便能得到平均的驗證準確率數值。

範例演練

在此我們換改用 scikit-learn 提供的葡萄酒資料集，是義大利北部三種葡萄所釀的酒的成分分析。

In

```
from sklearn.datasets import load_wine
from sklearn.model_selection import train_test_split,cross_val_score
from sklearn.preprocessing import StandardScaler
from sklearn.ensemble import RandomForestClassifier

dx, dy = load_wine(return_X_y=True)  ← 載入特徵和標籤資料
dx_std = StandardScaler().fit_transform(dx)  ← 特徵資料標準化
dx_train, dx_test, dy_train, dy_test = train_test_split(dx_std, dy,
test_size=0.2, random_state=0)

forest = RandomForestClassifier()  ← 使用隨機森林模型
forest.fit(dx_train, dy_train)
val_score = cross_val_score(forest, dx_train, dy_train, cv=5)  ← 進行 k=5 交叉驗證
predictions = forest.predict(dx_test)
```

```
print(forest.score(dx_train, dy_train).round(3))
print(val_score.mean().round(3))   ← 取得交叉驗證準確率的平均值，並取到小數第 3 位

print(forest.score(dx_test, dy_test) .round(3))
```

Out

```
1.0
0.986
0.972
```

由上可見交叉驗證的平均準確率為 98.6%，和測試集的準確率 97.2% 差異不大，代表模型沒有過度配適問題。

12-4-2 產生預測結果報告

目前為止，我們只計算出各模型預測後的整體準確率，但對於模型對**各標籤**的預測成功率並不清楚。這時，你可使用 scikit-learn 的 classification_report() 來檢視更詳細的報告：

```
from sklearn.metrics import classification_report
print(classification_report(dy_test, predictions))
```

classification_report() 分別得傳入原始測試集標籤和預測得到的標籤，它會比較兩者並產生出詳盡的預測結果報告 (傳回字串)。

範例演練

這兒再度沿用葡萄酒資料集和隨機森林模型，然後檢視訓練好的模型對每個分類的預測效果。

In

```
from sklearn.datasets import load_wine
from sklearn.model_selection import train_test_split
from sklearn.preprocessing import StandardScaler
from sklearn.ensemble import RandomForestClassifier
from sklearn.metrics import classification_report

dx, dy = load_wine(return_X_y=True)
dx_std = StandardScaler().fit_transform(dx)
dx_train, dx_test, dy_train, dy_test = train_test_split(dx_std, dy,
test_size=0.2, random_state=0)

forest = RandomForestClassifier()
forest.fit(dx_train, dy_train)
predictions = forest.predict(dx_test)

print(forest.score(dx_train, dy_train).round(3))
print(forest.score(dx_test, dy_test).round(3))
print(classification_report(dy_test, predictions))
```

產生並印出預測結果報告

Out

```
              precision    recall  f1-score   support

           0       1.00      1.00      1.00        14
           1       1.00      0.94      0.97        16
           2       0.86      1.00      0.92         6

    accuracy                           0.97        36
   macro avg       0.95      0.98      0.96        36
weighted avg       0.98      0.97      0.97        36
```

3 種標籤個別樣本數和評估指標

整體的分類準確率

各標籤的平均值

各標籤的加權平均值 (編註：乘上樣本數的比例再取平均)

上表中出現好幾個數字，其中 support 欄位為樣本數，其餘則都是評估模型的指標，以下大致說明這些指標的意義：

- accuracy：準確率，指整體（不分類別）預測正確的比率。
- precision：精準率，模型輸出標籤猜對的比率，例如：模型輸出 5 筆資料為類別 A，其中有 4 筆是對的，那精準率就是 80%。
- recall：召回率，實際標籤被模型猜出來的比率，例如：實際資料集的標籤有 6 筆為類別 A，模型只標示出其中的 4 筆，召回率就是 66%。
- f1-score：精準率與召回率的調和平均數。

小編補充：在評估模型時，不能單看精準率或召回率，如果只要求高精準率，可能讓模型靈敏度不夠；如果只要求高召回率，則可能讓模型容易誤判，必須依照系統需求來權衡兩個指標才行，因此才有 f1-score，也就是兩者的調和平均數（先求倒數再取平均值，然後將平均值再取倒數），通常 f1-score 越高，模型分類的性能越好。

從此處鳶尾花資料集的預測結果來看，整體準確率 (accuracy) 達 97%，分類效果很好。若細看 3 種類別的指標，標籤 0 的 f1-score 為 100% 最高，而標籤 1 和 2 則稍差一點點，從兩者的 precision 和 recall 不難猜出，應該有幾筆標籤 1 的資料被誤判為標籤 2 了。

MEMO

CHAPTER

13

監督式學習模型的超參數調整

儘管在前一章中，大部分監督式機器學習模型直接使用就能得到相當好的預測效果，但有時仍得人為設定一些參數，以便微調訓練成果，說不定還能減少訓練時間。這些模型參數就是所謂的**超參數**(hyperparameter)。

> **小編補充：** 在機器學習領域，特徵和標籤存在的關係稱為權重參數，而模型本身的相關設定則稱為模型參數，為了避免混淆，因此通常將模型參數稱為超參數。不過在講解 scikit-learn 函式怎麼設定時，會看到許多代表超參數的程式參數，說明上我們還是都稱之為參數。

上一章我們著重讓您先熟悉 scikit-learn 機器學習模型的建立方式，對於各種模型的超參數沒有著墨太多，這一章會深入探究並介紹可用來尋找最佳超參數的方法。

13-1 KNN 的超參數

13-1-1 最近 k 鄰數量：n_neighbors

前一章已經提過，KNN 模型的 n_neighbors 參數就是 k 值，它在預測時會尋找 k 個最近似資料來當作參考點。

可想而知，不同的 k 值會影響模型的預測表現。為了找出哪個 k 值表現最好，我們可以用不同 k 值來分別訓練 KNN 模型，收集其預測準確率後以 matplotlib 畫成圖表。

範例演練

下面使用 scikit-learn 內建的乳癌資料集 (30 個特徵，2 種分類，569 筆資料) 來衡量 KNN 模型於不同 k 值下的預測表現 (k = 1~10)：

In

```
from sklearn.datasets import load_breast_cancer ←── 匯入資料集
from sklearn.model_selection import train_test_split, cross_val_score
from sklearn.neighbors import KNeighborsClassifier
import numpy as np
import matplotlib.pyplot as plt ←── 匯入 matplotlib

dx, dy = load_breast_cancer(return_X_y=True) ←── 取得特徵與標籤資料
dx_train, dx_test, dy_train, dy_test = train_test_split(dx, 接下行
dy, test_size=0.2, random_state=0)
                                                  ↑
                                              分割資料集

cv_scores = []          ←── 用來收集交叉驗證準確率的 list
test_scores = []        ←── 用來收集測試集準確率的 list
x = np.arange(10) + 1 ←── 圖表 X 軸 (KNN 模型的 k 值)


for k in x:
  knn = KNeighborsClassifier(n_neighbors=k).fit(dx_train, dy_train)
                            ↑
            用不同 k 值訓練 KNN 模型和收集結果

  cv_scores.append(cross_val_score(knn, dx_train, dy_train, cv=5).mean())
  test_scores.append(knn.score(dx_test, dy_test))

plt.title('KNN hyperparameter')
plt.plot(x, cv_scores, label='CV score') ←── 繪製交叉驗證折線圖
plt.plot(x, test_scores, label='Test score') ←── 繪製測試集預測折線圖
plt.xlabel('k neighbors')
plt.ylabel('accuracy (%)')
plt.legend()
plt.grid(True)
plt.show() ←── 顯示圖表
```

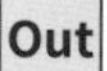

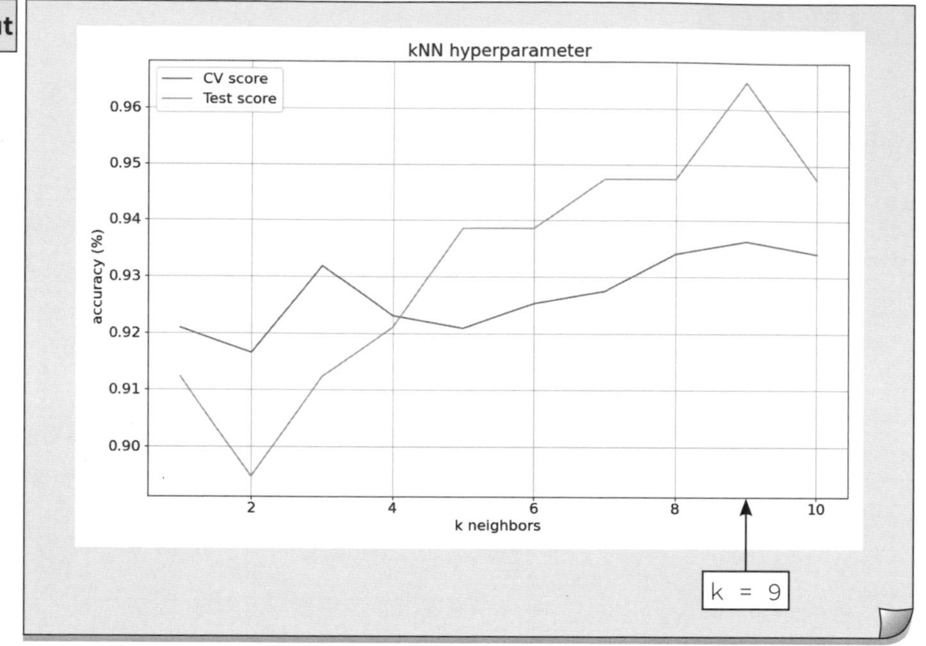

由圖可見針對這個資料集，k = 9 時不管交叉驗證或測試集的預測表現都最好。

小編補充： 請注意 train_test_split() 的 random_state 參數會影響資料集的分割方式，連帶會影響 KNN 在不同 k 值下的表現。

13-1-2 用 GridSearchCV 自動搜尋最佳 k 值

除了人工試驗各 k 值的預測效果，也可使用**網格搜尋** (grid search) 來自動尋找最佳超參數。網格搜尋等於是暴力搜尋法，能根據我們事先指定好的參數名稱及其範圍來尋找最佳模型：

```
調校後的模型 = GridSearchCV(estimator, param_grid)
                               ↑            ↑
                         要調校的模型   模型參數和其範圍 (dict 形式)
```

其中 param_grid 是個 dict, 其內容為我們想做網格搜尋的參數以及其範圍：

```
param_grid = {'參數名稱 1': 範圍, '參數名稱 2': 範圍, ...}
```

GridSearchCV() 會根據模型的交叉驗證分數，輪流套用各參數在指定範圍內的不同值，以便找出最佳模型。傳回的這個模型物件會和前一章的其他 scikit-learn 模型一樣，擁有 fit()、predict()、score() 等 method, 可直接拿來使用。

範例演練

下面來對 KNN 模型使用網格搜尋，將參數 n_neighbors 的範圍設為 1~10, 然後找出最佳的超參數設定：

In

```
from sklearn.datasets import load_breast_cancer
from sklearn.model_selection import train_test_split
from sklearn.neighbors import KNeighborsClassifier
from sklearn.model_selection import GridSearchCV
import matplotlib.pyplot as plt

dx, dy = load_breast_cancer(return_X_y=True)
dx_train, dx_test, dy_train, dy_test = train_test_split(dx, 接下行
dy, test_size=0.2, random_state=0)

param_grid = {'n_neighbors': np.arange(10) + 1} ← 要網格搜尋的參數
model = GridSearchCV(KNeighborsClassifier(), param_grid) ← 用網格搜尋找出最佳模型

model.fit(dx_train, dy_train) ← 用最佳模型來做訓練

print('Best params:', model.best_params_) ← 傳回最佳參數
print('CV score:', model.best_score_.round(3)) ← 傳回模型的交叉驗證準確率

print('Test score:', model.score(dx_test, dy_test).round(3))
```

13

監督式學習模型的超參數調整

Out

```
Best params: {'n_neighbors': 9}
CV score: 0.936
Test score: 0.965
```

最佳解為 n_neighbors (k) = 9

從執行的結果來看，透過網格搜尋得到的最佳解和前面圖表中顯示的結果相同。

13-2 邏輯斯迴歸與線性 SVM 的超參數

13-2-1 邏輯斯迴歸的 C：常規化強度

scikit-learn 的 LogisticRegression() 預設會啟用**常規化 (regularization)**。簡單地說，常規化讓模型更能容忍資料的誤差、避免模型訓練過度（太複雜、容易過度配適），進而得到更普遍適用的分界線。

若想調整常規化的強度，可使用參數 C：

```
LogisticRegression(C)
```

C 值代表常規化強度的倒數，必須是大於 0 的浮點數（不指定時預設為 1), C 值越小、常規化的效果越強。

小編補充： 邏輯斯迴歸的 C 值越小、常規化越強，可以降低模型複雜度，具體來說就是減少模型所使用的特徵數量，傾向用越少的特徵進行預測。

範例演練

和前面一樣，這裡用迴圈搭配不同的 C 值產生並訓練邏輯斯迴歸模型，收集其訓練成效數據，最後畫成圖表：

In

```
from sklearn.datasets import load_breast_cancer
from sklearn.preprocessing import StandardScaler
from sklearn.model_selection import train_test_split, cross_val_score
from sklearn.linear_model import LogisticRegression
import matplotlib.pyplot as plt

dx, dy = load_breast_cancer(return_X_y=True)
dx_std = StandardScaler().fit_transform(dx) ← 資料標準化
dx_train, dx_test, dy_train, dy_test = train_test_split(dx_std,
dy, test_size=0.2, random_state=0)

cv_scores = []
test_scores = []
x = [10 ** n for n in range(-4, 5)] ← X 軸的值 (將數列帶入 n，所以 x 依序為10^-4, 10^-3, ... 10^3, 10^4)

x_str = [str(n) for n in x] ← X 軸各數值『名稱』

  for c in x:
    log_reg = LogisticRegression(C=c, max_iter=1000).fit(dx_train, 接下行
dy_train)
    ↑ 用 for 迴圈來給定不同的 C 值      ↑ 設定最大迭代次數 (下一節會說明)

    cv_scores.append(cross_val_score(log_reg, dx_train, dy_train, 接下行
cv=5).mean())
    test_scores.append(log_reg.score(dx_test, dy_test))

plt.title('Logistic Regression hyperparameter')
plt.plot(x_str, cv_scores, label='CV score')
plt.plot(x_str, test_scores, label='Test score')
plt.xlabel('C')
plt.ylabel('accuracy (%)')
plt.legend()
plt.grid(True)
plt.show()
```

Out

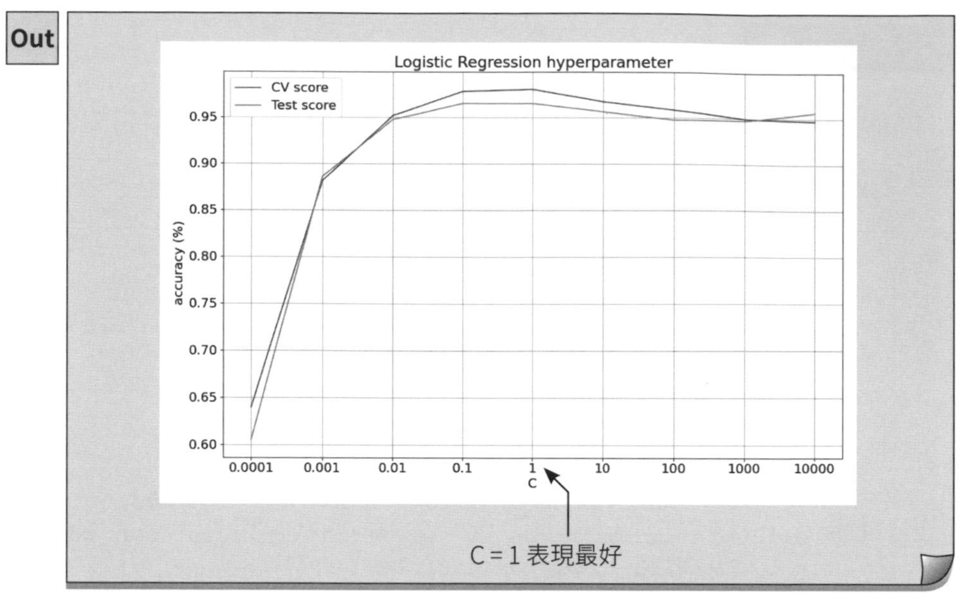

由上圖可見對於這個資料集，C=1 時邏輯斯迴歸模型表現最好。

13-2-2 線性 SVC 的 C：常規化強度

LinearSVC() 也會用到常規化，因此同樣能設定 C 參數：

```
LinearSVC(C)
```

對於 SVM, 我們便有機會觀察不同常規化參數的影響，因為 scikit-learn 的 SVM 模型是所謂的『軟邊界 (soft margin) SVM』，也就是在尋找支援向量點來定義邊界時，能夠容許資料誤差存在（有些點會落在邊界內側）。因此，就算兩個分類的資料有所重疊，軟邊界 SVM 也能找出分界線。而 C 參數會決定軟邊界對於誤差的容忍程度，和邏輯斯迴歸一樣，C 是常規化強度的倒數，值越小、常規化強度越高，會忽略離群值的影響，盡可能加大決策邊界。反過來說，若 C 值越大、常規化強度較小，則決策邊界也會縮得越小。

> **小編補充：**『硬邊界 (hard margin) SVM』的支援向量一定得在邊界上，因此只適用於兩種類別完全分離的資料，在真實世界中比較難以使用。

下圖展示了不同 C 值對於軟邊界 SVM 的影響：

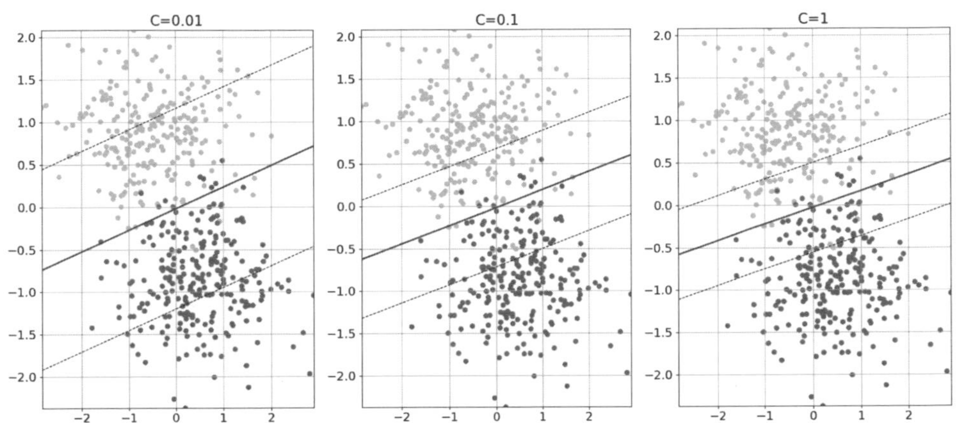

從上面三張圖可以比較出，最左邊 C=0.01 的決策邊界最大，而 C 值變大決策邊界會變小，因此最右邊 C=1 時決策邊界最小。

範例演練

下面的程式，與前面測試邏輯斯迴歸模型 C 參數的範例幾乎相同，只是改成使用 LinearSVC()（線性 SVM）：

In

```
from sklearn.datasets import load_breast_cancer
from sklearn.preprocessing import StandardScaler
from sklearn.model_selection import train_test_split, cross_val_score
from sklearn.svm import LinearSVC
import numpy as np
import matplotlib.pyplot as plt

dx, dy = load_breast_cancer(return_X_y=True)
dx_std = StandardScaler().fit_transform(dx)
dx_train, dx_test, dy_train, dy_test = train_test_split(dx_std, 接下行
dy, test_size=0.2, random_state=0)
```

```
cv_scores = []
test_scores = []
x = [10 ** n for n in range(-4, 5)]   ← 依序指定 C 值為 10^-4、10^-3…到 10^4
x_str = [str(n) for n in x]

for c in x:
    linear_svc = LinearSVC(C=c, max_iter=10000).fit(dx_train, dy_train)
                                   ↑ 設定最大迭代次數(見後說明)
    cv_scores.append(cross_val_score(linear_svc, dx_train, 接下行
dy_train, cv=5).mean())
    test_scores.append(linear_svc.score(dx_test, dy_test))

plt.title('Linear SVM hyperparameter')
plt.plot(x_str, cv_scores, label='CV score')
plt.plot(x_str, test_scores, label='Test score')
plt.xlabel('C')
plt.ylabel('accuracy (%)')
plt.legend()
plt.grid(True)
plt.show()
```

Out

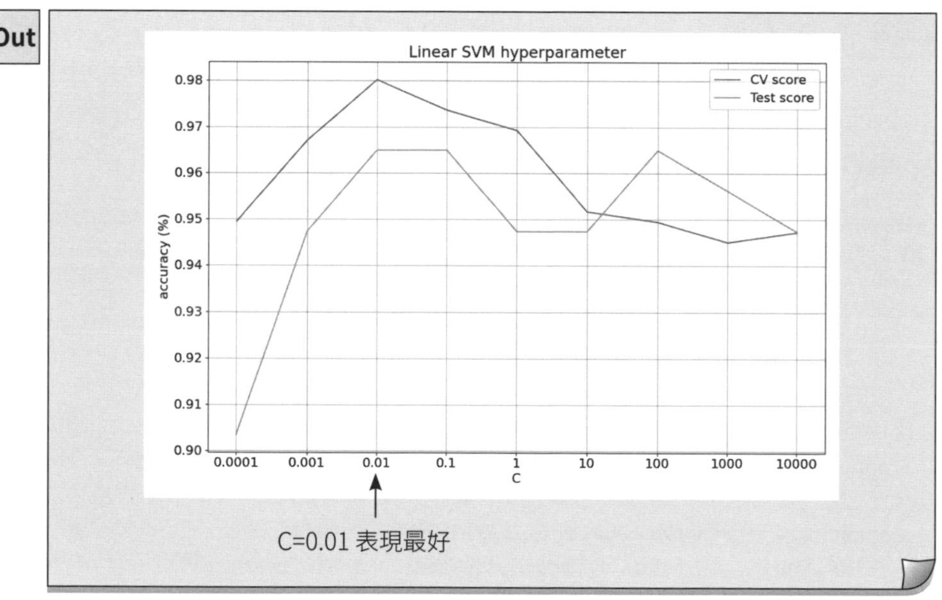

在此資料集中，得出線性 SVM 的最佳 C 值為 0.01。

13-2-3 最大迭代次數：max_iter

邏輯斯迴歸與 SVM 都得不斷重複訓練好尋找最佳解，但在 scikit-learn 中，LogisticRegression() 與 LinearSVC() 預設的迭代次數分別為 100 和 1000 次。若資料較難處理、以致預設的迭代次數不足以找出最佳解，你可能會在程式主控台看到『TOTAL NO. of ITERATIONS REACHED LIMIT』(已達最大迭代次數)或『ConvergenceWarning: failed to converge』(無法收斂警告)訊息。

這時，你可用這兩個模型的 **max_iter** 參數來手動指定最大迭代次數。以下是前面範例已經展示過的，讓 LinearSVC() 最多迭代 10000 次以找到最佳解：

In
```
LinearSVC(max_iter=10000)
```

如果模型在最大次數之前找到最佳解，就會提前停止訓練。

小編補充： 如果你想看到訓練過程的更多資訊，可將邏輯斯迴歸或線性／非線性 SVM 模型的 verbose 參數設為 True, 如 LinearSVC(C=c, max_iter=10000, verbose=True)。

13-3 非線性 SVM

13-3-1 C, gamma 與 kernel 參數

scikit-learn 的 SVC() 和 LinearSVC 一樣也有 C 參數，此外還有 gamma 與 kernel 參數，這三個參數攸關非線性 SVM 如何將資料映射到高維度空間，也會影響決策邊界及其分類效果：

```
SVC(C, gamma, kernel)
```

C 參數

C 參數和 LinearSVC() 一樣代表常規化強度，其值越高會令決策邊界之間的距離越小：

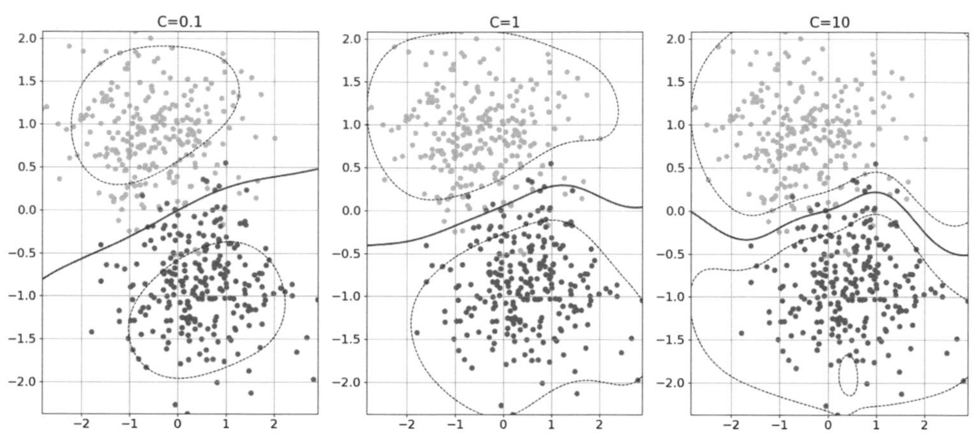

gamma 參數

gamma 參數是指單一資料點對決策邊界的影響，同樣也是強度的倒數關係，因此 gamma 參數值越高代表每個資料點的影響力越弱，意味要依靠更多資料點做為『支援向量』，結果會使分界線和決策邊界更貼近資料分佈，形狀變得較為曲折，如下所示：

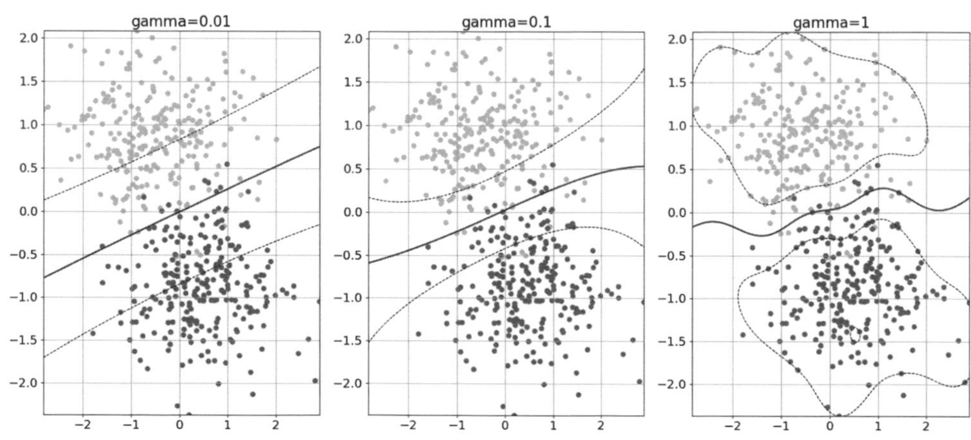

gamma 參數不指定時預設為 'scale', 也就是根據特徵數量自動計算出一個值。

> **小編補充：** C 參數和 gamma 參數會直接影響模型是否過度配適，通常會建議 gamma 值設小一點，讓分界線和決策邊界不至於太曲折，再搭配 C 值設稍大一點，去擬合資料分佈。

kernel 參數要設定為 poly、rbf、sigmoid，gamma 參數才會生效。

kernel 參數

最後，SVC() 的 kernel 參數決定了用來轉換資料到更高維度的 kernel function, 不同的 kernel function 會將資料點轉換到不同的空間，由於轉換到不同空間後，資料會有不同的分佈結果，因此對於分類效果會有很大的影響。kernel 可指定為 **'linear'**（線性函數）, **'poly'**（多項式函數）, **'rbf'**（徑向基底函數）或 **'sigmoid'** (S 函數)。不指定時預設為 rbf。

- **linear**：用線性函數映射資料點，效果和線性 SVM 差不多，通常直接使用 LinearSVC() 模型即可。
- **poly**：採用多項式函數 (polynomial function) 來映射資料點。
- **rbf**：採用徑向基底函數 (radial basis function) 來映射資料點，這也是 SVC() 函式的預設值，分類效果通常會比較好。
- **sigmoid**：用 Sigmoid 函數也就是邏輯斯函數 (logistic function) 來映射資料點，因此分類效果跟邏輯斯迴歸模型差不多。

另外 SVC() 函式也提供自訂核函數，或是直接以轉換好 (precomputed) 的矩陣來做 SVM, 這屬於比較進階的做法，此處就不細談了。

下圖展示了幾種 kernel function 的分類效果：

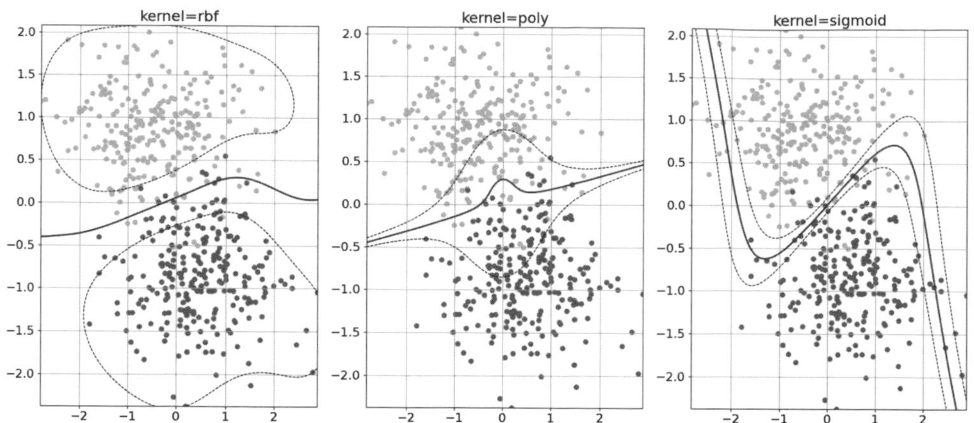

> **小編補充：** 再次提醒，為方便呈現與理解，本節所展示的是原始資料點分佈，因此看起來分界線 (超平面) 呈現非線性的狀態。

範例演練

下面直接用 GridSearchCV() 來搜尋 SVC() 的 C, gamma, kernel 最佳解：

In

```
from sklearn.datasets import load_breast_cancer
from sklearn.preprocessing import StandardScaler
from sklearn.model_selection import train_test_split, cross_val_score
from sklearn.svm import SVC
from sklearn.model_selection import GridSearchCV, RandomizedSearchCV
import matplotlib.pyplot as plt

dx, dy = load_breast_cancer(return_X_y=True)
dx_std = StandardScaler().fit_transform(dx)
dx_train, dx_test, dy_train, dy_test = train_test_split(dx_std, 接下行
dy, test_size=0.2, random_state=0)

x = [10 ** n for n in range(-2, 3)]  ← 產生 0.01, 0.1, 1, 10, 100 數列
```

```
param_grid = {'C': x,
              'gamma': x,
              'kernel': ['linear', 'rbf', 'poly', 'sigmoid']}


model = GridSearchCV(SVC(), param_grid)
model.fit(dx_train, dy_train)

print('Best params: ', model.best_params_)
print('CV score:', model.best_score_.round(3))
print('Test score:', model.score(dx_test, dy_test).round(3))
```

要網格搜尋的參數

```
Best params: {'C': 10, 'gamma': 0.01, 'kernel': 'rbf'}
CV score: 0.982
Test score: 0.982
```

最佳解

13-3-2 使用 RandomizedSearchCV 更快速尋找較適當的參數

使用 GridSearchCV() 來自動尋找最佳參數，若參數很多或值的範圍很大時，就會變得非常耗時。例如，前一小節的範例就得搜尋 5 x 5 x 4 = 100 種參數組合。要是我們想搜尋變化更細微的值，就會搜尋到天荒地老了：

In

```
parameters = {'C': np.linspace(1, 100, 100),

              'gamma': np.linspace(0.01, 1, 100),

              'kernel': ['linear', 'rbf', 'poly', 'sigmoid']}
model = GridSearchCV(SVC(), parameters).fit(dx_train, dy_train)
```

C: 從 1 到 100 之間的 100 個值

gamma: 從 0.01 到 1 之間的 100 個值

上述程式預計要搜尋 40000 個參數組合，要跑完一遍明顯會花費較長的時間。如果想省點時間，這時你可改用 RandomizedSearchCV() 來隨機搜尋最佳參數。這麼做雖然無法保證得到最佳模型，但通常仍能得到相當不錯的結果：

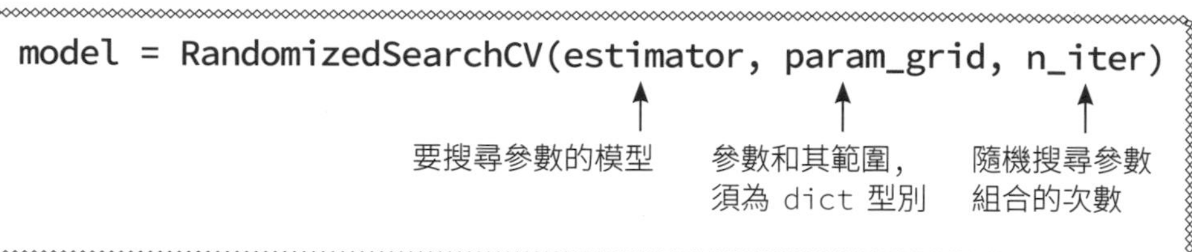

除了要使用的模型 (estimator) 及參數名稱／範圍 (param_grid) 以外，**n_iter** 參數可用來指定要搜尋幾次參數，不指定時預設為 10 次。

範例演練

以下改寫前面對 SVC() 跑網格搜尋的範例，這回改用 RandomizedSearchCV()，從 40000 種參數組合中隨機搜尋 100 次：

In

```
from sklearn.datasets import load_breast_cancer
from sklearn.preprocessing import StandardScaler
from sklearn.model_selection import train_test_split, cross_val_score
from sklearn.svm import SVC
from sklearn.model_selection import RandomizedSearchCV
import numpy as np
import matplotlib.pyplot as plt

dx, dy = load_breast_cancer(return_X_y=True)
dx_std = StandardScaler().fit_transform(dx)
dx_train, dx_test, dy_train, dy_test = train_test_split(dx_std, 接下行
dy, test_size=0.2, random_state=0)

param_grid = {'C': np.linspace(1, 100, 100),
              'gamma': np.linspace(0.01, 1, 100),
              'kernel': ['linear', 'rbf', 'poly', 'sigmoid']}

model = RandomizedSearchCV(SVC(), param_grid, n_iter=100)  ← 這裡改用隨機搜尋超參數
model.fit(dx_train, dy_train)
```

```
print('Best params:', model.best_params_)
print('CV score:', model.best_score_.round(3))
print('Test score:', model.score(dx_test, dy_test).round(3))
```

Out

```
Best params: {'kernel': 'linear', 'gamma': 0.09, 'C': 6.0}

CV score: 0.965
Test score: 0.956
```

最佳解

和網格搜尋的最佳解相比差了一些，但也算是不錯的結果

13-4 決策樹與隨機森林的超參數

13-4-1 決策樹的最大深度：max_depth

在預設狀況下，DecisionTreeClassifier() 以及 RandomForestClassifier() 會不停訓練並產生決策樹節點，直到所有葉節點的預測準確率都達到 100%、或者剩下的資料樣本變得太少為止。然而，這會使得決策樹產生過度配適問題，反而無法拿來有效預測新資料。

為避免這種問題，我們要想辦法不要讓決策樹產生太多分支，這種策略稱為『剪枝 (pruning)』，而最簡單的方法就是限制最大深度 (層數), 在 scikit-learn 中可以使用 **max_depth** 參數來指定決策樹或隨機森林的最大深度：

```
DecisionTreeClassifier(max_depth)
RandomForestClassifier(max_depth)
```

其中 RandomForestClassifier() 的 max_depth 參數，對隨機森林所產生的所有決策樹都有效。

範例演練

為了尋找最合適的決策樹深度，下面先來訓練單一一個決策樹模型，並將不同結果的訓練成效繪製成圖表：

In

```
from sklearn.datasets import load_breast_cancer
from sklearn.preprocessing import StandardScaler
from sklearn.model_selection import train_test_split, cross_val_score
from sklearn.tree import DecisionTreeClassifier
import numpy as np
import matplotlib.pyplot as plt

dx, dy = load_breast_cancer(return_X_y=True)
dx_std = StandardScaler().fit_transform(dx)
dx_train, dx_test, dy_train, dy_test = train_test_split(dx_std, 接下行
dy, test_size=0.2, random_state=0)

cv_scores = []
test_scores = []
x = np.arange(12) + 1  ← 依序指定 1~12 層的深度
x_str = [str(n) for n in x]

for d in x:
    tree = DecisionTreeClassifier(max_depth=d).fit(dx_train, dy_train)
                                    ↑ 幫決策樹模型加上 max_depth 參數

    cv_scores.append(cross_val_score(tree, dx_train, dy_train, 接下行
cv=5).mean())
    test_scores.append(tree.score(dx_test, dy_test))

plt.title('Decision Tree hyperparameter')
plt.plot(x_str, cv_scores, label='CV score')
plt.plot(x_str, test_scores, label='Test score')
plt.xlabel('Max depth')
plt.ylabel('accuracy (%)')
plt.legend()
plt.grid(True)
plt.show()
```

Out

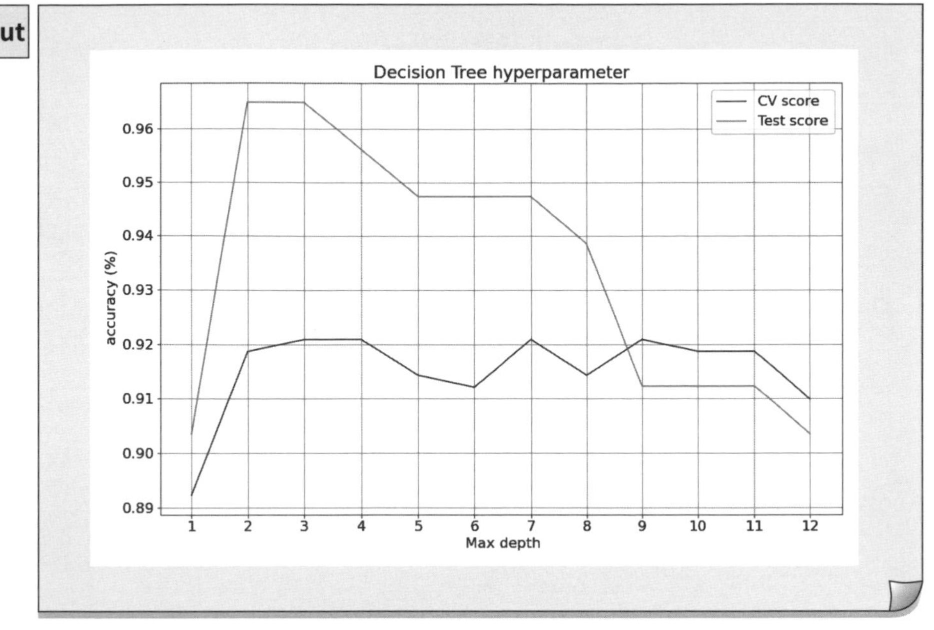

看來 max_depth=3 時的表現最好。

小編補充：畫出決策樹結構

以下程式碼能將決策樹的節點跟決策過程輸出成文字版的樹狀結構：

In

```
from sklearn.datasets import load_breast_cancer
from sklearn.preprocessing import StandardScaler
from sklearn.model_selection import train_test_split
from sklearn.tree import DecisionTreeClassifier, export_text   ← 匯入此功能

dx, dy = load_breast_cancer(return_X_y=True)
feature_names = list(load_breast_cancer().feature_names)   ← 取得資料集各特徵的名稱並轉成 list

dx_std = StandardScaler().fit_transform(dx)
dx_train, dx_test, dy_train, dy_test = train_test_split(dx_ 接下行
std, dy, test_size=0.2, random_state=0)
```

```
model = DecisionTreeClassifier(max_depth=3).fit(dx_train, 接下行
dy_train)  ← 設定 max_depth=3

print(export_text(model, feature_names=feature_names))  ← 印出決策樹，包含特徵名稱
```

Out

```
|--- worst concave points <= 0.42
|   |--- worst area <= 0.14
|   |   |--- worst perimeter <= 0.01
|   |   |   |--- class: 1
|   |   |--- worst perimeter >  0.01
|   |   |   |--- class: 1
|   |--- worst area >  0.14
|   |   |--- mean symmetry <= -1.08
|   |   |   |--- class: 1
|   |   |--- mean symmetry >  -1.08
|   |   |   |--- class: 0
|--- worst concave points >  0.42
|   |--- worst area <= -0.27
|   |   |--- mean smoothness <= 0.85
|   |   |   |--- class: 1
|   |   |--- mean smoothness >  0.85
|   |   |   |--- class: 0
|   |--- worst area >  -0.27
|   |   |--- radius error <= -0.82
|   |   |   |--- class: 1
|   |   |--- radius error >  -0.82
|   |   |   |--- class: 0
```

葉節點

內部節點

內部節點

根節點

13-4-2 隨機森林的規模 n_estimators 與亂數種子 random_state

如前一章所提，隨機森林就是一群決策樹的組合，在 scikit-learn 中預設為 100 棵。這個數量可透過 **n_estimators** 參數來指定：

```
RandomForestClassifier(n_estimators)  ← 決策樹的數量
```

此外，由於隨機森林會隨機分配資料給每棵決策樹，如果希望每次訓練時都能保持同樣的資料分配方式，可對 **random_state** 參數指定亂數種子：

```
RandomForestClassifier(random_state)
```

範例演練

下面來測試隨機森林模型，在每棵樹深度為 3 時，產生多少棵樹能得到比較好的預測效果。

小編補充： 由於隨機森林包含大量決策樹，運算上比較耗時，所以執行以下範例時請耐心等候哦～

In

```
from sklearn.datasets import load_breast_cancer
from sklearn.preprocessing import StandardScaler
from sklearn.model_selection import train_test_split, cross_val_score
from sklearn.ensemble import RandomForestClassifier
import numpy as np
import matplotlib.pyplot as plt

dx, dy = load_breast_cancer(return_X_y=True)
dx_std = StandardScaler().fit_transform(dx)
dx_train, dx_test, dy_train, dy_test = train_test_split(dx_std, 接下行
dy, test_size=0.2, random_state=0)
```

```
cv_scores = []
test_scores = []
x = (np.arange(10) + 1) * 50  ◀── 依序指定 50、100、150…500 棵決策樹
x_str = [str(n) for n in x]

for t in x:
    tree = RandomForestClassifier(n_estimators=t, max_depth=3, 接下行
random_state=0)  ◀── 用不同的決策樹數量來跑隨機森林模型

    tree.fit(dx_train, dy_train)
    cv_scores.append(cross_val_score(tree, dx_train, dy_train, 接下行
cv=5).mean())
    test_scores.append(tree.score(dx_test, dy_test))

plt.title('Random Forest hyperparameter')
plt.plot(x_str, cv_scores, label='CV score')
plt.plot(x_str, test_scores, label='Test score')
plt.xlabel('Number of trees')
plt.ylabel('accuracy (%)')
plt.legend()
plt.grid(True)
plt.show()
```

Out

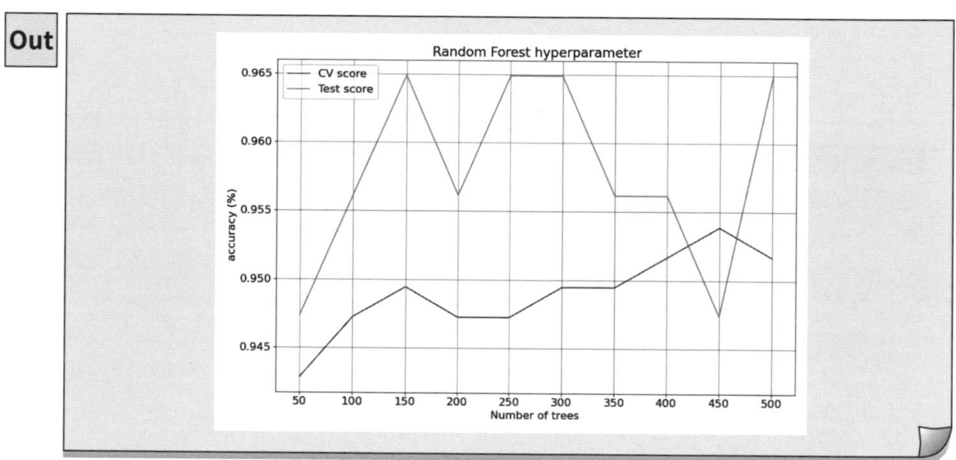

從驗證分數來看，對於此資料集以及我們設定的搜尋範圍中，n_estimators=500（500 棵決策樹）時表現最好。當然，你可以試著加大搜尋範圍，看看決策樹達到 600 棵以上的預測準確率是否會繼續提升。

CHAPTER

14

用 tf.Keras 套件實作深度學習

14-1 深度學習簡介

深度學習 (Deep Learning，簡稱 DL) 是指「利用多層的神經網路 (Neural Network) 從大量資料進行學習」的技術，如果以純 Python 來實作深度學習通常得撰寫大量程式碼，此時就可以利用現成的 Python 深度學習套件來簡化作業。本章我們將帶您用 **tf.keras** 這個套件來建構一個可以辨視手寫數字圖片的多層神經網路。

> **小編補充：** Keras 及 Tensorflow 都是目前最熱門的深度學習開發工具，而 Keras 則是架構在 Tensorflow、CNTK、Theano (三選一) 之上的高階函式庫，具備易學、易用、彈性大的特色。目前 Tensorflow 已將 Keras 納入到自己的套件中，即稱為 tf.keras 子套件。

14-1-1 深度學習的核心概念 – 神經網路 (Neural Network)

在進行深度學習實作之前，我們先簡單認識**神經網路** (Neural Network, **簡稱** NN)，這是一種模仿動物神經網路的機器學習模型，也有人稱作**類神經網路**或**人工神經網路**。

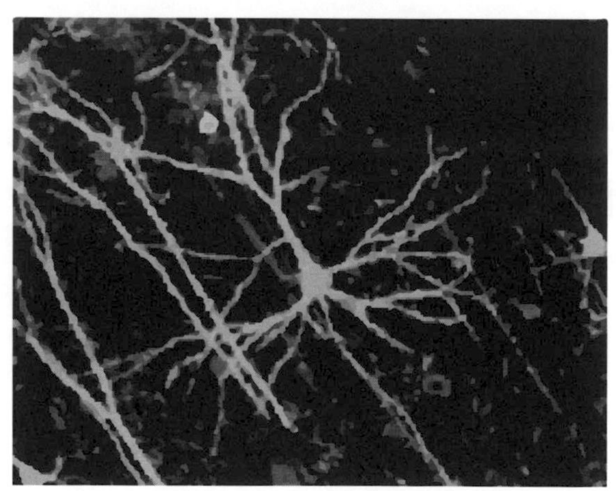

從現在開始，我們所提到的「神經網路」都是指人工神經網路喔！

◀ **動物神經網路**

圖片出處：https://commons.wikimedia.org/wiki/File:GFPneuron.png

單一神經元的神經網路

神經網路的最小單元是**神經元** (Neuron), 如下圖右側這個大圓圈就是一個神經元：

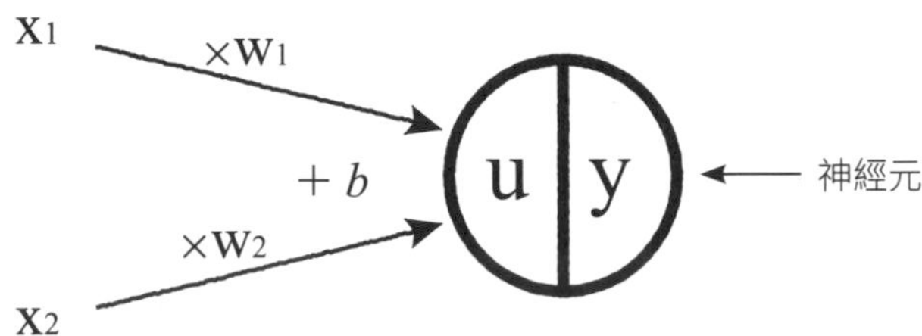

可以看到右側的神經元從左側接收到 2 個**輸入值** (input) x_1 與 x_2, 而輸入值傳進神經元時會各自乘上一個**權重** (weight, 通常以 w 表示), 藉由調整某輸入值的權重 (例如乘上大一點的權重值), 即可放大這個輸入值對整體輸出的影響力。

圖中 2 個輸入值 x_1、x_2 各自與權重相乘後，接著就加總起來，此外還要再加一個**偏值權重** (bias, 通常以 b 表示，簡稱**偏值**), b 是一個常數值，調整其大小也可以影響整體輸出。神經元對輸入資料做加權並加上偏值後，就可得到上圖的 u。

接著，在神經元中通常還會做「非線性 (Non-linear)」的轉換或篩選，以增加對非線性規則的學習能力，這時通常會為神經元串接一個非線性的數學函數來做轉換。這個數學函數在深度學習領域稱為**激活函數** (Activation function), 也稱**啟動函數**，負責將輸入值、權重、偏值運算後的值做非線性的轉換，以上圖為例，就是將 u 傳入一個 f() 激活函數，即 f(u) 所算出來 y 就是神經元的最終輸出。

多層神經網路

前面是只有一個神經元的情況，當要處理的問題較複雜時，就必須在輸入與輸出之間增加更多的神經元，建構出「多神經元」甚至是「多神經層 (Layer)」的架構，以加強整個神經網路的能力。

下圖就是一個多層神經網路，神經網路接收輸入資料 x，然後經過各層的運算，最終產生輸出值 y。

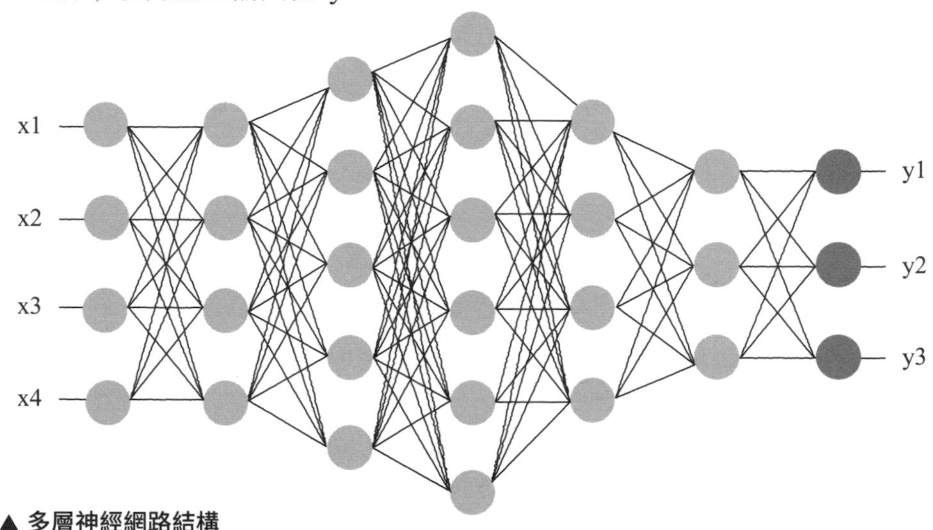

▲ **多層神經網路結構**

出處：neuraldesigner (https://www.neuraldesigner.com/)

輸入層、中間層、輸出層

上圖可分成**輸入層**、**中間層 (隱藏層)**、**輸出層**三大部分。先看最前面 (左) 跟最後面 (右)：輸入層負責將輸入資料傳給之後的中間層逐層運算，輸出層則是得出層層運算後的結果。

最重要的就是介於輸入層與輸出層之間的中間層，這稱為**隱藏層** (Hidden layer)，隱藏層可以只有 1 層，也可以有很多層，以上圖為例中間的隱藏層就有 5 層。

> **小編補充：** 每個神經層之間是如何運作呢？很簡單，**前一層神經元的輸出值**，都會轉為輸入值，傳入後一層所有神經元，不管這個神經網路設計了百層、千層…，概念都是一樣的。

神經網路的輸出

神經網路的輸出可以是純量或向量，視您想解決的問題而定，像左圖最右邊的輸出值就是具有 3 個元素的向量 [y1, y2, y3]。當我們用神經網路辨識影像時，輸出值會顯示預測內容的機率值，例如輸出值為「y1（假設代表貓）= 0.7, y2（假設代表狗）= 0.2, y3（假設代表獅子）= 0.1」，就代表神經網路認為圖片有 70% 的機率是貓，而這就是用神經網路來處理一個**分類** (Classification) 問題。

神經網路的權重參數

在多層神經網路的架構中，中間那些密密麻麻的線就是 14-3 頁提到的 w、b **權重參數**（註：本書將 w(weights) 和 b(bias) 統稱為權重參數），而深度學習的實作就是藉由大量的資料不斷修正所有 w、b 權重參數，希望神經網路預測出的結果愈準愈好。

14-1-2 建構分類神經網路的流程

有了以上概念，接著就來看建構一個神經網路「分類」模型的流程，當中最重要的就是**訓練** (Training) 神經網路的概念，我們來看是怎麼做的。

1. 建立神經網路模型

一開始要先設計神經網路的結構，剛才已經看過多層神經網路的樣子，如下圖所示：

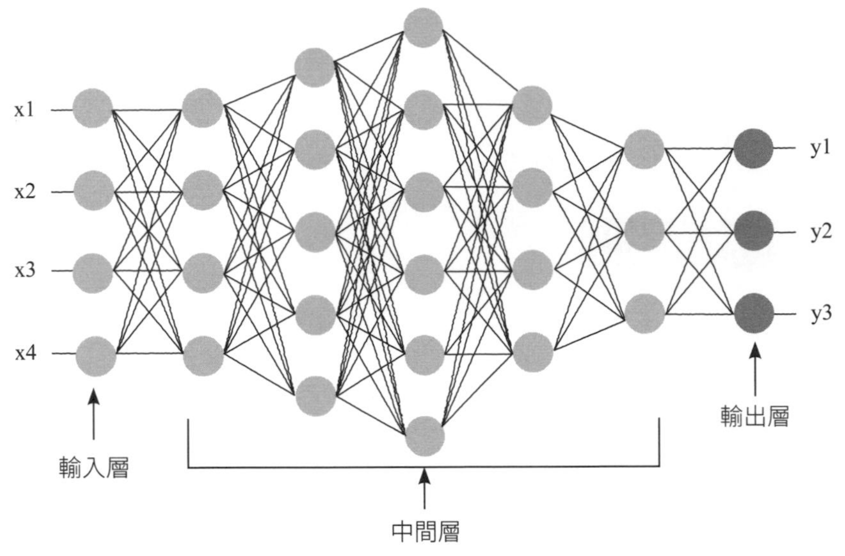

2. 訓練神經網路模型

前面我們已經知道神經網路就是將輸入資料 x 輸入模型，然後得到輸出結果 y，然而想要提高神經網路預測的正確性，就要對神經網路進行**訓練**(Training)。

具體的訓練作法是準備大量輸入資料 (x)，每筆輸入都會伴隨著一個「正確答案 t (即真實值)」，每當神經網路預測出來 y 後，就「對答案看看」，也就是檢查預測值 (y) 與正確答案 (t) 的「**誤差 (Loss)**」，就可以知道預測效果好不好。

一開始，y (預測值) 與 t (正確答案) 之間的誤差一定很大，如下圖這樣：

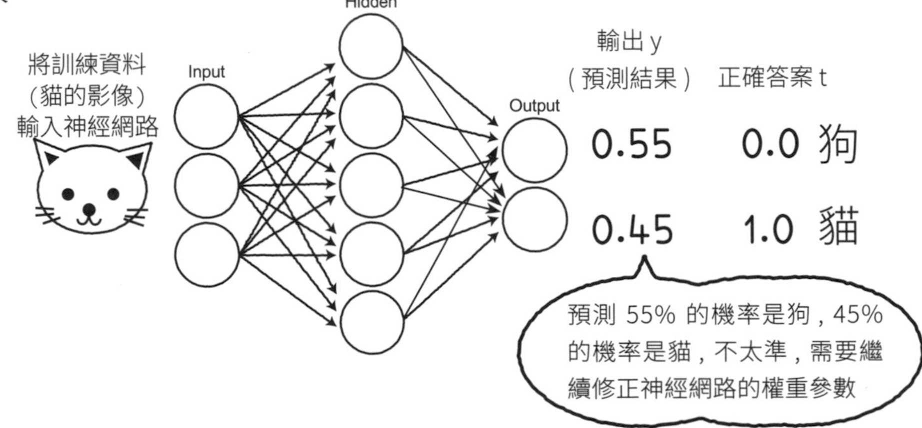

利用誤差怎麼修改權重參數呢？通常會使用稱為**反向傳播**（Back Propagation）的演算法，讓模型藉由一次又一次的訓練，不斷修正所有 w、b 權重參數，希望預測出來的 y 與 t 之間誤差愈小愈好，逐步提升預測的準確率。

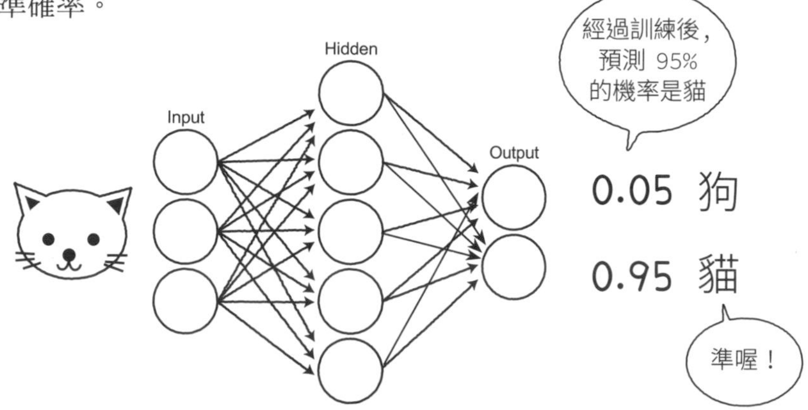

> **小編補充：** 反向傳播 (Back Propagation) 是訓練神經網路的重要演算法，不過在本書所介紹的 tf.Keras 套件中只需設幾個參數就會幫我們自動完成，若對細節有興趣，可以參考旗標出版的「決定打底！深度學習基礎養成」一書。

以上就是訓練神經網路的基本流程，這裡我們是以一個分類 (Classification) 問題來解說，神經網路另一個常解決的是**迴歸** (Regression) 問題，迴歸問題是指根據過往資料分析趨勢，預測出一個「數值」，例如從過去的股價趨勢預測出明天的股價（例：12,340 點）。而想處理迴歸問題只需在輸出層設定 1 個輸出神經元就可以了，其餘做法都與處理分類問題大同小異。

14-2 用神經網路辨識手寫數字圖片

本節將使用 tf.Keras 套件建構一個多層神經網路模型，這個模型可以幫我們辨識手寫數字圖片，例如傳入底下這張圖片，訓練好的神經網路可以精確地告訴我們答案是 7。

14-2-1 多層神經網路的結構

這裡要建構的神經網路結構如下：

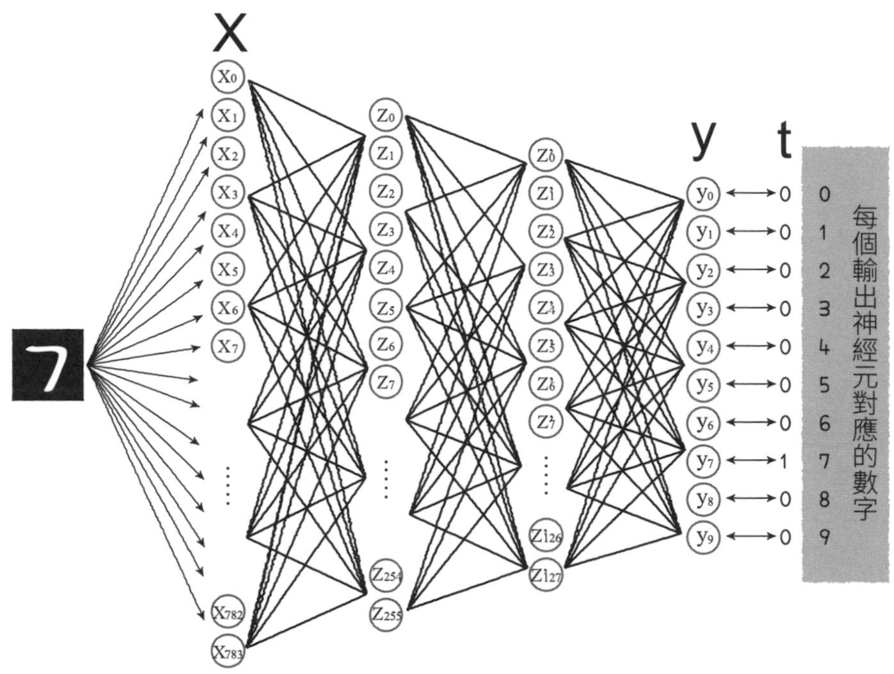

複習一下神經網路的結構，最左側接受輸入資料的神經層是**輸入層**，最右側是**輸出層**，輸入層和輸出層之間的層是**隱藏層**，我們由左至右進行解說。

此例輸入的圖片是 28×28 像素的灰階圖片，餵給神經網路時，會展平成 784 個元素的向量，如上圖的 x_0 ~ x_{783}，每個元素的像素值為 0~255 的整數，簡單來說每一張圖都會轉換成由 784 個數字組成。

中間隱藏層的部份，我們將設計 2 個隱藏層，在 tf.Keras 當中這類神經層稱做**密集層** (Dense Layer) 或**全連接層** (Fully connected layer)，意思是每個神經元都會與上一層的每個神經元緊密連接。本例第 1 個隱藏層有 256 個神經元 (輸出值為 Z_0 ~ Z_{255})，第 2 個隱藏層有 128 個神經元 (輸出值 Z'_0 ~ Z'_{127})。

最後請特別看到最右側的輸出層，因為有數字 0~9 這 10 個數字要辨識，因此輸出層準備了 10 個神經元，神經網路的輸出結果 (y_0~y_9) 就會是 10 個元素的向量。例如正確答案為 7, 理想的輸出結果就是 [0, 0, 0, 0, 0, 0, 0, 1, 0, 0], 也就是除了索引 7 的值是 1 (= 100%) 之外，其他索引位置的值都是 0 (= 0%), 這種「只有一個數字是 1, 其餘為 0」的形式，稱為 one-hot 編碼，待會實作我們會再遇到。

14-2-2 準備訓練所需的資料

本節我們就來用 tf.Keras 這個 Python 套件來建構神經網路模型，並完成前面提到的訓練工作。

載入 MNIST 資料集

我們要使用的是名為 MNIST 的手寫數字圖片資料集，它收錄大量的手寫數字圖片，以及每張圖片對應的正確答案 (編註：深度學習對正確答案有個術語，稱為**標籤** Label), 直接利用 tf.Keras 就可以載入 MNIST 資料集：

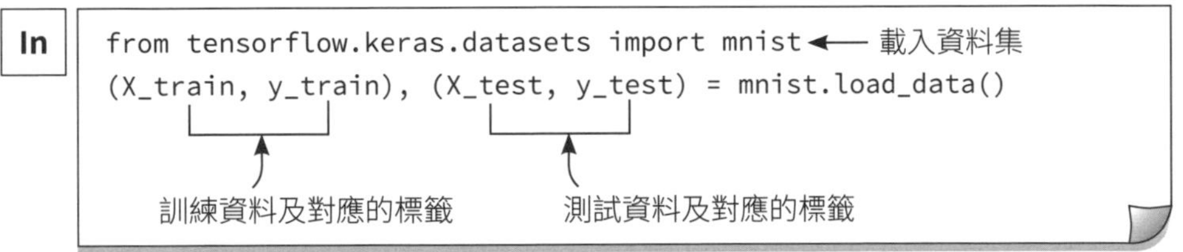
In

```
from tensorflow.keras.datasets import mnist ← 載入資料集
(X_train, y_train), (X_test, y_test) = mnist.load_data()
```


X 代表手寫圖片，y 代表每張圖片對應的正確答案 (標籤), 而這裡有個概念要知道，上面的程式之所以分成 train、test 兩部份，是因為餵給神經網路的已知資料，通常會切割成**訓練資料集** (Training set) 與**測試資料集** (Testing set) 二部份，而切割成兩部分是我們要拿**訓練資料集**來訓練神經網路，等訓練完成後再用**測試資料集**來測試成效。

假設神經網路對於訓練資料集都已經能預測的百發百中，卻對測試資料集的預測能力不佳，那就代表神經網路的訓練過程出了問題，必須加以修正，這正是需要測試資料集的原因，這樣才能真正測出神經網路對「新」資料的表現。

查看資料集的形狀

載入的資料集都是 NumPy 陣列的資料結構，我們稍微來認識一下，例如可以用 .shape 屬性查詢它們的形狀：

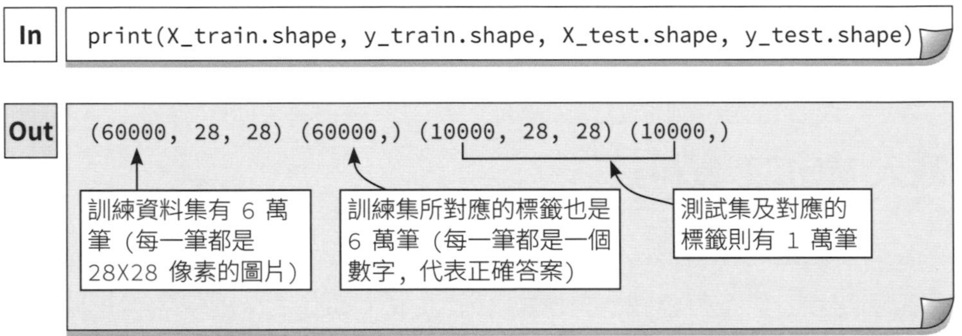

```
In
print(X_train.shape, y_train.shape, X_test.shape, y_test.shape)
```

```
Out
(60000, 28, 28) (60000,) (10000, 28, 28) (10000,)
```


14-2-3 建構神經網路

開始建構吧！首先要建立一個空的神經網路模型，然後使用 add() method 定義逐層的內容。這裡我們要使用 tf.Keras 的**序列** (Sequential) 類別來建構神經網路，它可以像堆積木一樣，將神經層一層一層堆疊起來。我們先匯入必要的類別，並準備好訓練資料集：

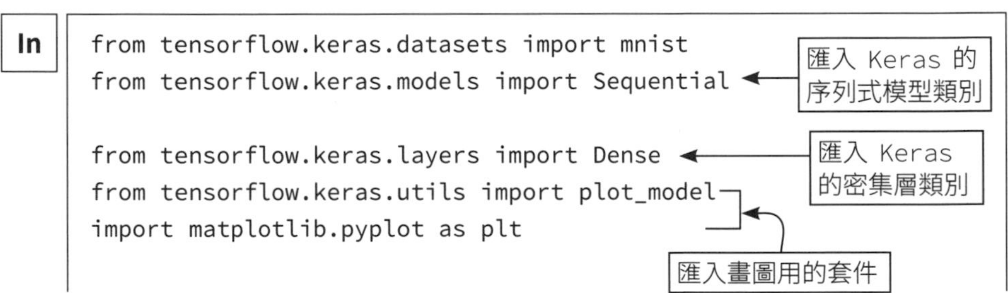

```
In
from tensorflow.keras.datasets import mnist
from tensorflow.keras.models import Sequential

from tensorflow.keras.layers import Dense
from tensorflow.keras.utils import plot_model
import matplotlib.pyplot as plt
```

```
from tensorflow.keras.utils import to_categorical
```

這是用來將標籤做 14-9 頁提到的 one-hot 編碼，例如將正確答案 7 轉換成 [0, 0, 0, 0, 0, 0, 0, 1, 0, 0] 這樣的形式

```
X_train = X_train.reshape(X_train.shape[0], 784)
```

將訓練資料的 shape 從 (60000, 28, 28) 轉換成 (60000, 784)，以符合輸入層 784 個神經元的結構

```
X_test = X_test.reshape(X_test.shape[0], 784)
```

也轉換測試資料

```
y_train = to_categorical(y_train)
y_test = to_categorical(y_test)
```

替訓練資料與測試資料的正確答案（標籤）做 one-hot 編碼

進行上述準備後，首先建立空的神經網路模型：

In

```
model = Sequential()
```

這時的 model 就是一個神經網路了，只不過內容還是空的

接著利用 **add()** method 依序建立各神經層，先來建立第一層，第一層可兼具輸入層及隱藏層的功能，如之前規劃要有 256 個神經元，並指定 14-1-1 小節提過的**激活函數** (Activation Function), 這裡指定的激活函數是 Sigmoid 數學函數，可將輸出值壓縮到 0 與 1 之間。另外還需要以 input_dim 指定輸入樣本的特徵數為 784（編：回憶一下每張圖片都是 784 個像素值）：

In

```
model.add(Dense(256, activation='sigmoid', input_dim=784))
```

加入第一層

第二層同樣是隱藏層，如之前規劃要設計 128 個神經元，激活函數則指定 relu, 此函數會將小於 0 的輸出值都改成 0：

In

```
model.add(Dense(128, activation='relu'))
```

第二層

> **小編補充：** 各層要使用什麼樣的激活函數是很彈性的，此例先在第 1、2 層各用 sigmoid 以及 relu 函數，之後若覺得訓練成效不佳，可隨時回頭調整設定。

最後，再加入一個密集層來做為第三層，也是最後一層（註：最後一層會自動成為**輸出層**）。輸出層要有 10 個神經元，並且使用 softmax 激活函數，透過此函數可將這一層 10 個神經元輸出成「介於 0 到 1 的範圍內，總和為 1」的結果，而每個神經元就代表預測 0~9 這 10 個數字的可能機率，機率值最高的神經元位置即為預測值（編：若索引 7 的值最高，就預測這張圖片是 7)：

In

```
model.add(Dense(10, activation='softmax'))
```

第三層（輸出層）

建構好模型後，最後以指定的參數編譯 (compile) 模型，底下各參數的細節後續下一章再慢慢介紹：

In

```
model.compile(optimizer='rmsprop',        ← 優化器
loss='binary_crossentropy',       ← 損失函數
metrics=['accuracy'])       ← 評量準則
```

操作到現在建構的差不多了，我們先用 Keras 的 **utils.plot_model()** 將模型的神經層結構圖繪製出來，方便檢視所建構的內容：

In

傳入 model 模型　　顯示神經層的 shape

```
plot_model(model, show_shapes=True, show_layer_names=False)
```

以上所有程式整理在 F1378-ch14.ipynb / 14-2-3 的 cell 儲存格當中，執行結果如下：

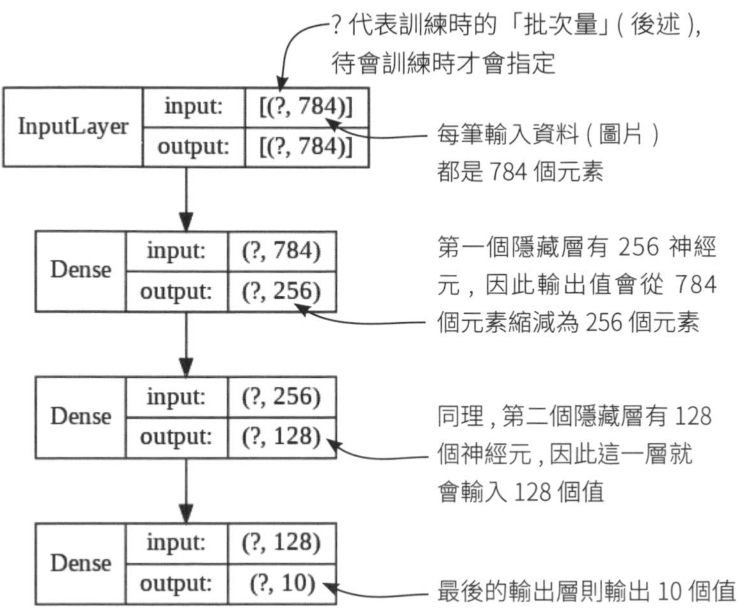

各層的輸入值及輸出值的結構對照一開始所規劃的神經網路來看就一清二楚了：

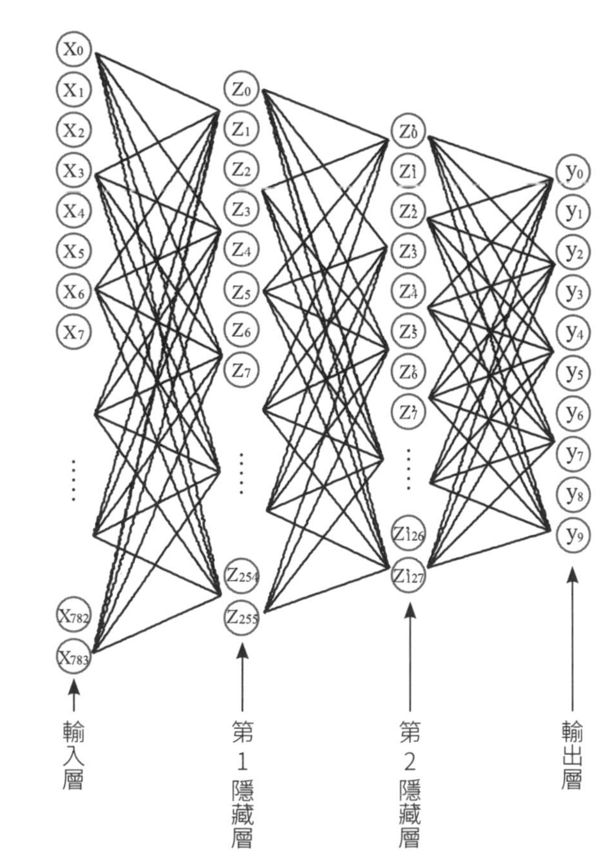

14-2-4 訓練模型

建構好 model 模型物件後，接著便可用準備好的訓練樣本 X_train 及標籤 y_train, 呼叫模型的 **fit()** 來進行訓練：

In
```
history = model.fit(X_train, y_train, verbose=1, epochs=3,
batch_size=32)
```

- **verbose 參數**：訊息顯示模式，可設 0、1 或 2。0= 安靜模式 (不顯示訊息), 1= 完整顯示模式 (包含進度條), 2= 精簡顯示模式 (無進度條)。
- **epoch 參數**：訓練多少週期 (將所有樣本 (60000 筆) 訓練過一次即為一週期)。
- **batch_size 參數**：訓練時通常是將 60000 筆分批依序餵給神經網路，預設值是每批次取 32 筆來訓練，每餵入一批 (32 筆) 就會訓練 (修正權重參數) 一次，也就是一個週期下來會訓練 1875 次 (60000/32 = 1875)。

fit() 的傳回值是一個 history 物件，其 .history 屬性中，包含了每週期針對「訓練資料所算出的評量成效 (編：14-12 頁用 compile() 編譯時有指定 metrics 參數時才有評量成效)。最後我們取 history.history 的資料出來繪製成圖形：

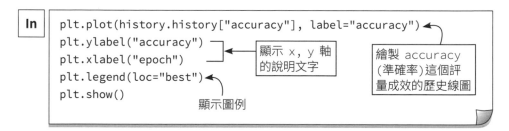

In
```
plt.plot(history.history["accuracy"], label="accuracy")
plt.ylabel("accuracy")
plt.xlabel("epoch")
plt.legend(loc="best")
plt.show()
```

繪製 accuracy (準確率)這個評量成效的歷史線圖
顯示 x, y 軸的說明文字
顯示圖例

以上程式整理在 F0378-ch14.ipynb / 14-2-4 的 cell 當中，執行結果如下：

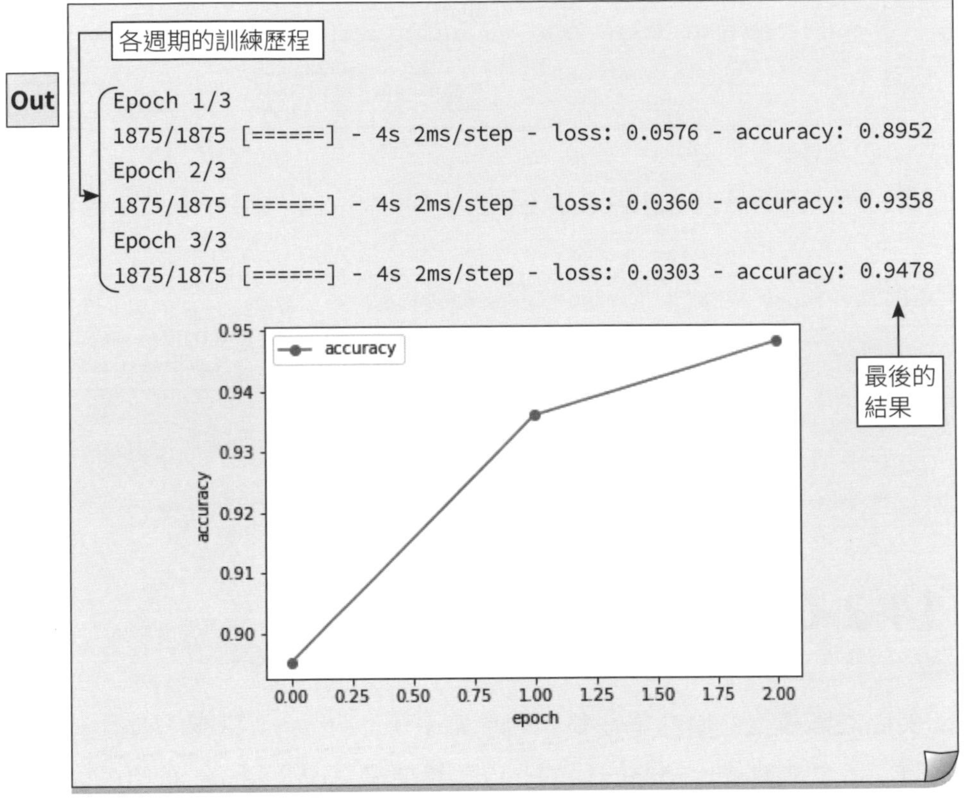

可以看到模型的預測準確率 (accuracy) 逐步上升，最終來到 94.78%。

14-2-5 評估模型成效

還沒結束喔！深度學習的最終目的，是要訓練出能夠普遍適用 (generalized) 的神經網路模型，也就是在預測其未見過的資料時也能有很好的表現，因此在訓練好模型之後，還要用之前準備好的**測試資料集 (testing set)**，來評估神經網路對新資料的預測能力。我們可以使用模型的 evaluate() 來評估模型對測試集的預測成效：

In

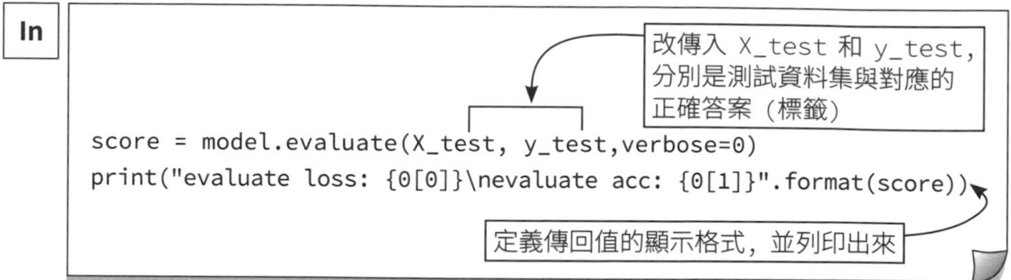

```
score = model.evaluate(X_test, y_test,verbose=0)
print("evaluate loss: {0[0]}\nevaluate acc: {0[1]}".format(score))
```


以上程式整理在 F1378-ch14.ipynb / 14-2-5 cell 當中，執行結果如下：

Out

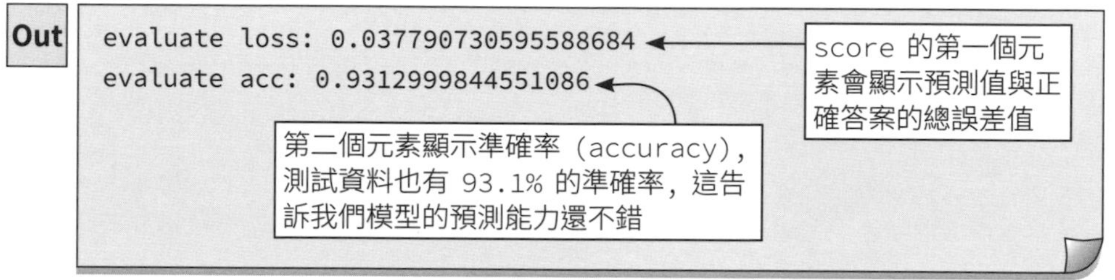

```
evaluate loss: 0.037790730595588684
evaluate acc: 0.9312999844551086
```


14-2-6 用模型預測答案

前面評斷模型好壞都是在整體的準確率 (accuracy) 打轉，或許有點沒感覺，我們訓練神經網路的目的，自然是要拿它來「用」，我們可以使用 **predict()** 實際預測看看。底下來試著預測 X_test 的前 10 張手寫數字圖片：

In

```
for i in range(10):
    plt.subplot(1, 10, i+1)
    plt.imshow(X_test[i].reshape((28,28)), "gray")
plt.show()
```

先將測試集的前 10 張圖片印出來，方便對照模型預測的準不準

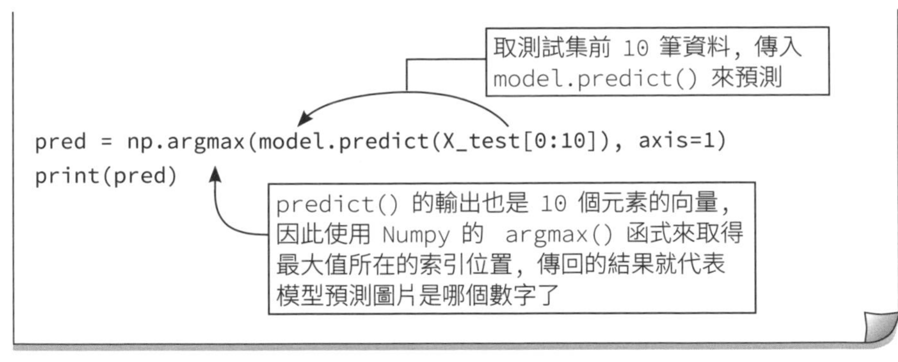

取測試集前 10 筆資料，傳入 model.predict() 來預測
pred = np.argmax(model.predict(X_test[0:10]), axis=1)
print(pred)
predict() 的輸出也是 10 個元素的向量，因此使用 Numpy 的 argmax() 函式來取得最大值所在的索引位置，傳回的結果就代表模型預測圖片是哪個數字了

以上程式整理在 F1378-ch14.ipynb / 14-2-6 cell 當中，執行結果如下：

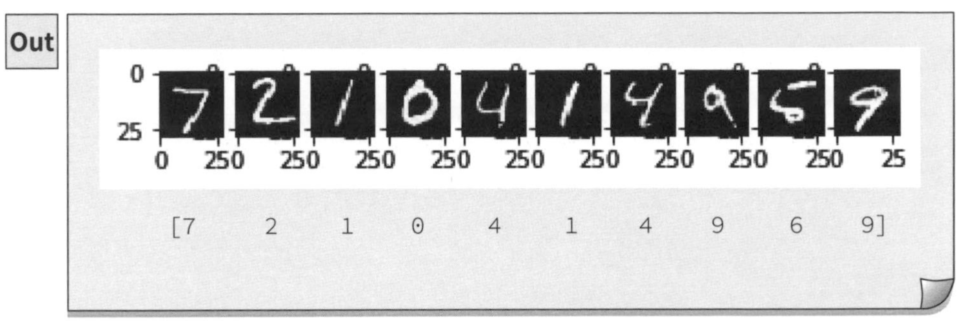

大致都預測正確，只有倒數第二筆圖片看起來不像 6, 但神經網路預測出 6, 不過該圖片寫的歪七扭八，就不為難神經網路了！

MEMO

CHAPTER

15

優化神經網路模型

歷經前一章的實作，您應該已經了解利用 tf.Kreas 訓練神經網路的流程，如您所見，需要撰寫的程式量並不多。使用 tf.Keras 雖然可以大幅縮減實作的複雜度，不過對模型建構者來說，建一個模型不難，但如何將神經網路的結構最佳化才是最棘手的問題。本章我們就透過一些實驗，從不同的面向來了解如何優化神經網路模型，目的當然就是盡可能提高模型預測的準確率。

15-1 認識超參數 (Hyper parameters)

回憶前一章的內容，訓練者要做的事，通常就是決定神經網路的架構、訓練週期等，這些設定都會影響神經網路的訓練成效。此外，我們在編譯或訓練時都需要替各種 method 設定參數，哪些參數要用？哪些不用？各參數的值又該怎麼設？這些也都需要訓練者來決定，這些人為調整的項目就統稱為**超參數** (Hyper parameters)，稱「超」參數的原因是為了與神經網路的 w、b 權重參數有所區別。

本章我們就以前一章的程式為基礎，在程式中變更不同的超參數設定，看看能否得到更好的神經網路模型，我們先整理可設定的超參數位置如下：

■ **F0378-Ch15.ipynb / 15-1-1 cell**

```
from tensorflow.keras.datasets import mnist
from tensorflow.keras.models import Sequential
from tensorflow.keras.layers import Dense,Dropout
from tensorflow.keras import optimizers
from tensorflow.keras.utils import to_categorical
import matplotlib.pyplot as plt
%matplotlib inline
```

```
(X_train, y_train), (X_test, y_test) = mnist.load_data()

X_train = X_train.reshape(X_train.shape[0], 784)
X_test = X_test.reshape(X_test.shape[0], 784)
y_train = to_categorical(y_train)
y_test = to_categorical(y_test)

model = Sequential()

#超參數設定(一)：隱藏層的數量、隱藏層設計多少神經元
model.add(Dense(256, activation='sigmoid', input_dim=784))
model.add(Dense(128, activation='relu'))

#超參數設定(二)：加入Dropout層
model.add(Dropout(rate=0.5))
model.add(Dense(10, activation='softmax'))

#超參數設定(三)：損失函數與優化器
sgd = optimizers.SGD(learning_rate=0.01)
model.compile(optimizer=sgd,loss='binary_crossentropy',metrics=['accura
cy'])

#超參數設定(四)：batch_size(訓練批次量)
#超參數設定(五)：epochs(訓練週期)
model.fit(X_train, y_train, verbose=0, batch_size=32,epochs=3)

score = model.evaluate(X_test, y_test, verbose=0)
print("evaluate loss: {0[0]}\nevaluate acc: {0[1]}".format(score))
```

從上面可以知道，從建構好空的模型開始，幾乎每一行程式都有超參數需要設定，而訓練者必須透過不斷嘗試，找到最佳的設定來優化神經網路，後續各節我們就一一介紹這些超參數。

15-2 超參數設定 (一)：隱藏層的數量、隱藏層設計多少神經元

一個神經網路的中間 (隱藏) 層要有多少層、神經元數量、以及層與層間的連接方式，都可由設計者自行決定，然而中間層的層數或神經元數量不一定越多就越好，太多有時會適得其反。

實務上的經驗是，若隱藏層的層數很多，則靠近輸入層的那組權重參數，會變得難以修正；此外，神經元的數量增加，會導致提取過多訓練資料才有的特徵，發生**過度配適** (Overfittng) 的問題，因此，必須合理的設置神經網路結構才能提高神經網路的普適能力 (Generalization ability)。

> **小編補充：** 過度配適就是指模型對訓練資料做了過度的學習，也就是學到了一些在訓練資料才有的特徵，因此模型對訓練資料的準確率很高，對未看過資料的準確率卻不高或很差。

範例演練

底下來試試三種不同的神經網路結構，看看對訓練結果會有什麼影響：

- **模型 A：**第一層隱藏層 (兼輸入層) 維持 256 個神經元不變，後面接一層 128 個神經元的隱藏層。
- **模型 B：**第一層隱藏層 (兼輸入層) 維持 256 個神經元不變，後面接三層 128 個神經元的隱藏層。
- **模型 C：**第一層隱藏層 (兼輸入層) 維持 256 個神經元不變，後面接一層 1568 個神經元的隱藏層。

程式如下：

```
from tensorflow.keras.datasets import mnist
from tensorflow.keras.models import Sequential
from tensorflow.keras.layers import Dense,Dropout
from tensorflow.keras import optimizers
from tensorflow.keras.utils import to_categorical
import matplotlib.pyplot as plt
%matplotlib inline

(X_train, y_train), (X_test, y_test) = mnist.load_data()

X_train = X_train.reshape(X_train.shape[0], 784)
X_test = X_test.reshape(X_test.shape[0], 784)
y_train = to_categorical(y_train)
y_test = to_categorical(y_test)

model = Sequential()

#超參數設定(一)：隱藏層的數量、隱藏層設計多少神經元

model.add(Dense(256, activation='sigmoid', input_dim=784))


def funcA():
    model.add(Dense(128, activation='sigmoid'))

def funcB():
    model.add(Dense(128, activation='sigmoid'))
    model.add(Dense(128, activation='sigmoid'))
    model.add(Dense(128, activation='sigmoid'))

def funcC():
    model.add(Dense(1568, activation='sigmoid'))


# ---------------------------
funcA()
#funcB()
#funcC()
# ---------------------------
```

第一隱藏層（兼輸入層）不動

定義 3 個函式來實作前述 A~C 三種模型

選用 funA() 的設定時就將 B 和 C 這兩行註解掉

```
#底下設定不動

model.add(Dropout(rate=0.5))
model.add(Dense(10, activation='softmax'))

sgd = optimizers.SGD(learning_rate =0.01)
model.compile(optimizer=sgd,loss='categorical_crossentropy',
metrics=['accuracy'])

model.fit(X_train, y_train, verbose=0, batch_size=32,epochs=3)

score = model.evaluate(X_test, y_test, verbose=0)
print("evaluate loss: {0[0]}\nevaluate acc: {0[1]}".format(score))
```

依序套用 funA()、funB()、funC() 的訓練結果如下，我們同樣以模型對「測試資料」的預測準確率做為評判標準：

```
funA()：

evaluate loss: 0.3222998082637787
evaluate acc: 0.9156000018119812

funB()：

evaluate loss: 2.2496676445007324
evaluate acc: 0.3587999939918518

funC()：

evaluate loss: 0.2971647381782532
evaluate acc: 0.9026999716758728
```

最準確的模型是 A，準確率為 91.5 %，本實驗說明了此例不太需要增加隱藏層或神經元數量，尤其看到 funB() 的做法，多加了 3 個隱藏層，對測試資料的預測準確率反而變很差 (35.8%)，代表發生了過度配適。

15-3 超參數設定（二）：丟棄法 (Dropout)

前一節我們了解到，訓練資料不變的情況下，愈複雜的神經網路愈容易發生過度配適，此時可以利用**丟棄法** (Dropout) 來縮小神經網路的規模，概念上是故意將中間層神經元所輸出的值（也就是特徵）丟掉一些，迫使神經網路因應剩餘輸出值的組合來學習，目的是增強對新資料的普適能力。

丟棄法在實作時是以隨機方式，將前一層部分神經元的輸出值都設為 0, 至於丟棄的比例 (Dropout ratio, 丟棄率), 中間層通常會設 dropout_ratio = 0.5（將 50% 的輸出值設為 0), 輸入層則可能不丟棄，或設 dropout_ratio = 0.1 ~ 0.2（將 10~20% 的輸出值設為 0)：

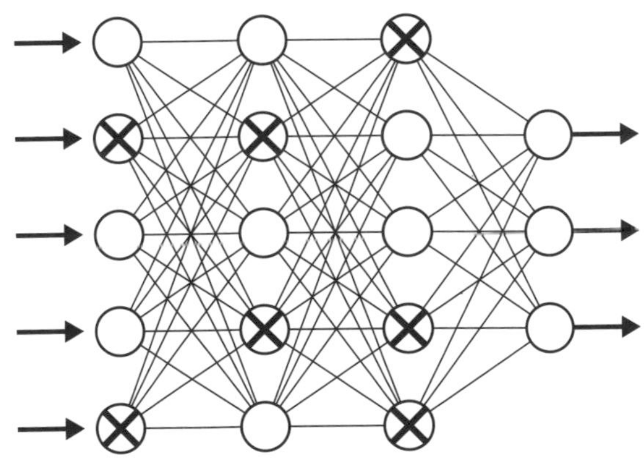

▲ 將輸入層、中間層一定比例神經元輸出設為 0（⊗ 的部分）

利用 tf.Keras 來實作 Dropout 很簡單，同樣利用 **add()** method 建立一個 Dropout 層就可以了，如下：

```
model.add(Dropout(rate=0.5)) ←—— 丟棄的比例
```

小編補充： 嚴格來說 Dropout 層並不算是一個層，它只是單純做刪除資料的處理而已，並不像密集層有權重參數存在。

我們可以把 Dropout 層安插在神經網路中的任何地方，在訓練時也得試試放哪個位置效果比較好；此外丟棄的比例也是您可以嘗試修改的，這些都是需要人為決定的超參數。

範例演練

底下來試試加入 Dropout 層的差異：

```
from tensorflow.keras.datasets import mnist
from tensorflow.keras.models import Sequential
from tensorflow.keras.layers import Dense,Dropout  ← 要多匯入 Dropout 的類別
from tensorflow.keras import optimizers
from tensorflow.keras.utils import to_categorical
import matplotlib.pyplot as plt
%matplotlib inline


(X_train, y_train), (X_test, y_test) = mnist.load_data()

X_train = X_train.reshape(X_train.shape[0], 784)
X_test = X_test.reshape(X_test.shape[0], 784)
y_train = to_categorical(y_train)
y_test = to_categorical(y_test)

model = Sequential()
model.add(Dense(256, activation='sigmoid', input_dim=784))
model.add(Dense(128, activation='relu'))

#超參數設定(二)：Dropout

#model.add(Dropout(rate=0.5))  ← 加入 Dropout 語法，若不使用就註解掉

model.add(Dense(10, activation='softmax'))

sgd = optimizers.SGD(learning_rate =0.01)
```

```
model.compile(optimizer=sgd,loss='categorical_crossentropy',
metrics=['accuracy'])

model.fit(X_train, y_train, verbose=0, batch_size=32,epochs=3)

score = model.evaluate(X_test, y_test, verbose=0)
print("evaluate loss: {0[0]}\nevaluate acc: {0[1]}".format(score))
```


底下是比較 Dropout 法的結果：

用 Dropout：

```
evaluate loss: 0.26807132363319397
evaluate acc: 0.9245999970436096
```

沒使用 Dropout：

```
evaluate loss: 0.25099998712539673
evaluate acc: 0.9276999831199646
```

以本例來說兩者差異不大，沒使用 Dropout 法的模型預測準確率甚至還稍高一點。

小編補充： 這個例子雖然看不出 Dropout 的優勢，但此例我們所使用的訓練資料都只是灰階的手寫數字圖片，特徵值的數量只有 784 個，如果換成彩色、甚至尺寸更大的圖片，輸入資料的特徵量數量將會暴增，此時再用 Dropout 應該就比較能看出成效。

15-4 超參數設定 (三)：損失函數 (Loss function) 與優化器 (Optimizer)

之前提到，訓練神經網路就是讓模型藉由一次又一次的訓練，不斷修正所有 w、b 權重參數，希望預測出來的 y (預測值) 與 t (正確答案) 之間誤差愈小愈好，逐步提升預測的準確率。

那麼，如何藉由大量的資料 (樣本) 及標準答案 (標籤) 來訓練神經網路？又要如何找出每個神經元的最佳權重參數組合呢？答案就是利用**損失函數** (Loss function) 與**優化器** (Optimizer)。

兩者的關係很簡單，當神經網路依據輸入資料一層層地運算，輸入預測值後，損失函數就會計算預測值與正確答案之間的差距，算出一個**損失值** (Loss)，然後**優化器**就依據損失值來修正各層的權重，目標是將損失值減到最小。

損失函數 (Loss Function)

在深度學習實作時常用的損失函數有**均方誤差** (Mean Square Error) 和**交叉熵** (Cross entropy) 等，前者主要用於迴歸問題，後者則用於分類問題。

本例我們是做手寫數字 0~9 的預測，算是一種多元分類，一般所使用的損失函數就是 'categorical_crossentropy' (分類交叉熵)，上一章在 complile() method 中所設定的就是這個損失函數：

```
model.compile(optimizer=sgd,loss='categorical_crossentropy',
metrics=['accuracy'])
```

本例設定這個損失函數就好，不需做更動

> **編註：** 指定分類交叉熵 (categorical_crossentropy) 參數後，tf.Kreas 就會自動幫我們算出損失值，細節您完全不會看到，若對當中的數學運算有興趣，可以參考旗標出版的「決定打底！深度學習基礎養成」一書。

優化器 (Optimizer)

tf.Keras 內建了許多優化器，每個優化器都有一些參數可供調整，本例我們使用的是 SGD（隨機梯度下降）這個基本款，其他還有像是 RMSprop、Adagrad 等優化器：

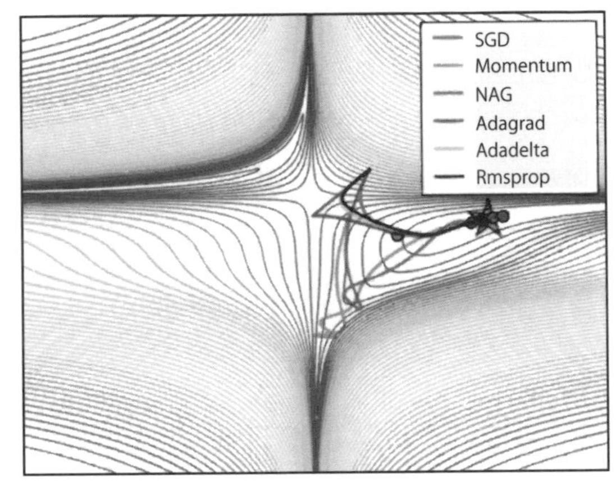

▲ **可使用的各種優化器**
http://cs231n.github.io/neural-networks-3/#add

各優化器的運作概念都是在得到損失值後，負責計算**梯度** (Gradient) 來更新參數，簡單來說**梯度**就是了解權重參數對損失值的影響，知道這一點才能進一步決定權重的修正量。而不同優化器有不同的修正方式，相關細節都是數學，並非本書的重點因此就不著墨太多，讀者只要大致了解以上概念就可以了。

優化器的參數之一：學習率 (Learning Rate)

學習率 (Learning Rate) 是所有優化器都具備的超參數，用於決定各層權重參數每次修正的程度，通常設定 0~1 之間的值。若學習率設太小，則每次都只修正一點點值，就得花很多時間來修正權重參數。而設太大也會有問題，修正幅度太大，反而難以收斂，形成無用的修正。

底下四張圖都是代表損失函數（假設稱為 E）算出來的損失值 (Loss) 與權重參數 (W) 的關係。縱軸是損失值，橫軸是權重參數，兩者的關係可寫成：

```
E=f(W)
```

而優化器的目的就是要將權重參數 W 的點從訓練一開始的位置（此例為各曲線右上角的黑點），逐步修正到「最低點（即各曲線谷底這一點）」，因為這個最低點就是損失值 E 最小的位置，所對應的權重參數 W 就是我們所要的。而學習率的高低，對權重的修正會有所影響，從底下這些不同的情況就可以清楚：

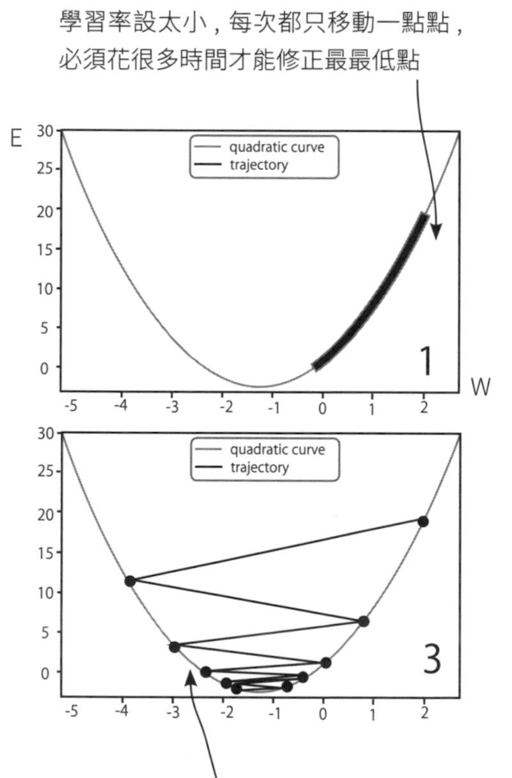

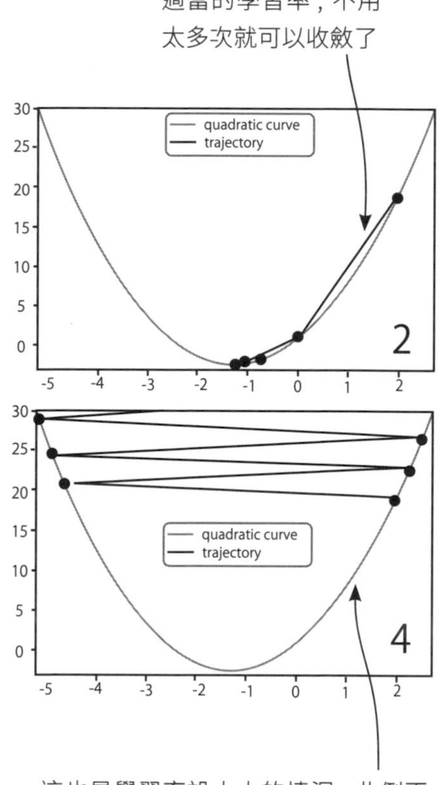

此例從結果來看最終也修正到最低點，但由於學習率設的過大，所以來回浪費了不少時間

這也是學習率設太大的情況，此例更慘，從一開始的右上角盪過來又盪過去，始終無法收斂（抵達最低點）

✎ 範例演練

接著就來做個實驗，看看以下三個學習率的設定何者最好：

- funcA() learning_rate: 0.01
- funcB() learning_rate: 0.1
- funcC() learning_rate: 1.0

```
from tensorflow.keras.datasets import mnist
from tensorflow.keras.models import Sequential
from tensorflow.keras.layers import Dense,Dropout
from tensorflow.keras import optimizers
from tensorflow.keras.utils import to_categorical
import matplotlib.pyplot as plt
%matplotlib inline


(X_train, y_train), (X_test, y_test) = mnist.load_data()


X_train = X_train.reshape(X_train.shape[0], 784)
X_test = X_test.reshape(X_test.shape[0], 784)
y_train = to_categorical(y_train)
y_test = to_categorical(y_test)


model = Sequential()


model.add(Dense(256, activation='sigmoid', input_dim=784))
model.add(Dense(128, activation='relu'))


model.add(Dropout(rate=0.5))
model.add(Dense(10, activation='softmax'))
```

大部分程式都不動

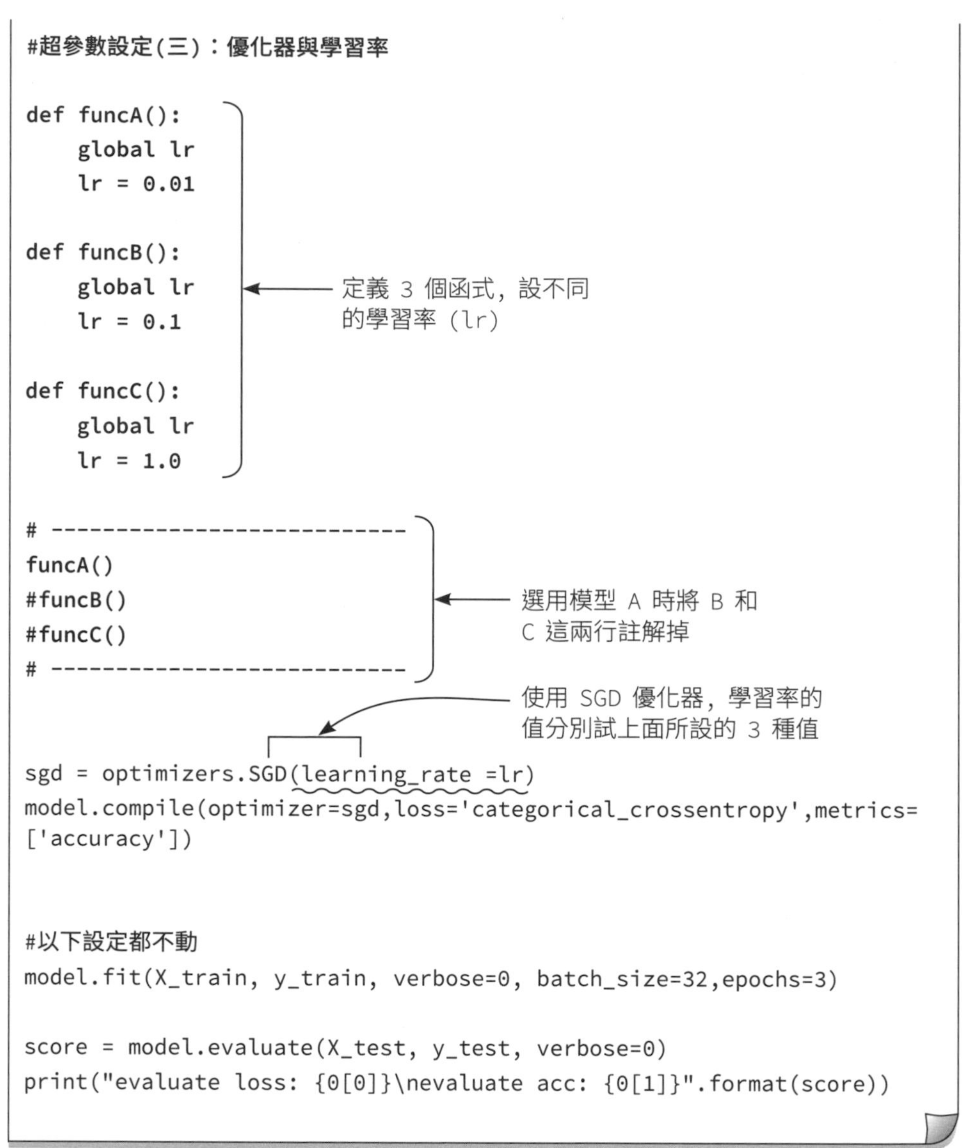

定義 3 個函式，設不同
的學習率 (lr)
選用模型 A 時將 B 和
C 這兩行註解掉
使用 SGD 優化器，學習率的
值分別試上面所設的 3 種值

```
#超參數設定(三)：優化器與學習率

def funcA():
    global lr
    lr = 0.01

def funcB():
    global lr
    lr = 0.1

def funcC():
    global lr
    lr = 1.0

# ---------------------------
funcA()
#funcB()
#funcC()
# ---------------------------

sgd = optimizers.SGD(learning_rate =lr)
model.compile(optimizer=sgd,loss='categorical_crossentropy',metrics=
['accuracy'])

#以下設定都不動
model.fit(X_train, y_train, verbose=0, batch_size=32,epochs=3)

score = model.evaluate(X_test, y_test, verbose=0)
print("evaluate loss: {0[0]}\nevaluate acc: {0[1]}".format(score))
```

依序套用 funcA()、funcB()、funcC() 的訓練結果如下，同樣是以模型對「測試資料」的預測準確率來判斷：

funcA()：學習率 = 0.01

```
evaluate loss: 0.27458691596984863
evaluate acc: 0.9194999933242798
```

funcB()：學習率 = 0.1

```
evaluate loss: 0.7508920431137085
evaluate acc: 0.7491999864578247
```

funcC()：學習率 = 1

```
evaluate loss: 2.3075625896453857
evaluate acc: 0.11349999904632568
```

本例最佳的是學習率為 0.01 的模型，不過這沒有一定的標準，若換成其他例子，還是需要依實際執行的結果來做調整。

15-5 超參數設定 (四)：小批次 (mini-batch) 訓練

之前提過，訓練神經網路時，通常不是把所有訓練集樣本一次通通餵給神經網路，而是一小批、一小批…這樣「小批次 (mini-batch)」進行訓練，而等到所有資料通通訓練完畢，就稱完成一個**週期** (epoch) 的訓練。

分批訓練就涉及一個重要課題，每一小批的數量 (batch-size) 要設多少才適宜？這也是很重要的超參數，因為每一小批次餵入神經網路後就會訓練 (修正參數) 一次，因此批次量的值等同於決定一個週期的訓練次數，對整體訓練成效有很大的影響。

通常 batch-size 有幾種設法 (假設有 60000 筆資料)，一種是每次只**指定一筆**，即 batch=1，如此一來一個週期會修正多達 60000 次權重。另一種則是指定一整批，即 batch-size = 60000，一次餵全部進去，稱為 Full Batch Learning，也就是一個週期只修正一次權重。

而這兩種做法之間，就是指定小批次量 (mini-batch) 的小批次訓練 (mini-batch learning)。通常批次量會指定 2^n，例如 2、4、6、8、12、… 512、1024、2048、4096、…、16384、32768 (2^{15}) 等多種選擇，在深度學習實作時最常採用的就是小批次量的訓練方法。

範例演練

我們就來做個實驗，看看以下三個 batch_size 當中何者的訓練成效最好：

- funcA()：batch_size = 16
- funcB()：batch_size = 32
- funcC()：batch_size = 64

```
from tensorflow.keras.datasets import mnist
from tensorflow.keras.models import Sequential
from tensorflow.keras.layers import Dense,Dropout
from tensorflow.keras import optimizers
from tensorflow.keras.utils import to_categorical
import matplotlib.pyplot as plt
%matplotlib inline

(X_train, y_train), (X_test, y_test) = mnist.load_data()

X_train = X_train.reshape(X_train.shape[0], 784)
X_test = X_test.reshape(X_test.shape[0], 784)
y_train = to_categorical(y_train)
y_test = to_categorical(y_test)

model = Sequential()

model.add(Dense(256, activation='sigmoid', input_dim=784))
model.add(Dense(128, activation='relu'))
model.add(Dropout(rate=0.5))
model.add(Dense(10, activation='softmax'))
```

```
sgd = optimizers.SGD(learning_rate=0.01)
model.compile(optimizer=sgd,loss='categorical_crossentropy',
metrics=['accuracy'])

#超參數設定(四)：batch_size

def funcA():
    global batch_size
    batch_size = 16

def funcB():
    global batch_size
    batch_size = 32

def funcC():
    global batch_size
    batch_size = 64


# --------------------------
funcA()
#funcB()
#funcC()
# --------------------------


model.fit(X_train, y_train, verbose=0, batch_size=batch_size,epochs=3)


score = model.evaluate(X_test, y_test, verbose=0)
print("evaluate loss: {0[0]}\nevaluate acc: {0[1]}".format(score))
```

定義 3 個函式，設不同的 batch_size

選用模型 A 時將 B 和 C 這兩行註解掉

fit() 的 batch_size 參數值分別試試不同設定

依序套用 funcA()、funcB()、funcC() 的訓練結果如下，同樣是以模型對「測試資料」的預測準確率來判斷：

funcA()：batch_size = 16

```
evaluate loss: 0.31394484639167786
evaluate acc: 0.9024999737739563
```

funcB()：batch_size = 32

```
evaluate loss: 0.26570984721183777
evaluate acc: 0.920199990272522
```

funcC()：batch_size = 64

```
evaluate loss: 0.2627638280391693
evaluate acc: 0.92330002784729
```

編註： 以上只是做個小實驗，至於訓練時 batch-size 該設多少？這是個大哉問，往往需要反覆試驗才能得知！有興趣的讀者也可以參考旗標出版的「tf.keras 技術者們必讀！深度學習攻略手冊」一書，該書 2-3 節將 batch-size 設為 128、256、512、1024、2048、4096… 提供了實驗數據，除了準確率之外，也可以看到哪些設定有較佳的學習效率 (訓練的時間較短)，有興趣的讀者請參考該書的說明。

15-6 超參數設定 (五)：訓練週期 (epoch)

上一節我們提到**訓練週期** (epoch)，將所有訓練資料集 (此例為 60000 筆) 全跑過一遍，就稱完成一個週期的訓練。您可能覺得訓練愈多次愈好，但過度增加週期數，不僅準確率不會提高，還可能發生過度配適的狀況。底下直接來實驗不同週期數的訓練情況。

範例演練

這裡來試試三種不同週期數的訓練成效最好：

- funcA() epochs：5
- funcB() epochs：10
- funcC() epochs：60

```
from tensorflow.keras.datasets import mnist
from tensorflow.keras.models import Sequential
from tensorflow.keras.layers import Dense,Dropout
from tensorflow.keras import optimizers
from tensorflow.keras.utils import to_categorical
import matplotlib.pyplot as plt
%matplotlib inline

(X_train, y_train), (X_test, y_test) = mnist.load_data()

X_train = X_train.reshape(X_train.shape[0], 784)
X_test = X_test.reshape(X_test.shape[0], 784)
y_train = to_categorical(y_train)
y_test = to_categorical(y_test)

model = Sequential()

model.add(Dense(256, activation='sigmoid', input_dim=784))
model.add(Dense(128, activation='relu'))

model.add(Dropout(rate=0.5))
model.add(Dense(10, activation='softmax'))

sgd = optimizers.SGD(learning_rate=0.01)
model.compile(optimizer=sgd,loss='categorical_crossentropy',
metrics=['accuracy'])
```

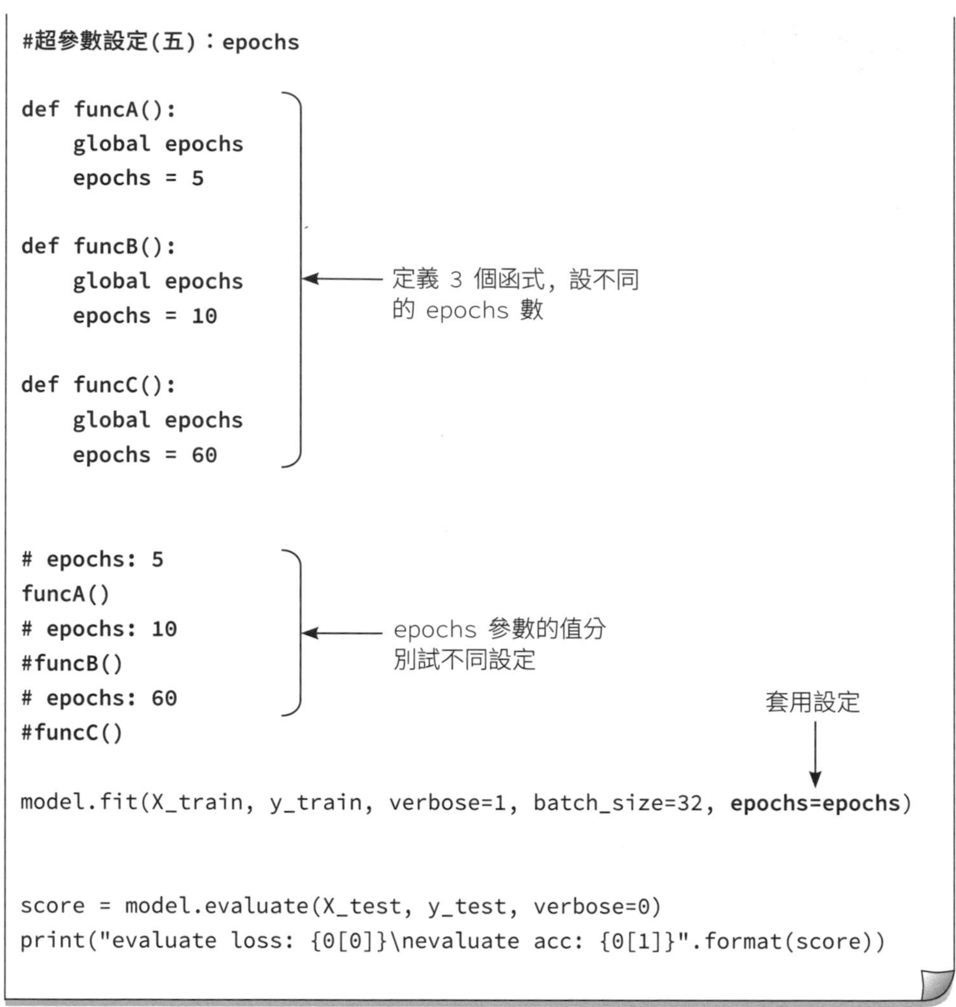

```
#超參數設定(五)：epochs

def funcA():
    global epochs
    epochs = 5

def funcB():
    global epochs
    epochs = 10

def funcC():
    global epochs
    epochs = 60


# epochs: 5
funcA()
# epochs: 10
#funcB()
# epochs: 60
#funcC()

model.fit(X_train, y_train, verbose=1, batch_size=32, epochs=epochs)


score = model.evaluate(X_test, y_test, verbose=0)
print("evaluate loss: {0[0]}\nevaluate acc: {0[1]}".format(score))
```


依序套用 funcA()、funcB()、funcC() 的訓練結果如下：

funcA()：epoch = 5

```
evaluate loss: 0.31394484639167786
evaluate acc: 0.9024999737739563
```

funcB()：epoch = 10

```
evaluate loss: 0.26570984721183777
evaluate acc: 0.920199990272522
```

funcC()：epoch = 60

```
evaluate loss: 0.2627638280391693
evaluate acc: 0.92330002784729
```

小編補充： 從以上的結果看來，訓練 60 週期的結果最好，但不一定愈多愈好喔！週期數多，所花的訓練時間勢必也會不少。不過時間只是考量點之一，這當中可以探討的課題還有不少，例如訓練神經網路過程中，我們可以監控神經網路的評量準則 (例如準確率或損失值)，當發現這些數據停止進步時，就自動中斷訓練 (稱為 EarlyStopping)，不把設定的週期數跑完，避免浪費時間或是發生過度配適的問題，有興趣可以再參閱旗標「tf.keras 技術者們必讀！深度學習攻略手冊」一書第 7 章的說明。

MEMO

CHAPTER

16

利用卷積神經網路 (CNN) 做影像辨識

前一章我們已經利用神經網路辨識簡單的手寫數字圖片，如果要處理的是更複雜的圖片，或者我們希望神經網路做出更厲害的判斷，例如下圖這樣辨識圖片當中的物體在哪裡？各又是什麼？這就需要能力更強的神經網路才能做到。本章我們就來介紹廣泛使用於影像辨識技術的**卷積神經網路** (Convolutional Neural Networks, **簡稱** CNN)。

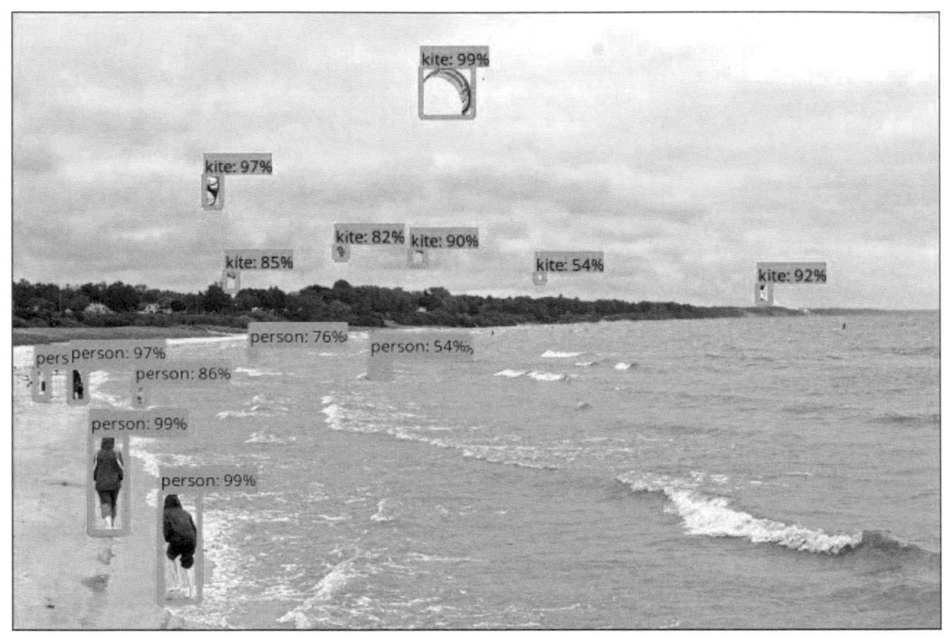

▲ 利用 CNN 偵測圖片中各種物體

出處：「Google AI Blog」

Image credit：Michael Miley, original image.

URL：https://research.googleblog.com/2017/06/supercharge-your-computer-vision-models.html

16-1 認識 CNN

卷積神經網路 (CNN) 是一種神經網路模型，其結構是在密集層前面增加稱作**卷積層** (Convolution Layer) 以及**池化層** (Pooling Layer) 的神經層來擷取圖片特徵，與前一章全由密集層組成的神經網路相比，它在圖片辨識方面的能力更強。例如下面就是用 CNN 來辨識圖片內容：

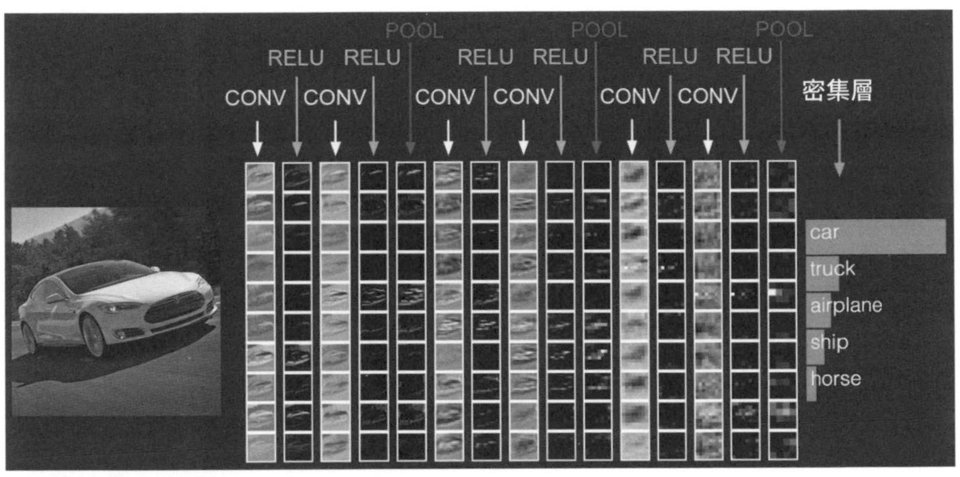

▲ CNN 的架構

引用： Stanford University: CS231n: Convolutional Neural Networks for Visual Recognition」

URL： http://cs231n.stanford.edu/

卷積層與池化層主要負責做圖片的**特徵萃取** (Feature extraction)，也就是從原始圖片中萃取出足以辨識圖片內容的特徵，這樣就不必整張圖片的特徵值通通餵給密集神經網路做分類，以免特徵量過多，造成神經網路模型太複雜，進而產生過度配適 (Overfitting) 的問題。

下一節開始，我們將一一說明 CNN 各層的運作細節 (就只需要再了解卷積層與池化層所做的事)，並實際建構一個 CNN 模型做圖片辨識：

16-2 卷積層 (Convolution Layer)

16-2-1 卷積層的基本概念

卷積層就是對圖片做**卷積** (Convolution) 運算，以萃取出影像的特徵，卷積是一種數學運算，方法是使用 n×n 大小的**過濾器** (Filters) 或稱**卷積核** (Convolution kernel) 將圖片各區域掃過一遍，以決定要強化或弱化圖片的某些特徵。原始圖片經過掃描後，可以繪製出一張稱為**特徵圖** (Feature Map) 的新圖片。

特徵圖的尺寸通常會比原圖片還小，這樣就達到減少特徵量的目的。而卷積層後面通常會再接一個**池化層** (Pooling Layer)，池化層負責再對卷積層輸出的特徵圖做 " 重點挑選 "，從結果來看是為了繼續縮小特徵圖的尺寸。本節我們先專注在卷積層，下一節再來細講池化層的內容。

建構 CNN 模型時，如果需要的話，可以設置 2 組或多組的卷積層、池化層，一組一組反覆萃取特徵，例如下圖是設置多組卷積層、池化層的 CNN 模型：

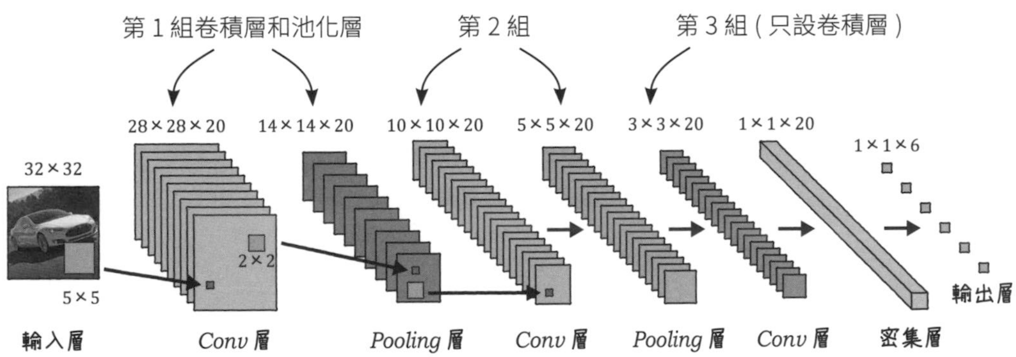

▲ 各層上面的數字代表每一層處理後的資料 shape，後面再來深入介紹

引用：「DeepAge」

URL：https://deepage.net/deep_learning/2016/11/07/convolutional_neural_network.html

16-2-2 用多個過濾器萃取不同的特徵

在每個卷積層當中，我們通常會設定多個過濾器來萃取圖片特徵，不同的過濾器能分別偵測不同的特徵（例如垂直輪廓、水平輪廓……等），下圖就代表用 3×3×3（垂直像素 × 水平像素 × 顏色通道數）的過濾器對 9×9×3 的原始圖片做卷積運算。

小編補充： 一般我們都是用 CNN 來處理彩色圖片，而彩色圖片是由 R、G、B 三個顏色通道 (Channel) 所組成，所以下圖的圖片會是 9 (像素) × 9 (像素) × 3 (顏色通道) 的形式 (以 NumPY 來說就是 3D 陣列)。而 3×3 的過濾器其顏色通道數必須與輸入圖片的通道數一致，因為是以過濾器的 R 通道負責處理圖片的 R 通道、過濾器的 G 通道負責處理圖片的 G 通道、B 通道負責處理圖片的 B 通道，因此最後也是 ×3, 變成 3×3×3。

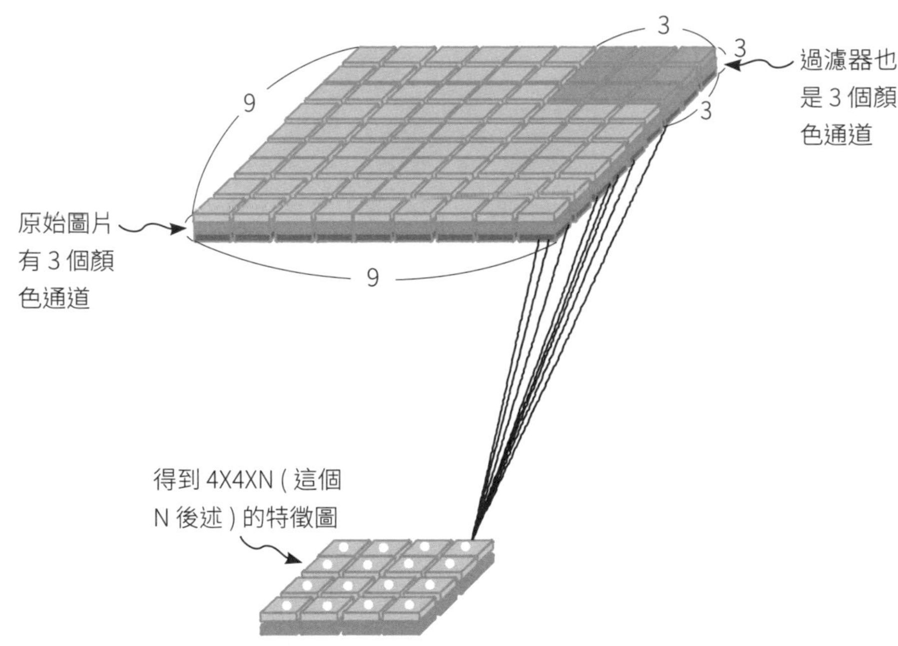
3
3
3
9
9
過濾器也
是 3 個顏
色通道
原始圖片
有 3 個顏
色通道
得到 4X4XN (這個
N 後述) 的特徵圖

▲ **用過濾器卷做卷積的示意圖**

引用：「Python API for CNTK」

URL： https://cntk.ai/pythondocs/CNTK_103D_MNIST_ConvolutionalNeuralNetwork.html

上圖表示用一個 3×3×3 的過濾器來掃描 9×9×3 的圖片，而每用一個過濾器，將得到一張 4×4×1 的特徵圖，也就是說，若使用 N 個過濾器來掃描圖片，這個卷積層會將 9×9×3 的原始圖片，轉換為一張 4×4×N 的特徵圖。

至於卷積層中的過濾器要設幾個，其數量關係著您想萃取的特徵數，如果過濾器數量太少，無法萃取足夠的特徵，但若設太多個，則可能產生過度配適的現象。如下圖所示，第一個卷積層的過濾器數就設了 20 個，第二個卷積層的過濾器也是 20 個：

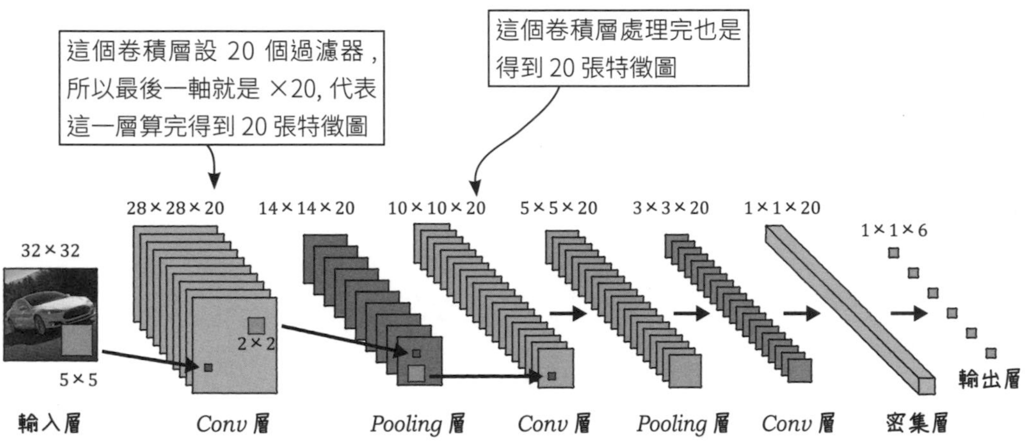

引用：「DeepAge」

URL：https://deepage.net/deep_learning/2016/11/07/convolutional_neural_network.html

編註： **各軸維度的轉換涉及卷積運算的細節，本書不會觸及太多，大致上卷積運算就是將過濾器上的數值與圖片的像素值對齊，進行對應元素 (element-wise) 相乘，並將 4 個乘完的值加總並記錄下來。對相關運算細節的讀者可以參考旗標「決心打底！深度學習基礎養成」第 7 章的說明。**

此外，卷積層還有 stride（掃描的步長）以及 padding（填補）這兩個概念要了解，這點後續我們用 tf.Keras 實作時再來一併介紹。

範例演練

我們先來演練一下卷積層的運算，為了加深理解，這裡先不使用 tf.Keras 套件，單純利用 Python + NumPy 來實作。此例的原始圖片如右，是一張 10×10 的灰階圖片：

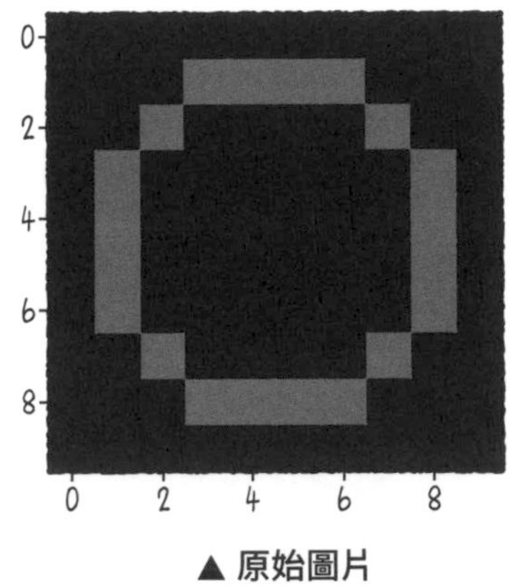

▲ 原始圖片

而我們準備使用 4 個過濾器對這張圖片做卷積運算，這 4 個過濾器各負責偵測垂直、 水平、以及兩個對角線的線條特徵：

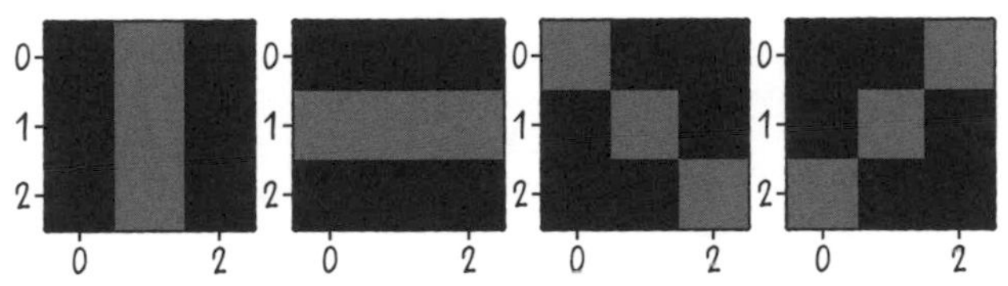

▲ 偵測垂直、水平以及兩對角線特徵的 4 個過濾器

In

```
import numpy as np
import matplotlib.pyplot as plt
import urllib.request
%matplotlib inline
```

匯入 urllib.request 套件，可以下載各種圖片資源

這裡定義一個 Conv 類別來做卷積運算，此類別的內容如下，程式中的 X 就是指原始圖片，而 W 就是指過濾器：

In

```
class Conv:
    def __init__(self, W):
        self.W = W  ←❶
    def f_prop(self, X):  ←❷
        out = np.zeros((X.shape[0]-2, X.shape[1]-2))  ←❸
        for i in range(out.shape[0]):       ┐
            for j in range(out.shape[1]):   ┘←❹
                x = X[i:i+3, j:j+3]  ←❺
                out[i,j] = np.dot(self.W.flatten(), x.flatten())  ❻
        return out
```

❶ 建立 Conv 物件時，需傳入過濾器 W 參數

❷ f_prop() method 負責將原始圖片 X ，再與上面的過濾器 W 做卷積運算

❸ 經過濾器掃描後，輸出的特徵圖尺寸會是 8×8 (**編註：** 這裡不考慮卷積時會指定的 stride (掃描的步長) 以及 padding (填補) 參數，兩者後續會再介紹)

❹ 利用兩個 for 迴圈一一掃描 X 圖片各區域做卷積運算

❺ 將過濾器掃描到的像素值定義為 x (**編註：** 若是用 3X3 的過濾器來掃，掃到的 x 形狀就是 3X3)

❻ 將一一掃描到的值 x，與過濾器 W 以 dot() 做點積運算 (註：前面提過，卷積就是將過濾器上的數值與掃描到的圖片像素值對齊，進行對應元素 (element-wise) 相乘，並將各自乘完的值加總起來)

完成以上作業後，接著就開始撰寫主程式：

In

```
local_filename, headers = urllib.request.urlretrieve('https://
aidemyexcontentsdata.blob.core.windows.net/data/5100_cnn/circle.
npy')
X = np.load(local_filename)

plt.imshow(X)
plt.title("The original image", fontsize=12)
plt.show()
```

利用 urllib.request 套件取得圖片 (此例為圓形圖片 circle.npy)

讀取圖片內容，X 會是一個 NumPy 物件，形狀為 10×10

先將 X 的內容畫出來

接著定義 4 個過濾器的內容，都是 3×3 的 2D 陣列：

In

```
W1 = np.array([[0,1,0],
               [0,1,0],
               [0,1,0]])
```

← 負責萃取垂直特徵的過濾器

```
W2 = np.array([[0,0,0],
               [1,1,1],
               [0,0,0]])
```

← 萃取水平特徵的過濾器

```
W3 = np.array([[1,0,0],
               [0,1,0],
               [0,0,1]])

W4 = np.array([[0,0,1],
               [0,1,0],
               [1,0,0]])
```

← 萃取兩條對角線特徵的過濾器

```
plt.subplot(1,4,1); plt.imshow(W1)
plt.subplot(1,4,2); plt.imshow(W2)
plt.subplot(1,4,3); plt.imshow(W3)
plt.subplot(1,4,4); plt.imshow(W4)
plt.suptitle("kernel", fontsize=12)
plt.show()
```

← 也將過濾器的內容畫出來

最後就是將 Conv 類別建立成物件來使用，並執行 4 個過濾器的卷積運算：

In

```
conv1 = Conv(W1); C1 = conv1.f_prop(X)
conv2 = Conv(W2); C2 = conv2.f_prop(X)
conv3 = Conv(W3); C3 = conv3.f_prop(X)
conv4 = Conv(W4); C4 = conv4.f_prop(X)
```

← 4 個過濾器 (W) 分別與圖片 (X) 做卷積運算

```
plt.subplot(1,4,1); plt.imshow(C1)
plt.subplot(1,4,2); plt.imshow(C2)
plt.subplot(1,4,3); plt.imshow(C3)
plt.subplot(1,4,4); plt.imshow(C4)
plt.suptitle("Convolution result", fontsize=12)
plt.show()
```

← 將 C1~C4 這 4 張卷積後得到的特徵圖繪製出來

以上程式整理在 Ch1378-Ch16.ipynb / 16-2 的 cell 中，執行結果如下：

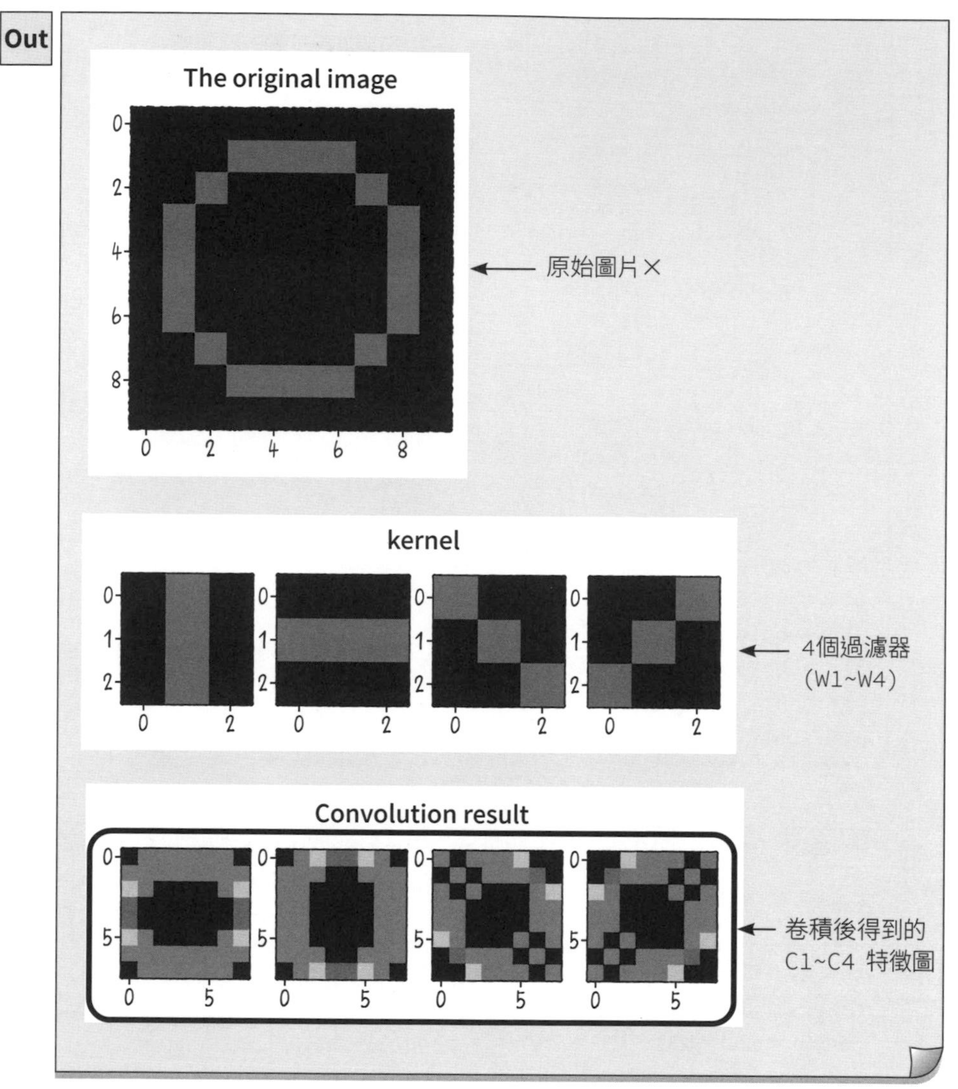

仔細觀察最下面卷積後得到的特徵圖，每一張特徵圖都有相對較明亮的地方，這代表什麼呢？明亮的地方代表值較大，以左側第一張 C1 特徵圖 為例，兩側垂直的部分像素值較大，就可視為經過 W1 這個負責偵測垂直的過濾器掃描之後，原圖片當中垂直的特徵被強調出來了；同理，也可以看出 C2~C4 特徵圖分別把水平、對角線的特徵強調出來。

16-3 池化層 (Pooling Layer)

16-3-1 池化層的基本概念

池化層 (Pooling Layers) 是接在卷積層後面，所做的事是將特徵圖劃分成數個區域，然後取出能夠代表各區域的值，從結果來看就是繼續減少輸入特徵圖的特徵量，如下圖所示：

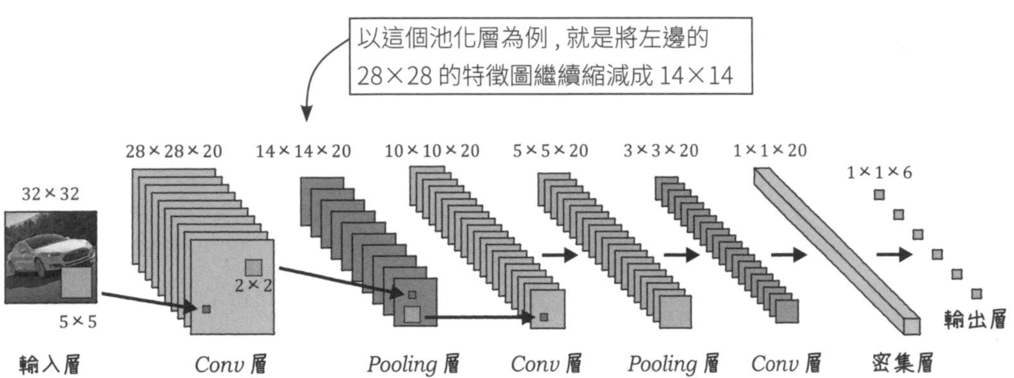

引用：「DeepAge」
URL：https://deepage.net/deep_learning/2016/11/07/convolutional_neural_network.html

16-3-2 池化尺寸 (Pooling-size)

池化層所做的處理稱為**池化** (Pooling) **運算**，大致上是指定一個 n×n 的**池化尺寸** (pooling-size) 做為檢視窗口，此檢視窗口會把圖片分割成數個區域，再取出各區域的代表值，繼續轉換成一張新的特徵圖。

池化運算有不同的做法，例如取各區「最大值」出來的**最大池化** (Max Pooling)，或取各區平均值出來的**平均池化** (Average Pooling)，CNN 常使用的是最大池化法：

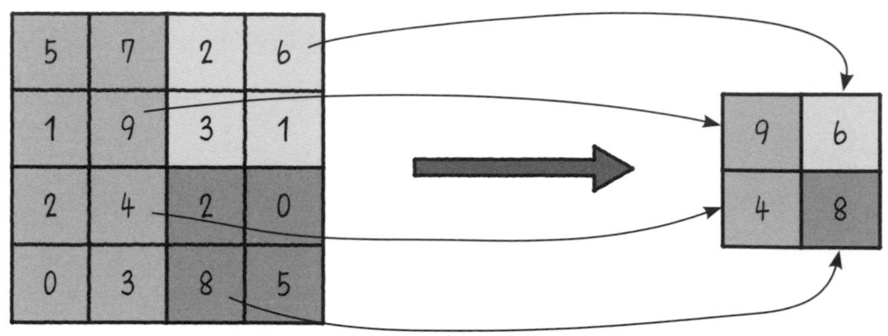

▲ **最大池化法。將圖片分成 4 區域，取各區的最大值出來**

引用：「Python API for CNTK」

URL： https://cntk.ai/pythondocs/CNTK_103D_MNIST_ConvolutionalNeuralNetwork.html

池化檢視窗口每次向右、向下「滑動」的間距稱為**步長** (Stride), 以上圖為例，步長設為 2, 因此 2×2 的檢視窗口每次向右或向下都是滑動 2 步，也就將原特徵圖 (上圖左) 劃分為 4 區，然後每一區各取最大值出來，最終就輸出 2×2 的特徵圖 (上圖右)。

範例演練

同樣地，我們利用 Python + NumPy 來實作池化層的運算，採用的是最大池化法。這裡延續前一小節的範例，池化層要處理的是前一小節經過卷積運算後得到的 8×8 特徵圖：

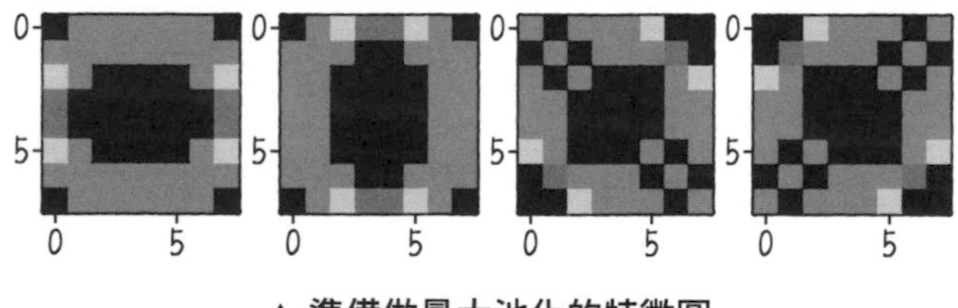

▲ **準備做最大池化的特徵圖**

實作的程式如下，我們來看與上一小節程式有差異的地方，也就是池化運算的程式碼：

In

```
import numpy as np
import matplotlib.pyplot as plt
import urllib.request
%matplotlib inline

class Conv:
    def __init__(self, W):
        self.W = W
    def f_prop(self, X):
        out = np.zeros((X.shape[0]-2, X.shape[1]-2))
        for i in range(out.shape[0]):
            for j in range(out.shape[1]):
                x = X[i:i+3, j:j+3]
                out[i,j] = np.dot(self.W.flatten(), x.flatten())
        return out
```

這是前一小節負責卷積層運算的類別

此例再定義一個負責做最大池化運算的 Pool 類別：

In

```
class Pool:
    def __init__(self, l):
        self.l = l  ❶
    def f_prop(self, X):
        l = self.l
        out = np.zeros((X.shape[0]//self.l, X.shape[1]//self.l))  ❷
        for i in range(out.shape[0]):
            for j in range(out.shape[1]):
                out[i,j] = np.max(X[i*l:(i+1)*l, j*l:(j+1)*l])  ❸ ❹
        return out
```

❶ 指定檢視窗口的尺寸 (pooling size)，如果傳入的是 2，就表示用 2×2 的檢視窗口來劃分特徵圖

❷ 先定義好池化運算後的特徵圖大小，此例輸出的尺寸會是 4×4 (註：8×8 特徵圖用 2×2 的窗口來劃分，就會得到 4×4 的結果)

❸ 利用兩個 for 迴圈做最大池化運算

❹ 用np.max() 從檢視窗口所劃分出的子區域當中，取各區域的最大值出來

接著就來看主程式，卷積運算的程式與前一小節完全相同，我們再看一次：

In
```
local_filename, headers = urllib.request.urlretrieve('https://aidemyexcontentsdata.blob.core.windows.net/data/5100_cnn/circle.npy')
X = np.load(local_filename)

plt.imshow(X)
plt.title("The original image", fontsize=12)
plt.show()

W1 = np.array([[0,1,0],
               [0,1,0],
               [0,1,0]])

W2 = np.array([[0,0,0],
               [1,1,1],
               [0,0,0]])
W3 = np.array([[1,0,0],
               [0,1,0],
               [0,0,1]])

W4 = np.array([[0,0,1],
               [0,1,0],
               [1,0,0]])


plt.subplot(1,4,1); plt.imshow(W1)
plt.subplot(1,4,2); plt.imshow(W2)
plt.subplot(1,4,3); plt.imshow(W3)
plt.subplot(1,4,4); plt.imshow(W4)
plt.suptitle("kernel", fontsize=12)
plt.show()


conv1 = Conv(W1); C1 = conv1.f_prop(X)
conv2 = Conv(W2); C2 = conv2.f_prop(X)
conv3 = Conv(W3); C3 = conv3.f_prop(X)
conv4 = Conv(W4); C4 = conv4.f_prop(X)
```

定義 4 個過濾器

將卷積運算的結果畫出來

4 個過濾器 (W) 分別與圖片 (X) 做卷積運算

```
plt.subplot(1,4,1); plt.imshow(C1)
plt.subplot(1,4,2); plt.imshow(C2)
plt.subplot(1,4,3); plt.imshow(C3)
plt.subplot(1,4,4); plt.imshow(C4)

plt.suptitle("Convolution result", fontsize=12)
plt.show()
```

將 C1~C4 這 4 張卷積後得到的特徵圖畫出來

接著就是池化運算的部分，我們將 Pool 類別建立成物件來使用，對 C1 ～ C4 這四張特徵圖做最大池化運算：

In

```
pool = Pool(2)
P1 = pool.f_prop(C1)
P2 = pool.f_prop(C2)
P3 = pool.f_prop(C3)
P4 = pool.f_prop(C4)
plt.subplot(1,4,1); plt.imshow(P1)
plt.subplot(1,4,2); plt.imshow(P2)
plt.subplot(1,4,3); plt.imshow(P3)
plt.subplot(1,4,4); plt.imshow(P4)
plt.suptitle("Pooling result", fontsize=12)
plt.show()
```

指定檢視窗口的尺寸為 2×2

四張特徵圖做最大池化運算

將最大池化運算後的新特徵圖畫(P1~P4)出來

以上程式整理在 Ch1378-Ch16.ipynb / 16-3 的 cell 中，執行結果如下：

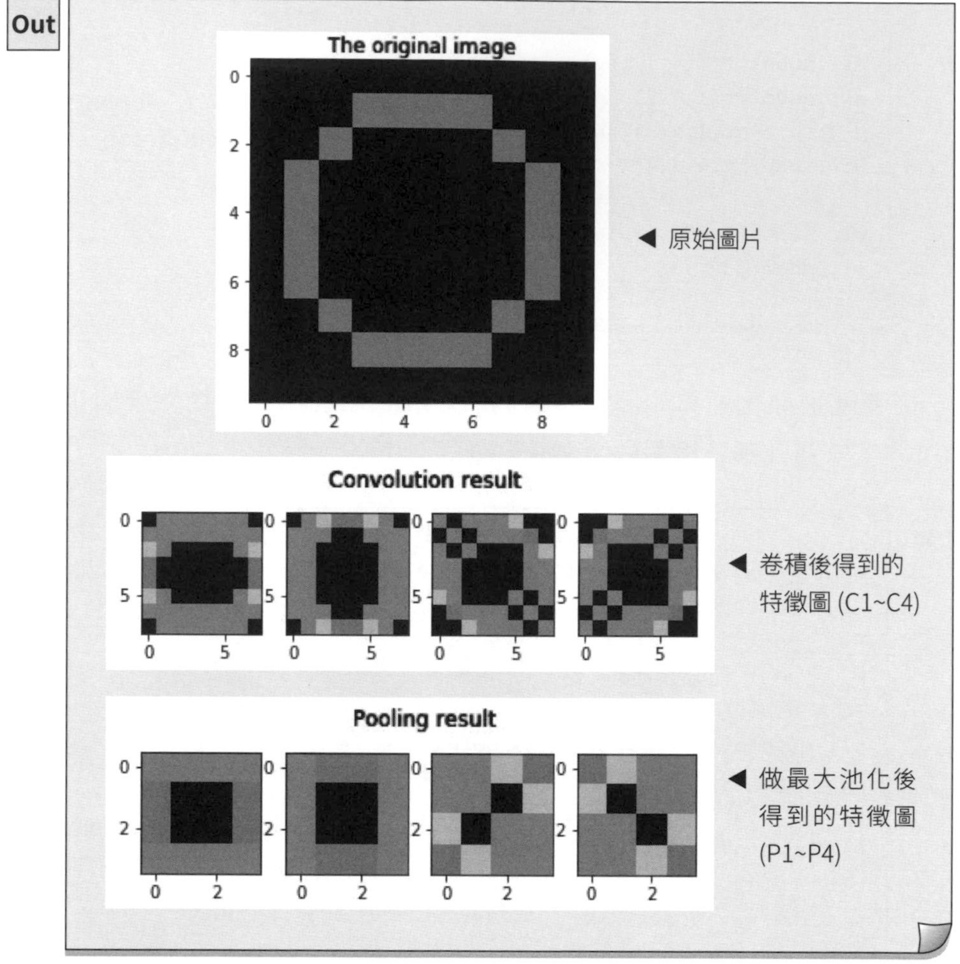

16-4 用 tf.Keras 建構 CNN 模型

用 Python + NumPy 大致理解 CNN 當中卷積層及池化層的作用後，接著就換 tf.Keras 套件出馬啦！利用 tf.Keras 三兩下就可以建構好 CNN 模型。

16-4-1 用 add() 建立卷積層與池化層

建構 CNN 模型的步驟很簡單，回憶一下前一章全密集層模型的說明，在 tf.Keras 中先利用 Sequential() 建立一個 model 物件後，再使用 **add()** method 像堆積木一樣一層一層將神經層堆疊起來就可以了：

```
model = Sequential()
```

如果要建立卷積層，例如用 64 個 3×3 過濾器對輸入圖片做卷積運算，建立的語法如下：

```
model.add(Conv2D(filters=64, kernel_size=(3, 3)))
```

建立池化層也是一樣的作法：

```
model.add(MaxPooling2D(pool_size=(2, 2)))
```

如果要建立多組卷積層、池化層的組合，只要重覆以上語法即可，而最後一個池化層的最後，通常就會接「密集層」來處理分類問題或者迴歸問題，這部分上一章我們都已經很熟悉了。

最後同樣透過 compile() 就完成 CNN 模型的建構，這部分的語法也跟上一章相同：

```
model.compile(optimizer=sgd, loss="categorical_ 接下行
crossentropy", metrics=["accuracy"])
```

16-4-2 卷積層的 strides 參數

來細看建構 Conv2D 卷積層時的參數，卷積層當中需要設一個 **strides** 參數，這是用來指定過濾器的滑動步長 (strides)，步長越小，可以萃取更精微的特徵，但這也可能導致反覆在圖片的相似位置萃取相似的特徵，產生不必要的運算。

不過普遍認為步長不宜設太大，在 tf.Keras 的 Conv2D 層中，步長值預設為 (1, 1)，代表向右是滑動 1 步、向下也是滑動 1 步。

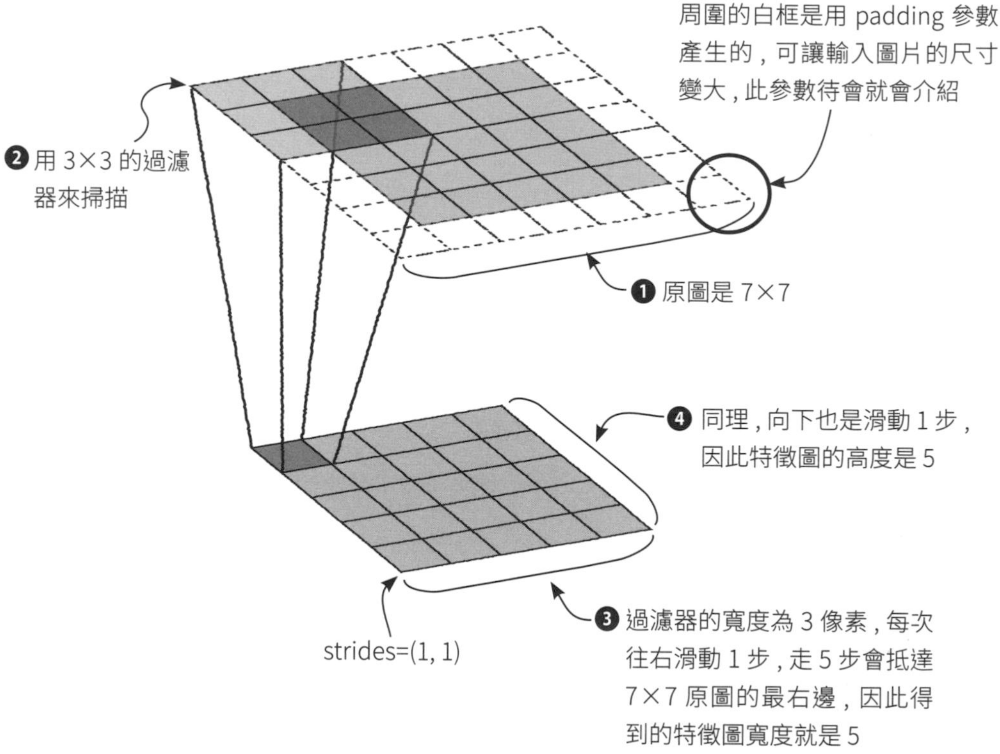
周圍的白框是用 padding 參數
產生的，可讓輸入圖片的尺寸
變大，此參數待會就會介紹
❷ 用 3×3 的過濾
器來掃描
❶ 原圖是 7×7
❹ 同理，向下也是滑動 1 步，
因此特徵圖的高度是 5
strides=(1, 1)
❸ 過濾器的寬度為 3 像素，每次
往右滑動 1 步，走 5 步會抵達
7×7 原圖的最右邊，因此得
到的特徵圖寬度就是 5

如果步長是設 (2, 2) 的話則如下所示：

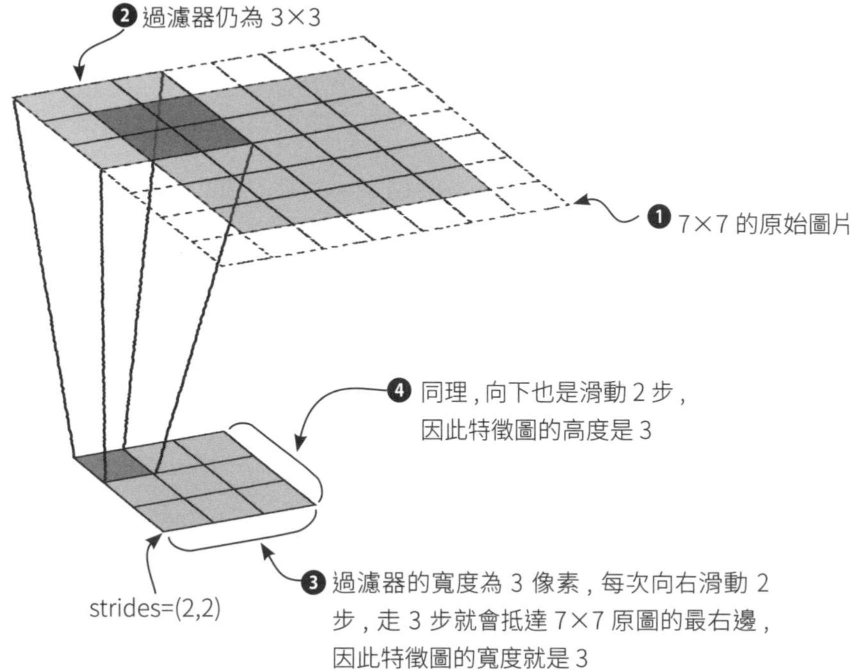
❷ 過濾器仍為 3×3
❶ 7×7 的原始圖片
❹ 同理，向下也是滑動 2 步，
因此特徵圖的高度是 3
strides=(2,2)
❸ 過濾器的寬度為 3 像素，每次向右滑動 2
步，走 3 步就會抵達 7×7 原圖的最右邊，
因此特徵圖的寬度就是 3

16-4-3 卷積層的 padding 參數

padding 是指用數值填補圖片的外圍，先「加大」圖像的尺寸，這通常是不希望輸入圖像被萃取的太小張時會所採取的做法。下圖在圖片周圍的那一圈就是 padding 的結果：

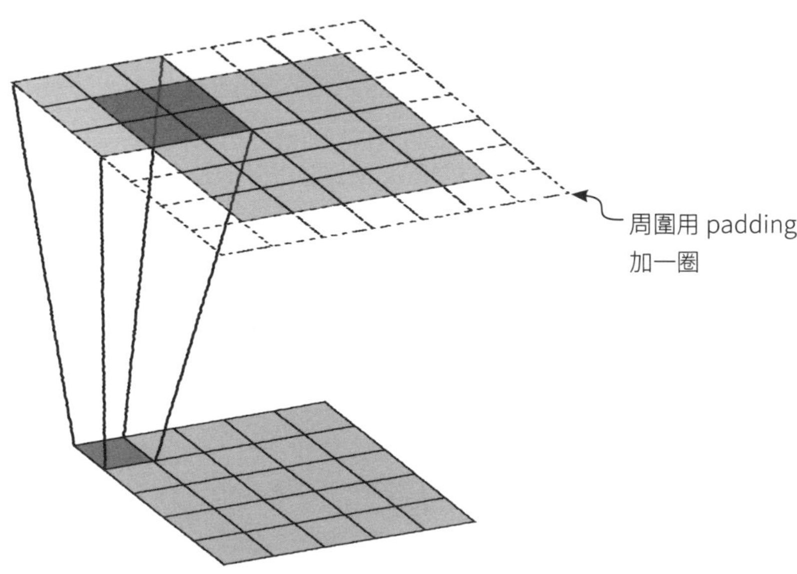
周圍用 padding
加一圈

在 Keras 的 Conv2D 層中，可以設 padding = 'same', 就表示執行 padding 後，從結果來看輸出的特徵圖尺寸會和輸入的圖像一致 (same)。若設 padding = 'valid', 則表示不執行 padding。

16-4-4 池化層的 pooling-size 參數

池化層有個 pool_size 參數要設定，這代表檢視窗口，相當於卷積層的過濾器尺寸。之前已經介紹過，在此就不贅述了。在 tf.Kreas 中，將 pool-size 設為 2×2 是比較常見的作法。

16-4-5 池化層的 stride 參數

與卷積層的 strides 參數相同。

16-4-6 池化層的 padding 參數

與卷積層的 padding 參數相同。

範例演練

底下就著手建立一個 CNN 模型，這裡從結果我們簡單出個考題，依照前面所學習到的知識，看讀者能否依下圖堆疊出 CNN 各層結構：

Out

```
Model: "sequential"
_________________________________________________________________
Layer (type)                 Output Shape              Param #
=================================================================
conv2d (Conv2D)              (None, 28, 28, 32)        160       ─┐
_________________________________________________________________ ├❶
max_pooling2d (MaxPooling2D) (None, 27, 27, 32)        0         ─┘
_________________________________________________________________
conv2d_1 (Conv2D)            (None, 27, 27, 32)        4128      ─┐
_________________________________________________________________ ├❷
max_pooling2d_1 (MaxPooling2 (None, 26, 26, 32)        0         ─┘
```

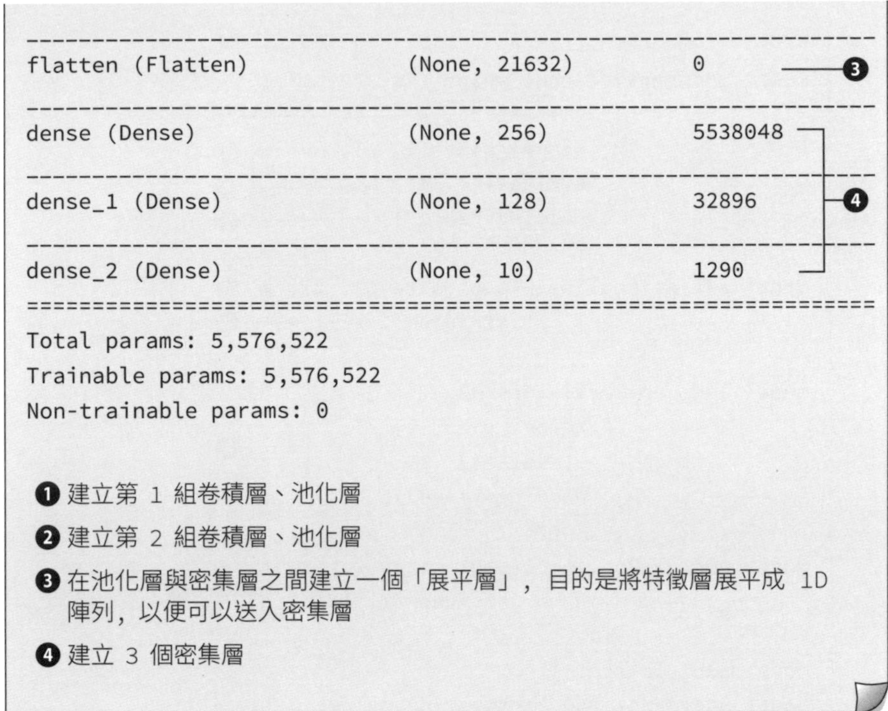

```
--------------------------------------------------------------------------
flatten (Flatten)              (None, 21632)          0          ——❸
--------------------------------------------------------------------------
dense (Dense)                  (None, 256)            5538048  ┐
--------------------------------------------------------------------------
dense_1 (Dense)                (None, 128)            32896    ├❹
--------------------------------------------------------------------------
dense_2 (Dense)                (None, 10)             1290     ┘
==========================================================================
Total params: 5,576,522
Trainable params: 5,576,522
Non-trainable params: 0
```

❶ 建立第 1 組卷積層、池化層

❷ 建立第 2 組卷積層、池化層

❸ 在池化層與密集層之間建立一個「展平層」，目的是將特徵層展平成 1D 陣列，以便可以送入密集層

❹ 建立 3 個密集層

上面的 Out 是在建構好模型後，以 model 物件的 **summary()** method 所得到的結果，從中間的 **Output Shape** 欄位可以了解各層所輸出的 shape，如果對前面一路介紹下來的知識都充份理解了，應該可以反推建立各層時該設定什麼參數內容。

看底下的程式前讀者可先挑戰看看，在思考各參數時請對照 summary() 所輸出的結果。程式如下：

In

```
from tensorflow.keras.layers import Activation, Dense, 接下行
Conv2D, MaxPooling2D, Flatten
```

匯入卷積層、池化層的類別（指 Conv2D, MaxPooling2D）

```
from tensorflow keras.models import Sequential, load_model
from tensorflow.keras.utils import to_categorical

model = Sequential() ◀—— 建立模型物件
```

```
model.add(Conv2D(input_shape=(28, 28, 1),       ❶
                 filters=32,                    ❷
                 kernel_size=(2, 2),            ❸
                 strides=(1, 1),                ❹
                 padding="same"))               ❺

model.add(MaxPooling2D(pool_size=(2, 2),        ❻
                       strides=(1,1)))          ❼

model.add(Conv2D(filters=32,
                 kernel_size=(2, 2),
                 strides=(1, 1),                ❽
                 padding="same"))

model.add(MaxPooling2D(pool_size=(2, 2),        ❾
                       strides=(1,1)))

model.add(Flatten())
model.add(Dense(256, activation='sigmoid'))
model.add(Dense(128, activation='relu'))        ❿
model.add(Dense(10, activation='softmax'))

model.summary()                                 ⓫
```

❶ 輸入圖片的尺寸，假設是 28×28 的單色圖片

❷ 設定過濾器數量為 32，這樣卷積層輸出 shape 才會是 (x, x, 32) (**編註：** 可對照 OUT 第一卷積層所輸出的結果，最後一軸是 32 維)

❸ 過濾器的尺寸

❹ 向右、向下的步長 (strides) 都設為 1

❺ 維持特徵圖的尺寸 (**編註：** 此處設 "same"，則輸出的特徵圖會與輸入圖片一樣同為 28×28)

❻ 設定池化層，指定檢視窗口為 2×2

❼ 並設向右、向下步長為 1 (**編註：** 這樣的設定可讓 28×28的特徵圖尺寸縮減為 27×27)

❽ 根據前面的 OUT 結果圖，設定第 2 個卷積層的各參數

❾ 依前面 summary() 的結果圖，設定第 2 個池化層的參數

❿ 依前面 summary() 的結果圖，設定這些密集層的參數

⓫ 最後用 model.summary() 看看結構，驗證得到的結果有沒有一樣

以上程式整理在 Ch1378-Ch16.ipynb / 16-4 的 cell 中，執行結果如下：

Out
```
Model: "sequential"
_________________________________________________________________
Layer (type)                 Output Shape              Param #
=================================================================
conv2d (Conv2D)              (None, 28, 28, 32)        160
_________________________________________________________________
max_pooling2d (MaxPooling2D) (None, 27, 27, 32)        0
_________________________________________________________________
conv2d_1 (Conv2D)            (None, 27, 27, 32)        4128
_________________________________________________________________
max_pooling2d_1 (MaxPooling2 (None, 26, 26, 32)        0
_________________________________________________________________
flatten (Flatten)            (None, 21632)             0
_________________________________________________________________
dense (Dense)                (None, 256)               5538048
_________________________________________________________________
dense_1 (Dense)              (None, 128)               32896
_________________________________________________________________
dense_2 (Dense)              (None, 10)                1290
=================================================================
Total params: 5,576,522
Trainable params: 5,576,522
Non-trainable params: 0
```

16-5 實例：使用 CNN 辨識手寫數字圖片

認識完 CNN 的基礎，該來點實例應用了！第 14 章介紹過 MNIST 手寫數字圖片資料集，每張圖片的結構都是 28（像素）×28（像素）×1（顏色通道），本節我們就改用 CNN 來辨識手寫數字圖片，看看會不會有比較好的效果：

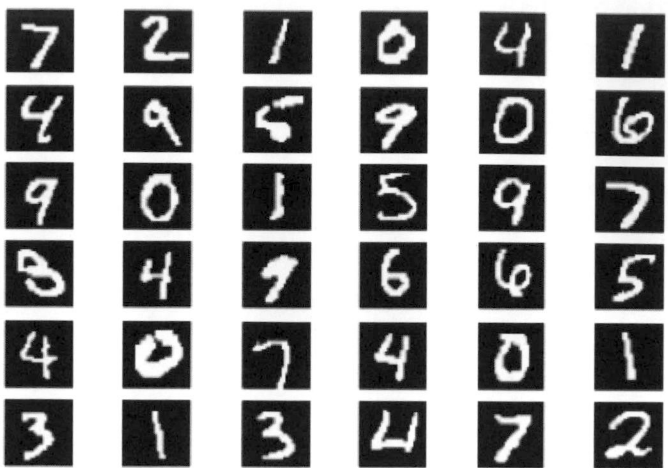

▲ **MNIST 資料集**

引用：「corochannNote」

URL： http://corochann.com/mnist-inference-code-1202.html

範例演練

此例 CNN 的各層架構如下：

- **第 1 卷積層：**使用 32 個 3×3 的過濾器對輸入圖片做卷積運算，並使用 Relu 做為激活函數。

```
Conv2D(32, kernel_size=(3, 3), activation='relu', input_shape=(28,28,1))
```

輸入圖片的 shape

小編補充： 別忘了 CNN 也是神經網路的一種，因此做完卷積運算後，也會加入激活函數的運算。

- **第 2 卷積層**：使用 64 個 3×3 的過濾器對前一層算出的特徵圖繼續做卷積運算，並使用 Relu 激活函數 (**編註：** 卷積層後面並非一定得馬上接池化層，也可以繼續接另一個卷積層，我們可以改變各層之間的組合，要怎麼安排結構是很彈性的)

```
Conv2D(filters=64, kernel_size=(3, 3), activation='relu')
```

- **池化層**：使用 2×2 的檢視窗口做最大池化運算。

```
MaxPooling2D(pool_size=(2, 2))
```

- **Dropout 層**：設定丟棄比例為 50%。

```
Dropout(0.5)
```

- **展平層**：將特徵圖展平成 1D 結構。

```
Flatten()
```

- **第 1 密集層**：設定 128 個神經元，並使用 Relu 激活函數。

```
Dense(128,activation='relu')
```

- **Dropout 層**：設定丟棄比例為 50%。

```
Dropout(0.5)
```

- **第 2 密集層 (輸出層)**：設定 10 個神經元呈現分類結果，並使用 Softmax 激活函數。

```
Dense(10,activation='softmax')
```

完整的程式整理在 Ch1378-Ch16.ipynb / 16-5 的 cell 中，內容如下：

In

```
from tensorflow.keras.datasets import mnist
from tensorflow.keras.layers import Dense, Dropout, Flatten, Activation
from tensorflow.keras.layers import Conv2D, MaxPooling2D
from tensorflow.keras.models import Sequential, load_model
from tensorflow.keras.utils import to_categorical
from tensorflow.keras.utils import plot_model
import numpy as np
import matplotlib.pyplot as plt
%matplotlib inline

(X_train, y_train), (X_test, y_test) = mnist.load_data()

X_train = X_train.reshape(-1, 28, 28, 1)

X_test = X_test.reshape(-1, 28, 28, 1)

y_train = to_categorical(y_train)
y_test = to_categorical(y_test)

model = Sequential()

model.add(Conv2D(32, kernel_size=(3, 3),activation='relu',input_
shape=(28,28,1)))
model.add(Conv2D(filters=64, kernel_size=(3, 3), activation='relu'))
model.add(MaxPooling2D(pool_size=(2, 2)))
model.add(Dropout(0.5))
model.add(Flatten())
model.add(Dense(128,activation='relu'))
model.add(Dropout(0.5))
model.add(Dense(10,activation='softmax'))
```

下載 MNIST 資料集

由於 MNIST 資料集是單色圖片，shape 為 (60000, 28,28)，僅是 3 軸結構，而一般 Conv 層接收的輸入圖片結構必須是 4 軸結構（註：訓練筆數，垂直尺寸，水平尺寸，顏色通道數），因此要先將訓練資料轉換為 shape 為 (60000, 28, 28, 1) 的 4 軸結構

測試資料集也做相同處理

將標籤（正確答案）做 one-hot 編碼

建立模型物件

如上一頁的規劃，用 add() 堆疊出各層結構

```
model.compile(loss='categorical_crossentropy',
              optimizer='sgd',
              metrics=['accuracy'])

model.fit(X_train, y_train,
          batch_size=128,
          epochs=5,
          verbose=1,
          validation_split=0.2)
```

這些編譯、訓練模型的語法可參考前兩章的說明

```
scores = model.evaluate(X_test, y_test, verbose=1)
print('Test loss:', scores[0])
print('Test accuracy:', scores[1])
```

訓練完成後，用測試集評估準確率如何

```
for i in range(10):
    plt.subplot(2, 5, i+1)
    plt.imshow(X_test[i].reshape((28,28)), 'gray')
plt.suptitle("The first ten of the test data",fontsize=20)
plt.show()
```

將測試集的前 10 張圖片畫出來，待會跟答案比對看看

```
pred = np.argmax(model.predict(X_test[0:10]), axis=1)
print(pred)
```

顯示測試集前 10 張圖片的預測結果

這支程式的執行結果如下：

Out

```
Epoch 1/5
469/469 [=================] - 3s 5ms/step - loss: 2.6637 -
accuracy: 0.5752
Epoch 2/5
469/469 [=================] - 2s 5ms/step - loss: 0.4117 -
accuracy: 0.8748
Epoch 3/5
469/469 =================] - 2s 5ms/step - loss: 0.3031 -
accuracy: 0.9089
```

```
Epoch 4/5
469/469 =================] - 2s 5ms/step - loss: 0.2543 -
accuracy: 0.9229
Epoch 5/5
469/469 =================] - 2s 5ms/step - loss: 0.2167 -
accuracy: 0.9347
313/313 [=================] - 1s 2ms/step - loss: 0.0808 -
accuracy: 0.9733

Test loss: 0.08084850758314133
Test accuracy: 0.9732999801635742
```

經 5 個週期訓練下來，測試集的預測準確率達到 97%

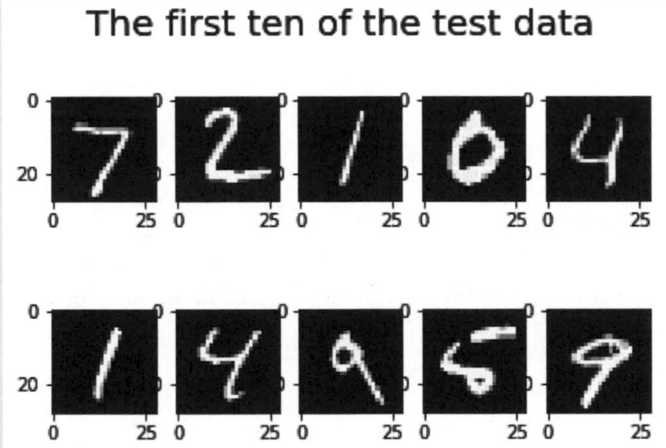


```
[7 2 1 0 4 1 4 9 5 9]
```

這是用 CNN 模型預測測試集的結果，跟上面的圖片比對，前 10 章圖片都預測正確

16-6 實例：使用 CNN 辨識 cifar 10 圖片資料集

這一小節我們改用 CNN 挑戰全彩、內容也更複雜的圖片，所使用的是 **cifar10** 這個全彩圖片資料集。此資料集共包含飛機、汽車、鳥、貓….等 10 種圖像，每張圖片的大小為 32×32 像素，因為是全彩所以是 3 個顏色通道 (R、G、B)：

引用：「The CIFAR-10 dataset」

URL：https://www.cs.toronto.edu/~kriz/cifar.html

每張圖片所對應的標籤（正確答案）被整理成 0~9 的值，各類圖像所對應的值如下：

0：飛機	1：汽車	2：鳥	3：貓	4：鹿
5：狗	6：蛙	7：馬	8：船	9：貨車

範例演練

下面就使用此資料集來訓練一個 CNN 網路，先來看規劃的各層架構：

- **第 1 卷積層：**使用 32 個 3×3 的過濾器對輸入圖片做卷積運算，並使用 Relu 做為激活函數。

```
Conv2D(32, (3, 3), padding='same', activation='relu',
input_shape=X_train.shape[1:])
```

- **第 2 卷積層：**使用 32 個 3×3 的過濾器對前一層算出的特徵圖繼續做卷積運算，並使用 Relu 激活函數。

```
Conv2D(32, (3, 3), activation='relu')
```

- **第 1 池化層：**使用 2×2 的檢視窗口做最大池化運算。

```
MaxPooling2D(pool_size=(2, 2))
```

- **第 1 Dropout 層：**設定丟棄比例為 25%。

```
Dropout(0.25)
```

- **第 3 卷積層：**使用 64 個 3×3 的過濾器做卷積運算，並使用 Relu 做為激活函數。

```
Conv2D(64, (3, 3), activation='relu')
```

- **第 4 卷積層：**使用 64 個 3×3 的過濾器做卷積運算，並使用 Relu 做為激活函數。

```
Conv2D(64, (3, 3), activation='relu')
```

- **第 2 池化層：**使用 2×2 的檢視窗口做最大池化運算。

```
MaxPooling2D(pool_size=(2, 2))
```

- **第 2 Dropout 層：**設定丟棄比例為 50%。

```
Dropout(0.5)
```

- **展平層：**將特徵圖展平成 1D 結構。

```
Flatten()
```

- **第 1 密集層：**設定 512 個神經元，並使用 Relu 激活函數。

```
Dense(512,activation='relu')
```

- **第 3 Dropout 層：**設定丟棄比例為 50%。

```
Dropout(0.5)
```

- **第 2 密集層（輸出層）：**設定 10 個神經元呈現分類結果，並使用 Softmax 激活函數。

```
Dense(10,activation='softmax')
```

算一算此例共規劃了 12 個神經層，完整的程式整理在 Ch1378-Ch16.ipynb / 16-6 的 cell 中，內容如下：

In

```
from tensorflow.keras.datasets import cifar10
from tensorflow.keras.layers import Dense, Dropout, Flatten, Activation
from tensorflow.keras.layers import Conv2D, MaxPooling2D
from tensorflow.keras.models import Sequential, load_model
from tensorflow.keras.utils import to_categorical
```

```
from tensorflow.keras.utils import plot_model
import numpy as np
import matplotlib.pyplot as plt
%matplotlib inline

(X_train, y_train), (X_test, y_test) = cifar10.load_data()
```

下載 cifar10 資料集

```
X_train = X_train
X_test = X_test
y_train = to_categorical(y_train)
y_test = to_categorical(y_test)

model = Sequential()
```

建立模型物件

```
model.add(Conv2D(32, (3, 3), padding='same', activation='relu',
                 input_shape=X_train.shape[1:]))
model.add(Conv2D(32, (3, 3), activation='relu'))
model.add(MaxPooling2D(pool_size=(2, 2)))
model.add(Dropout(0.25))
model.add(Conv2D(64, (3, 3), activation='relu'))
model.add(Conv2D(64, (3, 3), activation='relu'))
model.add(MaxPooling2D(pool_size=(2, 2)))
model.add(Dropout(0.5))
model.add(Flatten())
model.add(Dense(512, activation='relu'))
model.add(Dropout(0.5))
model.add(Dense(10, activation='softmax'))
```

用 add() 堆疊出前面所規劃的結構

```
model.compile(loss='categorical_crossentropy',
              optimizer='adam',
              metrics=['accuracy'])
```

編譯模型

```
model.fit(X_train, y_train, batch_size=128,
epochs=10, validation_split=0.2)
```

訓練模型

```
scores = model.evaluate(X_test, y_test, verbose=1)
print('Test loss:', scores[0])
print('Test accuracy:', scores[1])
```

用測試集評估準確率

```
for i in range(10):
    plt.subplot(2, 5, i+1)
    plt.imshow(X_test[i])
plt.suptitle("The first ten of the test data",fontsize=20)
plt.show()
```

將測試集前 10 張圖片畫出來

```
labels = np.argmax(y_test[:10],axis=1)
print(labels)
```

畫出的前 10 張圖不見得肉眼可辨，因此也用數值來呈現

```
pred = np.argmax(model.predict(X_test[0:10]), axis=1)
print(pred)
```

顯示測試集前 10 張圖片的預測結果

以上程式的執行結果如下：

Out

```
Epoch 1/10
313/313 [===] - 3s 8ms/step - loss: 5.5324 - accuracy: 0.1637 -
val_loss: 1.7396 - val_accuracy: 0.3604
Epoch 2/10
313/313 [===] - 2s 7ms/step - loss: 1.7525 - accuracy: 0.3455 -
val_loss: 1.5129 - val_accuracy: 0.4497
….
Epoch 9/10
313/313 [===] - 2s 7ms/step - loss: 1.1530 - accuracy: 0.5942 -
val_loss: 1.0929 - val_accuracy: 0.6120
Epoch 10/10
313/313 [===] - 2s 7ms/step - loss: 1.1234 - accuracy: 0.6019 -
val_loss: 1.0036 - val_accuracy: 0.6506
313/313 [===] - 1s 2ms/step - loss: 1.0105 - accuracy: 0.6504
Test loss: 1.0104624032974243
Test accuracy: 0.6503999829292297
```

經 10 個的週期訓練下來，測試集的預測準確率為 65%，由於面對的是複雜的全彩圖片，影像種類也更多元，果然不是三兩下就能得到不錯的結果

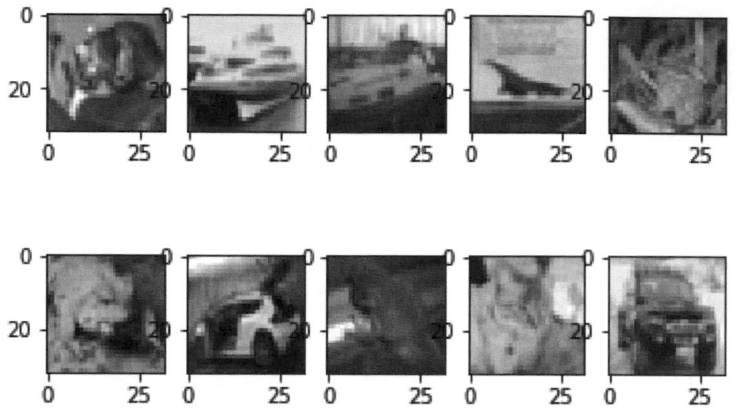


```
[3 8 8 0 6 6 1 6 3 1]
```
這是測試集前 10 張圖片的正確答案

```
[3 8 1 0 6 6 1 6 3 1]
```
這是模型的預測結果，前 10 張看起來挺準的，不過整體測試集的準確率目前只有 65%，還有改善空間

想要改善 CNN 模型的準確率，不外乎調整各超參數的設定，或者做些資料預處理 (Preprocessing)，而這就是下一章要介紹的內容。

CHAPTER

17

優化 CNN 模型

17-1 資料的正規化 (Normalization)
- 17-1-1 標準化 (Standardization)
- 17-1-2 白化 (Whitening)
- 17-1-3 批次正規化 (Batch Normalization)

17-2 遷移學習 (Transfer Learning)
- 17-2-1 認識 VGG16 分類模型
- 17-2-2 範例演練 – 將 VGG16 遷移至自建的 CNN 模型

17-1 資料的正規化 (Normalization)

上一章我們在實作時都是將下載到的資料集直接餵入神經網路模型，不過一般來說在餵入之前會做些預處理 (Preprocessing) 作業，最常見的就是進行資料的**正規化** (Normalization)，此目的是將資料都調整在同一個數值區間，以相同的基準進行後續運算與分析，否則樣本中的像素值大小若差很多，將不利於模型的訓練。

正規化的方法有很多種，本章來介紹**標準化** (Standardization)、**白化** (Whitening)、**批次正規化** ((Batch Normalization) 這幾種：

例：標準化

▲ 對圖片做正規化處理，可消除與訓練無直接關係的數據差異
（註：上圖從處理後的結果來看降低了圖片亮度）

例：批次正規化

用 cifar10 資料夾訓練模型分類時，做批次正規化處理，對提升準確率、損失誤差有顯著的幫助。

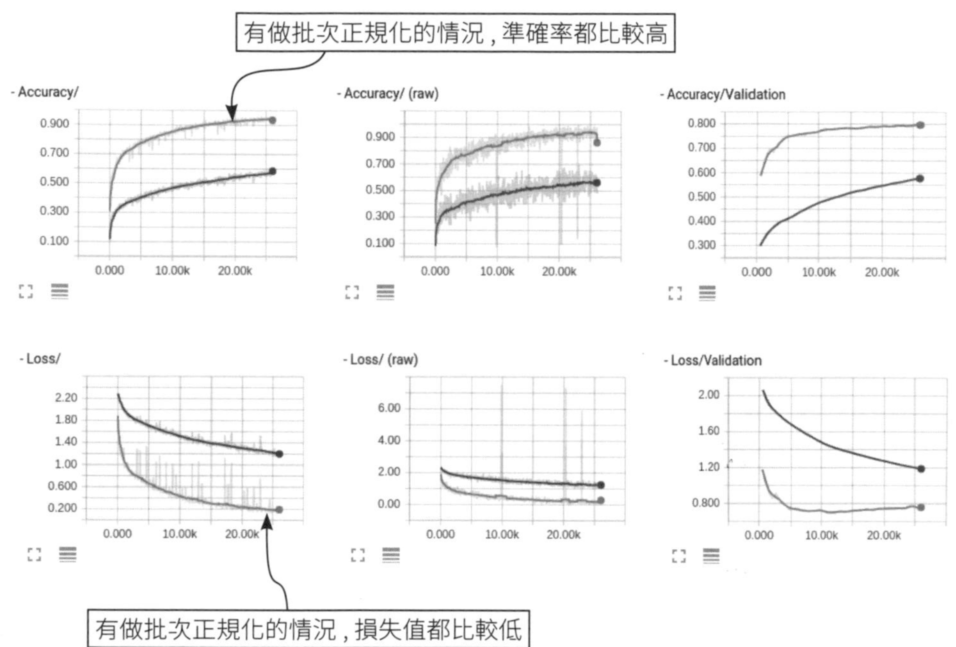

引用：「DeepAge」

URL：https://deepage.net/deep_learning/2016/10/26/batch_normalization.html

17-1-1 標準化 (Standardization)

標準化指的是將每張圖片的特徵值都轉換成「平均值為 0、標準差為 1」的資料，這樣能夠讓數據的分佈更緊密，更適合輸入模型做訓練。

下頁圖是將 cifar10 資料集做標準化後的結果，處理後圖片色調變得平均、變暗，變成接近灰階，好處是原本不明顯的顏色，反而得到關注，更容易找到原本被隱藏的特徵：

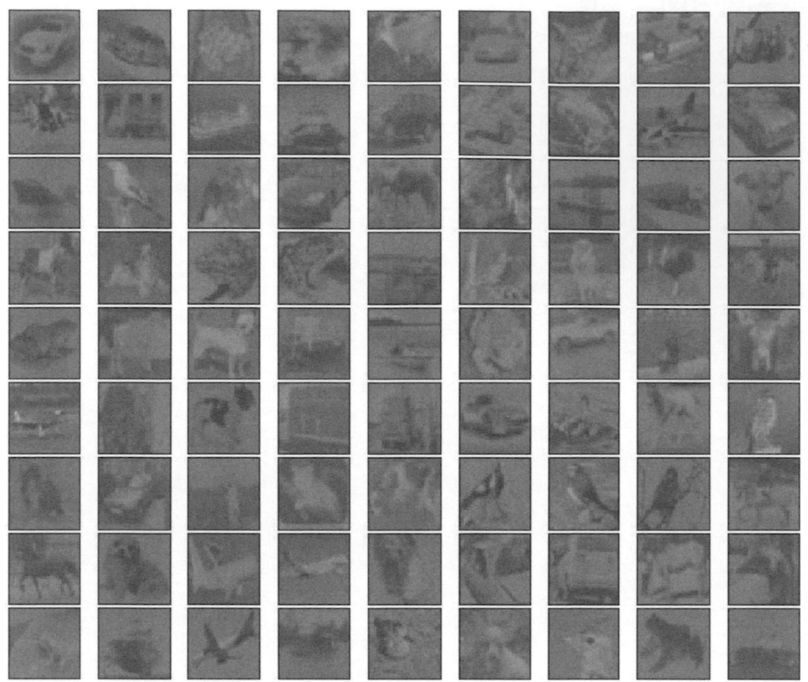

▲ 對 cifar10 資料集做標準化整體色調變淡
（註：由於本書為黑白印刷，讀者可執行底下的範例更清楚地查看效果）

範例演練

我們來用程式實作資料的標準化，這裡使用 tf.Keras 對 cifar10 資料集的前 10 張圖片做標準化處理，然後和原圖做比較：

In

```
import matplotlib.pyplot as plt
from tensorflow.keras.datasets import cifar10
from tensorflow.keras.preprocessing.image import ImageDataGenerator
%matplotlib inline
```

匯入 ImageDataGenerator 這個類別，此類別功能強大，在此用它來對圖片做標準化

```
(X_train, y_train), (X_test, y_test) = cifar10.load_data()
```

下載 cifar10 資料集

```
for i in range(10):
    plt.subplot(2, 5, i + 1)
    plt.imshow(X_train[i])
plt.suptitle('The original image', fontsize=12)
plt.show()

datagen = ImageDataGenerator(samplewise_center=True,
                             samplewise_std_normalization=True)

g = datagen.flow(X_train, y_train, shuffle=False)
X_batch, y_batch = g.next()

X_batch *= 127.0 / max(abs(X_batch.min()), X_batch.max())
X_batch += 127.0
X_batch = X_batch.astype('uint8')

for i in range(10):
    plt.subplot(2, 5, i + 1)
    plt.imshow(X_batch[i])

plt.suptitle('Standardization result', fontsize=12)
plt.show()
```

顯示前 10 張圖片（標準化前）

建立 ImageDataGenerator 的操作物件

將圖片各顏色通道的像素值轉換為平均值 = 0

將圖片各顏色通道的像素值轉換為標準差 = 1

進行標準化

讓生成的圖片效果看起來更明顯

顯示前 10 張圖片（標準化後）

以上程式整理在 Ch1378-Ch17.ipynb / 17-1-1 的 cell 中，執行結果如下：

Out

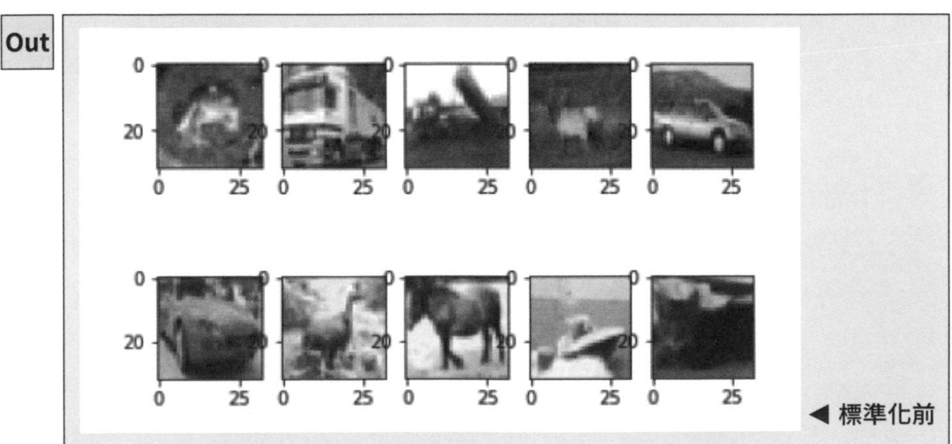

◀ 標準化前

17

優化 CNN 模型

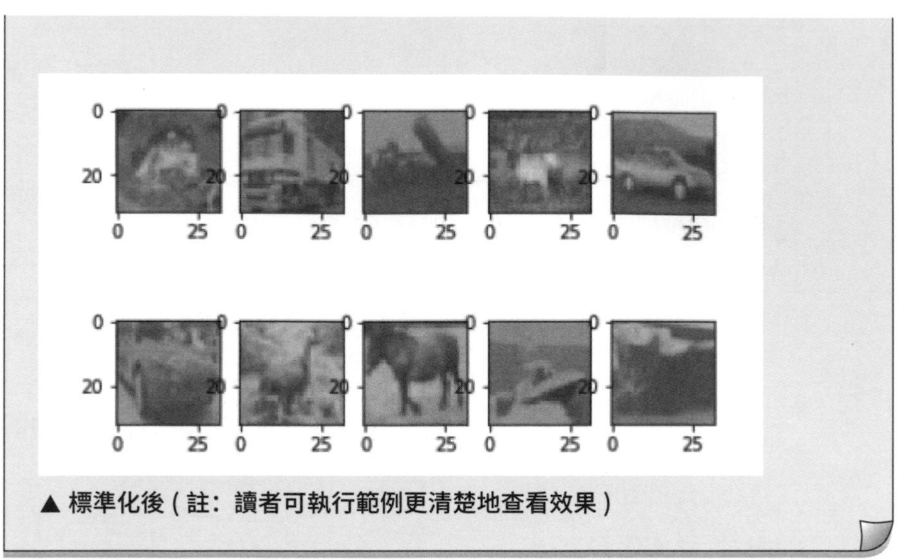

▲ 標準化後 (註：讀者可執行範例更清楚地查看效果)

17-1-2 白化 (Whitening)

在一張圖片中，鄰近的像素之間往往有很強的相關性，也就是說，鄰近的像素只需挑幾個來輸入模型即可。為減少一些非必要的特徵，可以對資料做**白化** (Whitening) 處理，去除一些非必要的特徵後，剩餘下來的那些特徵值其影響程度就會一樣強，這有利於神經網路的訓練。

下頁的圖就是白化後的結果，整體來說，白化處理後圖片會變暗，不過圖片中的物體邊緣會突顯出來，要知道一張圖片中，邊緣所透露的訊息量要比無意義的背景大多了，輪廓被勾勒出來後，非常有助於判讀內容物為何：

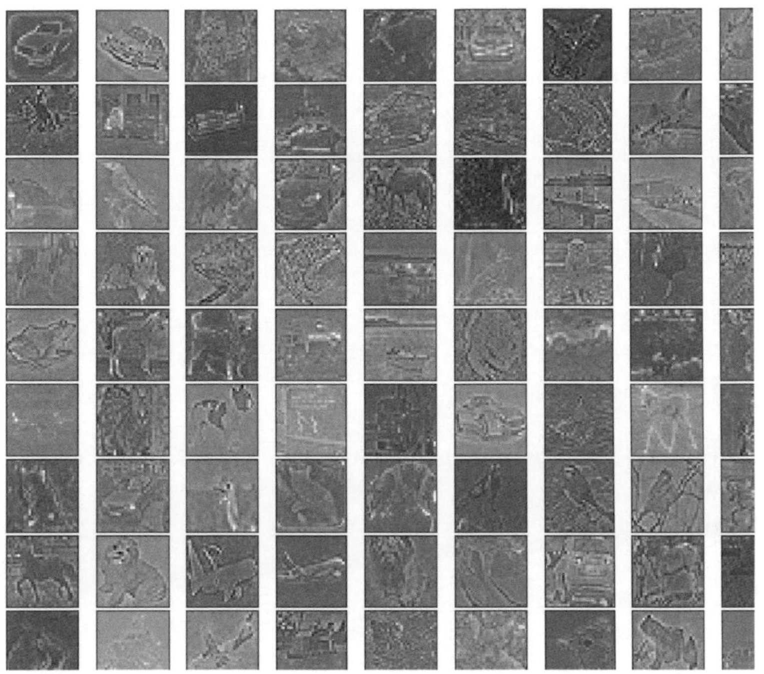

▲ 經白化處理後，圖片中各物體的邊緣會被突顯出來

範例演練

底下也試著對 cifar10 資料集的前 10 張圖片做白化處理，並與沒處理的原圖做比較，在此同樣是使用 ImageDataGenerator 類別來操作：

In

```
import matplotlib.pyplot as plt
from tensorflow.keras.datasets import cifar10
from tensorflow.keras.preprocessing.
image import ImageDataGenerator
%matplotlib inline

(X_train, y_train), (X_test, y_test) = cifar10.load_data()
                                          下載 cifar10 資料集
X_train = X_train[:300]
X_test = X_test[:100]
y_train = y_train[:300]
y_test = y_test[:100]
```

```
for i in range(10):
    plt.subplot(2, 5, i + 1)
    plt.imshow(X_train[i])
plt.suptitle('The original image', fontsize=12)
plt.show()
```

顯示前 10 張圖片（白化前）

建立ImageDataGenerator的操作物件

設定此參數以進行白化處理

```
datagen = ImageDataGenerator(zca_whitening=True)

datagen.fit(X_train)
g = datagen.flow(X_train, y_train, shuffle=False)
X_batch, y_batch = g.next()
```

執行白化處理

```
X_batch *= 127.0 / max(abs(X_batch.min()), abs(X_batch.max()))
X_batch += 127
X_batch = X_batch.astype('uint8')
```

讓生成的圖像效果看起來更明顯

```
for i in range(10):
    plt.subplot(2, 5, i + 1)
    plt.imshow(X_batch[i])
```

顯示前 10 張圖片（白化後）

```
plt.suptitle('Whitening result', fontsize=12)
plt.show()
```

以上程式整理在 Ch1378-Ch17.ipynb / 17-1-2 的 cell 中，執行結果如下：

Out

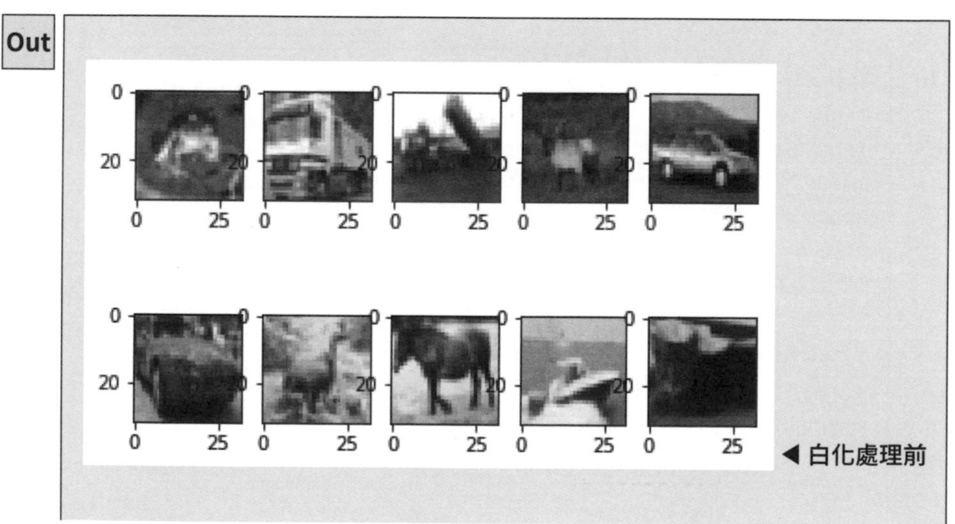

◀ 白化處理前

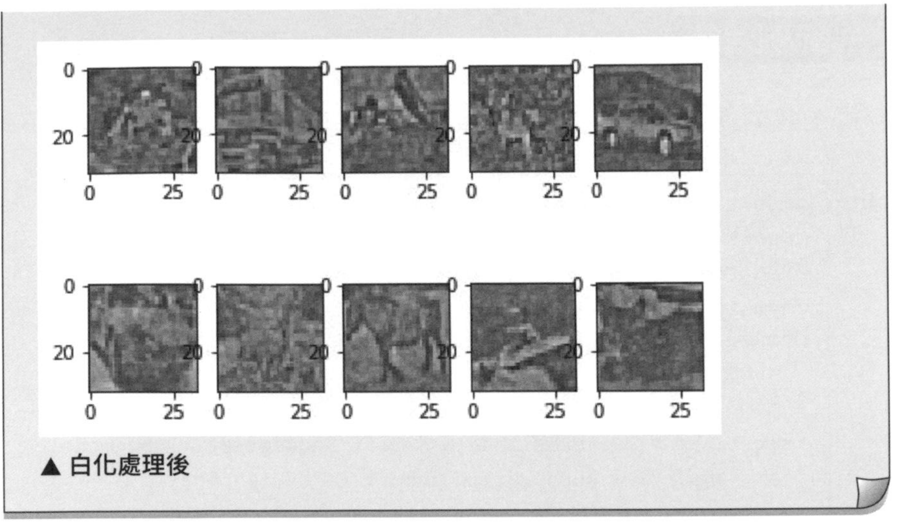

▲ 白化處理後

17-1-3 批次正規化 (Batch Normalization)

一般提到正規化都是對輸入資料做處理，而**批次正規化** (Batch Normalization) 是指 " 每一個神經層的輸出 " 在傳入下一層之前，也都進行正規化的處理，使其成為「平均值為 0、標準差為 1」的分布。目的是讓經神經層運算後分散的數據能夠分佈的更緊密，有助於深層神經網路的訓練。

在 tf.Keras 中，批次正規化的做法與建立密集層、卷積層一樣，使用 model 的 add() method 加入到模型即可：

```
model.add(BatchNormalization())
```

小編補充： 批次正規化通常是加在神經層與激活函數中間，原因是特徵值經過神經層的權重運算後，可能會讓原本的分布發生變化，導致訓練變得不易，這在層數越多的情況下會越嚴重。一般認為批次正規化的做法比 Dropout 法對訓練更有幫助。

範例演練

底下我們就以 CNN 模型為例，試著加入批次正規化的設計：

In

```
import numpy as np
import matplotlib.pyplot as plt
from tensorflow.keras.datasets import mnist
from tensorflow.keras.layers import Activation, Conv2D, 接下行
Dense, Flatten, MaxPooling2D, BatchNormalization  ← 匯入 BatchNormalization 類別

from tensorflow.keras.models import Sequential, load_model
from tensorflow.keras.utils import to_categorical

(X_train, y_train), (X_test, y_test) = mnist.load_data()  ← 此例使用 MNIST 資料集來訓練 CNN 網路

X_train = np.reshape(a=X_train, newshape=(-1, 28, 28, 1))
X_test = np.reshape(a = X_test,newshape=(-1, 28, 28, 1))
y_train = to_categorical(y_train)
y_test = to_categorical(y_test)

model = Sequential()  ← 建立模型物件

model.add(Conv2D(input_shape=(28, 28, 1), filters=32,
                 kernel_size=(2, 2), strides=(1, 1),
padding="same"))
model.add(MaxPooling2D(pool_size=(2, 2)))
model.add(Conv2D(filters=32, kernel_size=(
    2, 2), strides=(1, 1), padding="same"))
model.add(MaxPooling2D(pool_size=(2, 2)))
model.add(Flatten())
model.add(Dense(256))
model.add(BatchNormalization())  ← 在兩個密集層的激活函數
model.add(Activation('relu'))       運算之前加入批次正規化
model.add(Dense(128))
model.add(BatchNormalization())  ←
model.add(Activation('relu'))
model.add(Dense(10))
model.add(Activation('softmax'))
```

```
model2.compile(optimizer='sgd', loss='categorical_crossentropy',
               metrics=['accuracy'])
```

編譯模型

訓練模型

```
history = model.fit(X_train, y_train, batch_size=32, epochs=3,
                    validation_data=(X_test, y_test))
```

將訓練歷程存入 history 變數

```
plt.plot(history.history['acc'], label='acc', ls='-', marker='o')
plt.plot(history.history['val_acc'], label='val_acc', ls='-',
         marker='x')
plt.ylabel('accuracy')
plt.xlabel('epoch')

plt.suptitle('model2', fontsize=12)
plt.show()
```

將訓練時各週期的預測準確率及誤差值畫出來

以上程式整理在 Ch1378-Ch17.ipynb / 17-1-3 的 cell 中，執行結果如下：

Out

```
Epoch 1/3
1875/1875 [==============================] - 7s 4ms/step - loss:
0.4404 - accuracy: 0.8824 - val_loss: 0.0868 - val_accuracy:
0.9765
Epoch 2/3
1875/1875 [==============================] - 6s 3ms/step - loss:
0.1019 - accuracy: 0.9729 - val_loss: 0.0600 - val_accuracy:
0.9822
Epoch 3/3
1875/1875 [==============================] - 6s 3ms/step - loss:
0.0747 - accuracy: 0.9793 - val_loss: 0.0502 - val_accuracy:
0.9854
```

效果不錯，預測準確率高達 98.5%

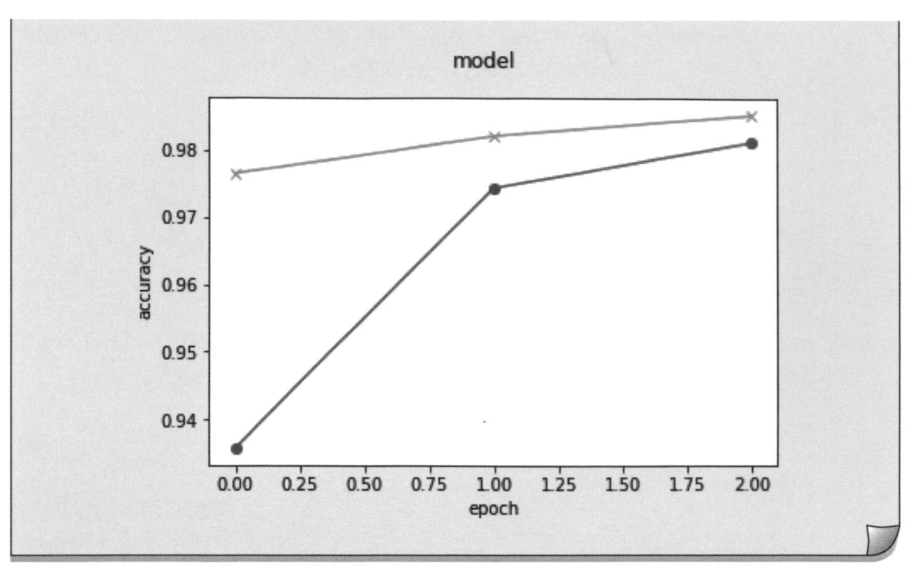

17-2 遷移學習 (Transfer Learning)

一路下來，我們可以知道從頭開始訓練一個神經網路模型往往要耗不少心力，即便用 tf.Keras 套件需撰寫的程式碼不多，但考量各超參數該怎麼設也夠傷腦筋了…因此，如果在建構模型時，可以將模型的一部分套用某個已經訓練好的模型，自然可以節省不少時間。以上這樣的做法稱為**遷移學習** (Transfer Learning)，在訓練資料普遍不足的現實情況下，使用遷移學習往往會比從頭訓練一個神經網路來得好。

> **小編補充：** 訓練好的模型已經將學習到的知識存於神經網路的權重之中，我們直接使用這些訓練好的權重，等於就是讓新的神經網路預先具備某些知識啦！

本節我們就嘗試從經典的 VGG16 分類模型當中，取模型的一部分出來遷移到我們自建的新模型上。

17-2-1 認識 VGG16 分類模型

VGG 模型是由牛津大學 VGG (Visual Geometry Group) 團隊建立的 CNN 網路模型，該團隊在 2014 年大型圖像識別競賽 (ILSVRC) 中排名第二：

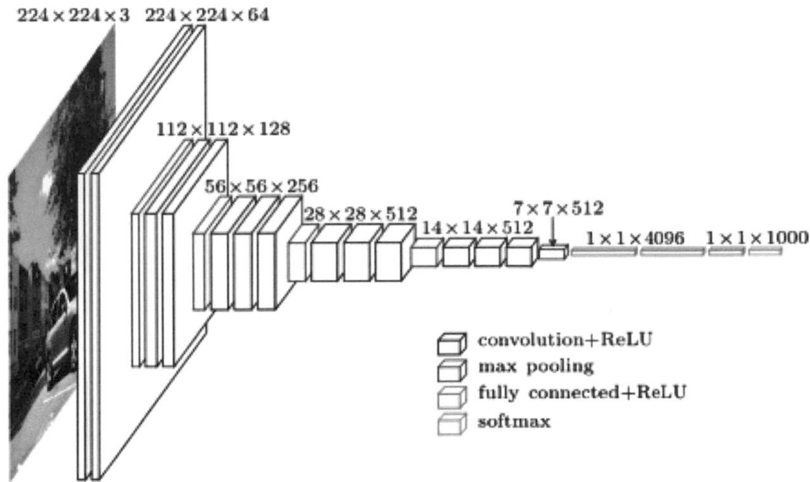

▲ **VGG 模型**

引用：「VGG in TensorFlow」的「FIG.2 - MACROARCHITECTURE OF VGG16」

URL：http://www.cs.toronto.edu/~frossard/post/vgg16/

参考：VERY DEEP CONVOLUTIONAL NETWORKS FOR LARGE-SCALE IMAGE RECOGNITION

URL：https://arxiv.org/pdf/1409.1556.pdf

VGG 模型是使用小型卷積核連續做 2 至 4 次卷積，再做池化運算，然後不斷重複此步驟。VGG 模型有兩種不同的結構，分別是 VGG16 和 VGG19，基本上沒什麼差別，只有模型深度不同而已。我們可以把 VGG 視為一個可以重複使用的 " 基礎零件 "，就像積木一樣，使用它建構出新的神經網路。

17 優化 CNN 模型

要注意的是，原始的 VGG 模型是用來替 ImageNet 這個大型圖片資料集做分類，ImageNet 包含了多達 120 萬張圖片，內容共有 1000 種圖像，是個超大型圖片資料集。由於是處理 1000 類的分類，原始 VGG 模型最尾端的輸出層有 1000 個輸出神經元。而我們要借重的是負責萃取特徵的中間層，不會使用最後的全連接層。

17-2-2 範例演練 – 將 VGG16 遷移至自建的 CNN 模型

藉由 tf.Keras 套件，可以輕鬆將 VGG16 模型與我們自建的模型相結合，此例同樣是 以 **cifar10** 這個資料集來示範操作。

首先匯入必要的套件，並下載資料集：

In

```
from tensorflow.keras import optimizers
from tensorflow.keras.applications.vgg16 import VGG16  ← 多匯入這個
from tensorflow.keras.datasets import cifar10

from tensorflow.keras.layers import Dense, Dropout, Flatten, Input
from tensorflow.keras.models import Model, Sequential
from tensorflow.keras.utils import to_categorical
import matplotlib.pyplot as plt
import numpy as np
%matplotlib inline

(X_train, y_train), (X_test, y_test) = cifar10.load_data()
y_train = to_categorical(y_train)
y_test = to_categorical(y_test)
```

匯入套件後，首先建立一個 VGG 模型：

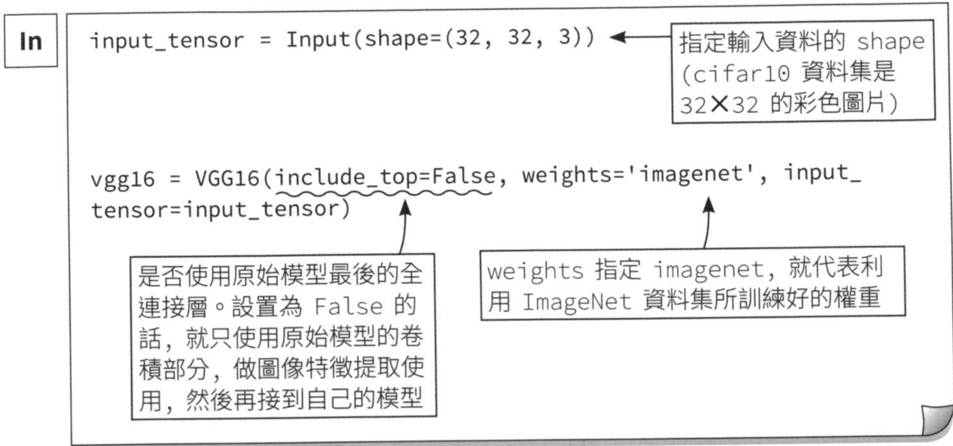

In
input_tensor = Input(shape=(32, 32, 3))
指定輸入資料的 shape (cifar10 資料集是 32✕32 的彩色圖片)
vgg16 = VGG16(include_top=False, weights='imagenet', input_tensor=input_tensor)
是否使用原始模型最後的全連接層。設置為 False 的話，就只使用原始模型的卷積部分，做圖像特徵提取使用，然後再接到自己的模型
weights 指定 imagenet，就代表利用 ImageNet 資料集所訓練好的權重

接著要在 vgg16 後面添加其他層，這邊定義一個 top_model, 然後將兩個模型做結合：

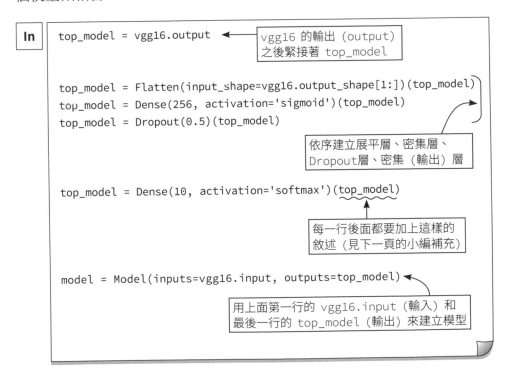

In

```
top_model = vgg16.output

top_model = Flatten(input_shape=vgg16.output_shape[1:])(top_model)
top_model = Dense(256, activation='sigmoid')(top_model)
top_model = Dropout(0.5)(top_model)

top_model = Dense(10, activation='softmax')(top_model)

model = Model(inputs=vgg16.input, outputs=top_model)
```

vgg16 的輸出（output）之後緊接著 top_model

依序建立展平層、密集層、Dropout層、密集（輸出）層

每一行後面都要加上這樣的敘述（見下一頁的小編補充）

用上面第一行的 vgg16.input（輸入）和最後一行的 top_model（輸出）來建立模型

小編補充： 眼尖的讀者可能留意到這裡建構模型的語法和之前有點不一樣，之前都是用 Sqeuential 類別建構序列模型，此處用了另一種稱為函數式 API (Functional API) 的方式，它可以用來建立任何架構的神經網路 (例如有分岔的神經網路)。上面的語法並不難，主要就是每一行的最後都要以函數 (function) 呼叫的方式來建立層與層的連結，因此上面可以看到最後都要加上 (top_model) 的敘述 (一直呼叫然後串起來就對了)。

接著，我們要將原始 vgg 模型前 19 層的權重「凍結」起來 (準備直接拿來用), 以免破壞了以 ImageNet 資料集訓練好的知識 (權重)。

小編補充： 使用 VGG 做遷移學習的目的就是想借重它萃取特徵的權重，而特徵依距離輸入資料的遠近也有高、低階之分，較靠近輸入資料的低階特徵普遍存於大部分的圖片之中 (如邊緣、線條), 所以這些低階特徵層的通用性很高，很適合凍結起來並遷移過來用 (即凍結的那 19 層權重)。而沒有凍結那些層的權重我們還是要訓練，這些通常是萃取高階特徵的權重，這些權重都只適合它原本的訓練樣本 (ImageNet 資料集), 如今面對的樣本改成了 cifar10, 當然必須重新訓練。

凍結權重的語法如下：

In

```
for layer in model.layers[:19]:
    layer.trainable = False
```

← 將前 19 層的權重凍結，不做訓練

到此就差不多完成了，接下來的編譯及訓練語法我們都已經很熟悉了：

In

```
model.compile(loss='categorical_crossentropy',
              optimizer='adam',
              metrics=['accuracy'])

model.fit(X_train, y_train, validation_data=(X_test, 接下行
y_test), batch_size=32, epochs=100)

scores = model.evaluate(X_test, y_test, verbose=1)
print('Test loss:', scores[0])
print('Test accuracy:', scores[1])
```

← 指定訓練批次量以及訓練週期（epochs=100 一行）

← 計算對測試資料的準確率（scores 至 print 三行）

以上程式整理在 Ch1378-Ch17.ipynb / 17-2 的 cell 中，執行結果如下：

Out
```
Epoch 1/5
1563/1563 [==============================] - 16s 10ms/step - loss:
1.7128 - accuracy: 0.4031 - val_loss: 1.2371 - val_accuracy: 0.5667
Epoch 2/5
1563/1563 [==============================] - 16s 10ms/step - loss:
1.3132 - accuracy: 0.5366 - val_loss: 1.1908 - val_accuracy: 0.5836
Epoch 3/5
1563/1563 [==============================] - 16s 10ms/step - loss:
1.2628 - accuracy: 0.5568 - val_loss: 1.1639 - val_accuracy: 0.5916
Epoch 4/5
1563/1563 [==============================] - 15s 10ms/step - loss:
1.2307 - accuracy: 0.5693 - val_loss: 1.1586 - val_accuracy: 0.5920
Epoch 5/5
1563/1563 [==============================] - 15s 10ms/step - loss:
1.2143 - accuracy: 0.5737 - val_loss: 1.1495 - val_accuracy: 0.6030
313/313 [==============================] - 3s 8ms/step - loss:
1.1495 - accuracy: 0.6030
Test loss: 1.1495275497436523
Test accuracy: 0.6029999852180481
```

經過 5 個週期的訓練，測試集的準確率為 60.2 %，當然還有優化的空間，如果提高訓練的週期，準確率應該可以再提升，當然，也可以從各種超參數、模型結構下手，但這就得要花更多時間實驗。這裡主要目的是讓讀者對遷移學習有點概念，後續的優化作業就不耗篇幅介紹了。

MEMO

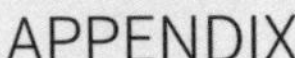

APPENDIX

A

使用 Google 的 Colab 雲端開發環境

Google Colaboratory (簡稱 Colab) 是 Google 免費提供的雲端程式開發環境，只要使用瀏覽器就可撰寫 Python 程式，並使用各種套件來實作資料科學及機器學習。這裡帶您熟悉如何新增、儲存檔案，並開啟本書的範例程式來使用。

連到 Google Colab 開發環境

首先，請利用搜尋引擎搜尋「Google Colab」或直接輸入 https://colab.research.google.com/notebooks/intro.ipynb 進入官方網站：

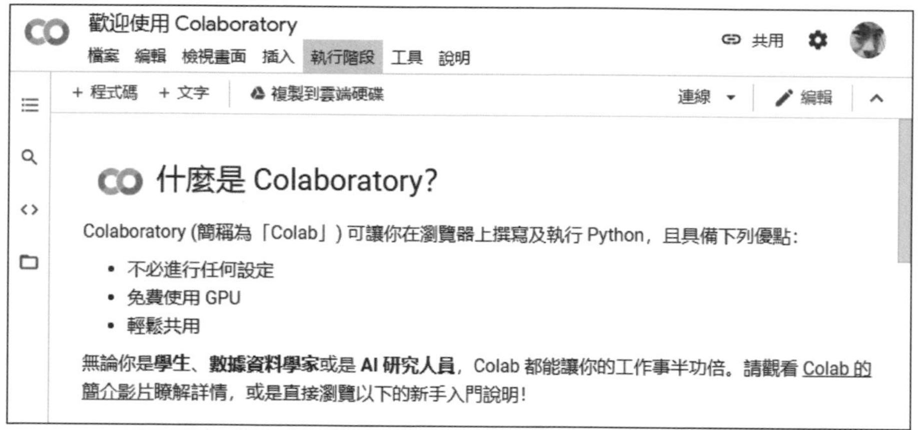

新增記事本

Colab 用來儲存程式碼的檔案格式比較特別，副檔名為 **.ipynb**，就是所謂的「筆記本」(notebook)，有點像一般文字檔和程式編輯器的綜合體，你可以在程式碼前後寫筆記。我們來建立一個新的 .ipynb 筆記本試試：

點選**檔案**選單內的**新增筆記本**

點下去後，會跳出一個新畫面，這便是筆記本的編輯畫面，本書都是在這個畫面撰寫和執行程式：

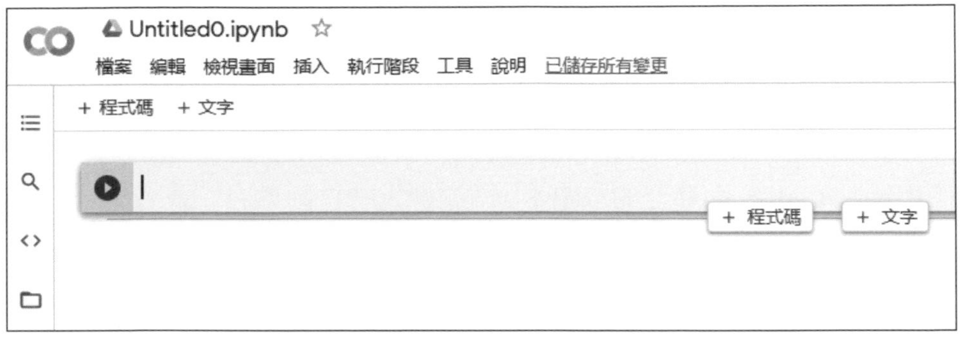

在程式碼儲存格 (cell) 內執行程式碼

在上面的畫面中，前面有著 ▶ 的地方就是輸入和執行程式之處，這格子稱為一個 cell（程式碼儲存格）。您可以試試看在這裡輸入算式，比如 8 + 9：

想要執行這行程式，點一下前面的 ▶ 就可以了。另一個執行方式是點一下儲存格後，按鍵盤的 Shift + Enter，如此一來除了執行程式外，也會在底下新增新的儲存格，方便您繼續輸入其他程式：

在上圖中，可看到下方出現一個前面有著 ↦ 的格子，裡面就是執行結果。（而上方 [ ] 內的數字代表您在這個筆記本執行的第 N 個儲存格）

若筆記本中有許多程式儲存格，執行**執行階段**選單當中的**全部執行**，會由上而下執行這個筆記本中所有的程式儲存格。你也可以按鍵盤的 Ctrl + F9 來全部執行。

儲存筆記本

凡是在 Colab 中建立的筆記本，一般會定時自動儲存，或者您也可以按下 Ctrl + S 手動儲存，存下來的檔案會固定放在雲端硬碟的 **Colab Notebooks** 資料夾中。建議您可以在電腦端安裝**雲端硬碟電腦版** (https://www.google.com/intl/zh-TW_tw/drive/download/)，如此一來就可以在電腦上看到雲端硬碟內的程式檔，後續開檔、管理檔案會比較方便：

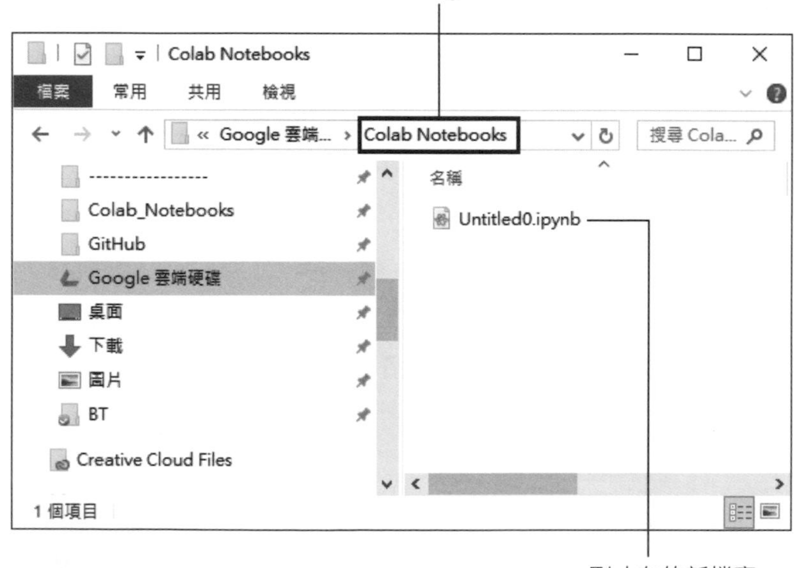

開啟檔案 (使用本書範例檔)

如果要開啟已建立好的 .ipynb 筆記本，或者您想要開啟本書的範例程式 (可從 **https://www.flag.com.tw/bk/st/F1378** 下載取得)，可參考以下步驟來操作。

底下是以開啟本書範例檔案為例來示範，請先利用上一頁的網址下載範例程式後，將檔案複製到 Google 雲端硬碟當中的 Colab Notebooks 資料夾，然後如下操作：

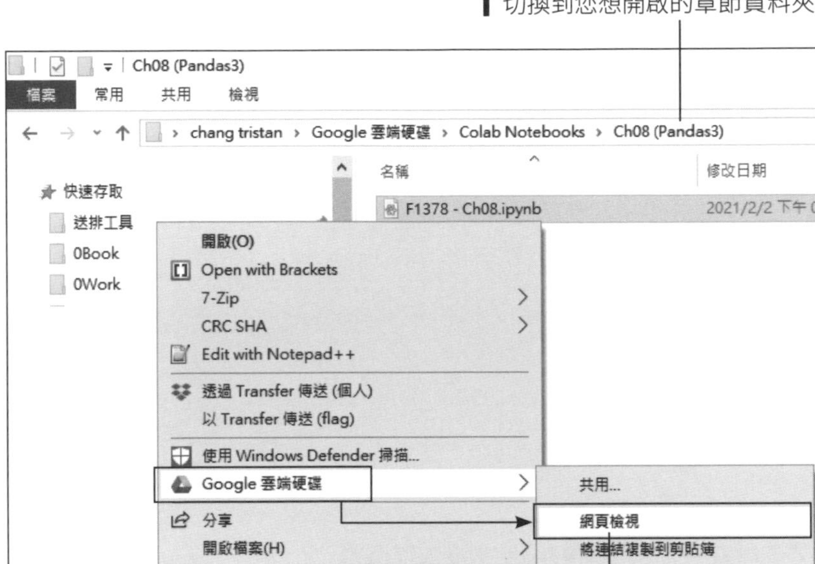

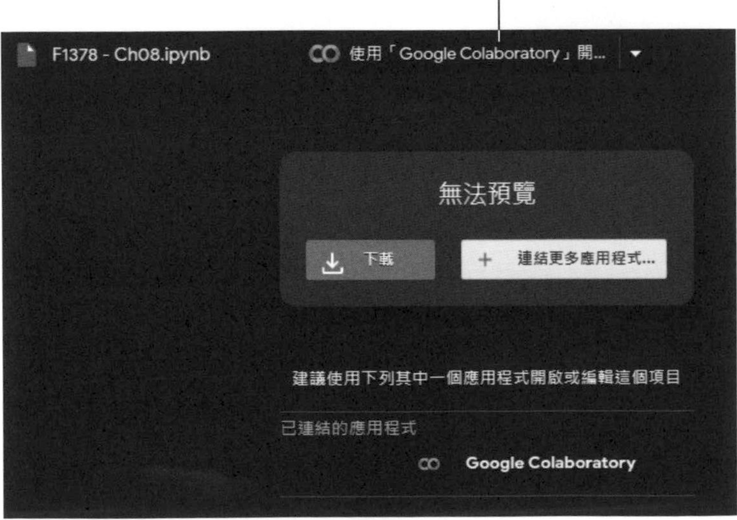

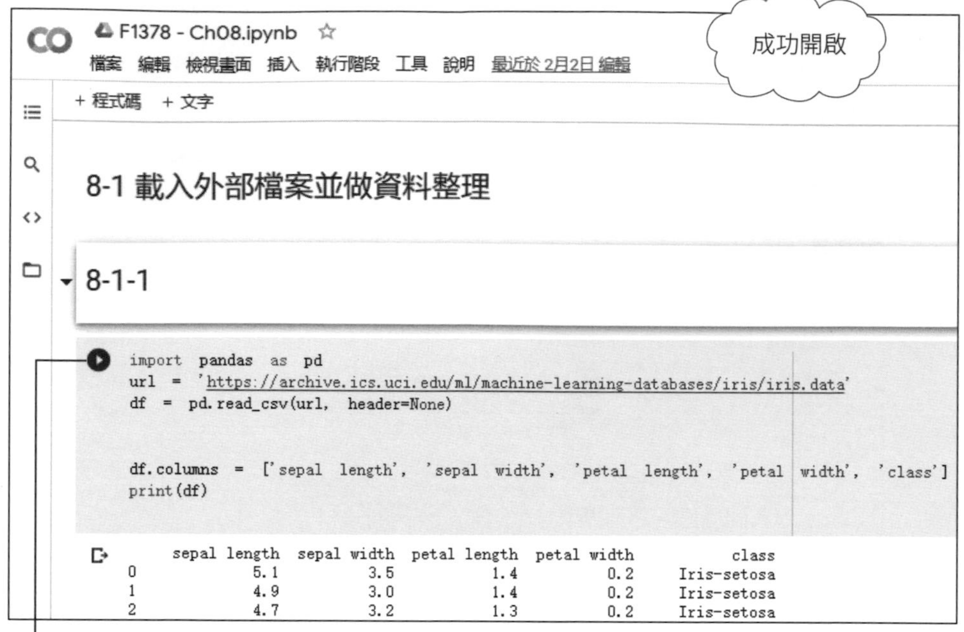
F1378 - Ch08.ipynb
檔案 編輯 檢視畫面 插入 執行階段 工具 說明 最近於 2月2日 編輯
成功開啟
+ 程式碼 + 文字
8-1 載入外部檔案並做資料整理
8-1-1
import pandas as pd
url = 'https://archive.ics.uci.edu/ml/machine-learning-databases/iris/iris.data'
df = pd.read_csv(url, header=None)
df.columns = ['sepal length', 'sepal width', 'petal length', 'petal width', 'class']
print(df)
sepal length sepal width petal length petal width class
0 5.1 3.5 1.4 0.2 Iris-setosa
1 4.9 3.0 1.4 0.2 Iris-setosa
2 4.7 3.2 1.3 0.2 Iris-setosa

4 想要執行當中的各程式儲存格，只要如前面的介紹，點選儲存格前面的 ▶ 圖示（或者按鍵盤的 Shift + Enter）就可以了